JN223335

専門基礎ライブラリー

電子回路

和田成夫・小松 聡・京相雅樹・吉田俊哉・植野彰規・田中康寛・安藤 毅［著］

実教出版

まえがき

　今日，私たちは，コンピュータ，スマートフォン，家電製品，自動車，ロボット，エネルギー装置など，数多くの電子製品や電子機器を利用し，それらの恩恵を受け生活を送っている。それゆえ，将来，技術に携わる者にとって，エレクトロニクス（電子工学）の根幹をなす電子回路技術を習得することは必須である。

　電子回路は，ダイオードやトランジスタを用いて，素子を流れる電流や電圧を自在に変えることができる。そのためには，トランジスタの特性を知り，動作方法を理解することが必要になる。トランジスタの動作点を定め，適切な入力を加えることが重要である。同時に，電子回路を集積回路化し，低消費電力で高性能化することも欠かせない。

　本書は，上述した背景に鑑み，理工系の大学や高専で用いられる電子回路の教科書（専門基礎ライブラリーシリーズ）として企画され，長年，電子回路分野の講義や実験を担当している複数の大学教員により執筆されている。読者として，電子回路の解析や設計を目標とする電気電子系はもとより，電子回路を使用することを主目的にすると考えられる通信・機械・情報・物理化学系，医用電子やセンサ工学分野などの学生諸君を対象にしている。

　本書の1章〜4章は「基礎編」，5章〜9章は専門的な「応用編」と位置づけている。「基礎編」は，ダイオード，トランジスタ増幅回路（FET，バイポーラ）およびオペアンプといった電子回路の基礎を，特性図と回路図を用いた例題により，わかりやすく丁寧に解説している。一方，「応用編」は，実用的な電子回路の機能と動作を中心に説明している。応用編の各章は連携していないので，順不同で適宜学習できる。より実践的に電子回路を理解するためには，実際に電子回路を実験室で製作し，動作させることが効果的である。その一助として，10章では，各自が発展学習可能なように電子回路のシミュレーションソフトウェアの利用例を示している。コンピュータを用いたシミュレーション実験は，さまざまな動作条件が設定でき，容易に動作検証ができるので，実行をお奨めする。

　章末には基本的な問題を設けており，自ら解くことで理解度を確認できる。巻末には略解を示しているが，詳細な解答例については実教出版のWebサイトを参照していただきたい。また，内容が高度な項目は，「アドバンスト」に指定しており，取捨選択が可能である。「コラム」では，電子回路周辺の話題を提供していることも特徴である。

　本書を通して，読者が電子回路の基礎を習得し，応用分野で活用できるようになれば，執筆者一同，望外の喜びである。

　終わりに，本書の企画から発刊にいたる過程で，種々お世話になった実教出版の平沢健氏ならびに石田京子氏に感謝の意を表したい。

2019年11月

和田成夫，小松 聡

※本書の各問題の「解答例」は，下記 URL よりダウンロードすることができます。キーワード検索で「電子回路」を検索してください。

http://www.jikkyo.co.jp/download/

第 **1** 章 · 電子回路素子

この章のポイント ▶

　電子回路 (electronic circuit) は，複数の回路素子や電源を接続した回路網である。電気回路 (electric circuit) は受動素子 (抵抗，コンデンサ，インダクタ)[1] から構成されるが，電子回路は能動素子 (ダイオード，トランジスタなどの半導体素子)[1] も含む。能動素子は電力の増幅やスイッチングが可能であり，より複雑な機能を実現できる。

　本章では，電子回路を学ぶ上で基本となる電源，抵抗，コンデンサおよびインダクタの端子間の電気特性とそれらを表す関係式や法則について復習する。また，半導体素子であるダイオードの電気的特性について学ぶ。さらに，これらの素子が接続された基本的な電子回路の解析法について学ぶ。具体的には以下の項目である。

① 直流および交流を供給する電圧源および電流源について理解する。

② 抵抗，コンデンサ，インダクタの電圧 − 電流特性について理解する。

③ キルヒホッフの法則やオームの法則を用いた簡単な回路解析を理解する。

④ 半導体中のキャリアの動きを理解する。

⑤ ダイオードの電圧 − 電流特性と動作について理解し，簡単なダイオード回路の解析ができるようになる。

1−**1** 回路の基礎

本節では電子回路を含む一般的な電気回路の基礎事項について述べる。

1−1−**1** 電源と信号源

直流と交流

　実際の電圧や電流を表す波形 (電気信号)[2] はさまざまな形をなすが，回路解析では**直流** (DC：direct current) と**交流** (AC：alternating current) に大別することが多い。図 1−1 に電圧波形 $v(t)$ [V] の例を示す[3]。図 1−1 (a) のように直流は，時間が経過しても常に一定の電圧値 V [V] を有する波形である。一方，交流は時刻によって電圧値が変化し，値が異なる波形である。電気回路では，図 1−1 (b) のように正弦波的な変化の波形を交流ということが多い。

【1】受動素子とは，エネルギーを消費，放出または蓄積して動作する素子である。
　能動素子とは，供給された電力を用いて増幅や整流などの機能を実現できる素子である。

【2】波形が回路への入力や出力の電圧や電流を表すとき，電気信号とよぶ。

【3】本書では，原則として電圧は v, V，電流は i, I を用いて表記する。
　小文字は交流を表し，時間 t を省略しないで $v(t)$, $i(t)$ の表記も用いる。大文字の V, I の表記は直流を表す。

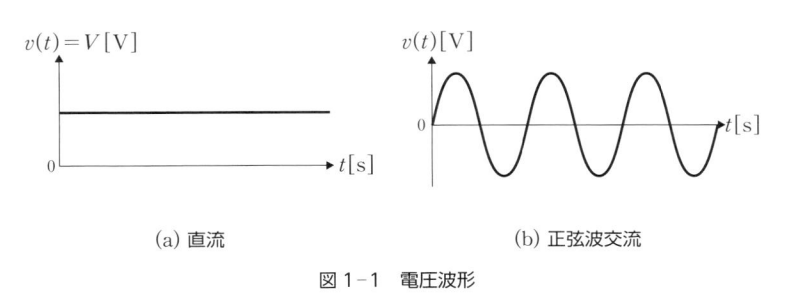

(a) 直流　　　　(b) 正弦波交流

図 1−1　電圧波形

【4】 式 1-1 は電圧波形なので振幅 A の単位は［V］となる。位相 θ は，正弦波の一周期の角度を 2π rad と表したときの基準（0 rad）からの回転角である。θ の符号が負の場合には位相は遅れ，正の場合には位相は進み状態にある。

【5】 周波数の変動を角度に対応させたものを角周波数とよぶ。

【6】 高周波数はおよそ 100 kHz 以上，低周波数はそれ以下をいう。

直流は定数（時間によらない一定値）として表せるが，交流は**振幅**（amplitude）A，**位相**（phase）θ [rad][4]，**周波数**（frequency）f[Hz] または**角周波数**（angular frequency）ω [rad/s][5] を用いて

$$v(t) = A\sin(2\pi f t + \theta) \tag{1-1}$$

（振幅　周波数　時間　位相）

$$= A\sin(\omega t + \theta)$$

（角周波数）

のように表す。周波数，角周波数と**周期**（period）T[s] には，

$$\omega = 2\pi f \tag{1-2}$$

$$T = \frac{1}{f} = \frac{2\pi}{\omega} \tag{1-3}$$

の関係がある。

周波数は交流の 1 秒間の振動回数を表し，一定時間において振動が多い信号は高周波信号とよび，少ない信号は低周波信号とよぶ[6]。式 1-3 より高周波数の周期は短く，低周波数の周期は長い。

図 1-2 に基準となる位相ゼロの正弦波（破線）と式 1-1 の正弦波（実線）の振幅，位相および周期の例を示す。

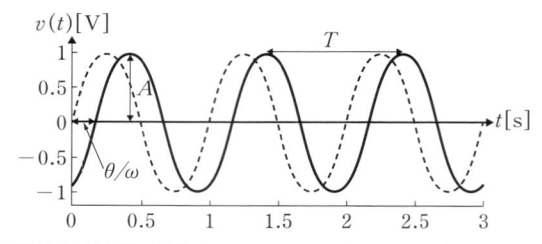

図 1-2　正弦波交流波形の例（振幅 $A = 1$ V，位相 $\theta = -\pi/3$ rad，周期 $T = 1$ s）

電源

回路に電圧や電流を供給する素子を電源とよぶ。電圧を供給するものが**電圧源**（voltage source），電流を供給するものが**電流源**（current source）である。

任意の回路素子を電源に接続したとき，所定の電圧を供給し続けられる電源は理想電圧源とよび，図 1-3 (a) の記号で表す[7]。とくに，直流電圧を供給する場合，理想直流電圧源（定電圧源）とよび，図 1-3 (b) の記号で表す。交流電圧を信号源として供給する理想交流電圧源は図 1-3 (c) の記号も用いる。

一方，任意の回路素子を電源に接続したとき，所定の直流または交流の電流を供給し続けられる電源は理想電流源とよび，図 1-3 (d) の記号で表す[8]。

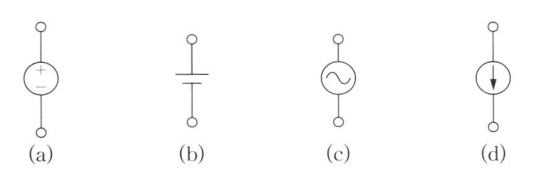

(a)   (b)   (c)   (d)

図 1-3 　電圧源と電流源の記号[9]

【9】 JIS 規格では，電圧源を下図 (a) の記号で表す。
　JIS 規格では，電流源を下図 (b) の記号で表す。

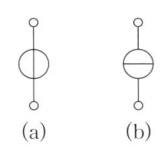

(a)   (b)

　理想直流電源の端子間の電圧 V と電流 I は図 1-4 で表される[10]。電圧源は常に一定電圧 $V[\mathrm{V}]$ を供給し，任意の大きさの電流が流れる。なお，電流の方向と大きさは電圧源に接続される回路により決まる。電流源は，常に一定電流 $I[\mathrm{A}]$ を供給し，両端の電圧は接続される回路に応じて決まる。電圧ゼロは短絡（ショート）を，電流ゼロは開放（オープン）を表す[11]。

【10】 図 1-4 の電圧を表す矢印の終点矢印側の端子は始点より高い電圧を示す。また，電流を表す矢印（太線）は素子に電流が流れる方向を示す。

【11】 電圧ゼロの電圧源とは，電源を短絡線に置き換えることであり，電流ゼロの電流源とは，電源を切断しつながないことである。

(a) 電圧源   (b) 電流源

図 1-4 　理想直流電源の電圧と電流の例

例題 　1-1 　交流電圧源に関する問題

　図 1-5 の交流電圧波形 $v(t)$ の振幅，位相，角周波数を求めなさい。

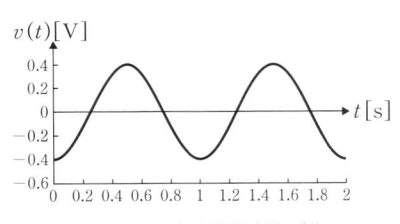

図 1-5 　交流電圧波形の例

●略解 ———— 解答例

　図 1-5 より振幅 $A=0.4\,\mathrm{V}$，位相 $\theta=-\pi/2\,\mathrm{rad}$ となる。また，図より周期 $T=1\,\mathrm{s}$ なので角周波数は $\omega=2\pi/T=2\pi\,\mathrm{rad/s}$ となる。

問 1 　周波数 $2\,\mathrm{Hz}$，振幅 $0.5\,\mathrm{V}$，位相 $+\pi/2\,\mathrm{rad}$ の交流の波形を描きなさい。

問 2 　高周波信号と低周波信号の特徴は何か。直流の周波数はいくらになるか答えなさい。

抵抗

図1-6のように素子の両端に電圧 $V[\mathrm{V}]$ が加わり，素子に電流 $I[\mathrm{A}]$ が流れるとき，電流の流れにくさの度合いを**抵抗**（resistance）といい $R[\Omega]$ と表す。抵抗 R は図1-6の記号で表す[12]。

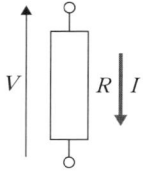

図1-6　抵抗

抵抗の両端の電圧と電流の関係は比例関係にあり，次式のように表される。

【12】抵抗値を変えられる抵抗を可変抵抗とよび，下図の記号で表す。

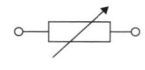

■ **オームの法則**

$$V = RI \tag{1-4}$$

$$I = \frac{1}{R}V = GV \tag{1-5}$$

$$G = \frac{1}{R} \tag{1-6}$$

式1-4で表される関係のことを**オームの法則**（Ohm's law）という。なお，式1-6の G は**コンダクタンス**（conductance）（単位 S ）とよび，電流の流れやすさの度合いを表す。

式1-5より電圧と電流の関係は図1-7のように傾きが G の直線グラフで表される。抵抗値が大きいと電流は流れにくく，傾きは小さい。反対に，抵抗値が小さいと電流は多く流れ，傾きは大きくなる。また，V が負の値になるときは，抵抗に加わる電圧が図1-6と反対であることを表す。I が負の値になるときには，抵抗に流れる電流が図1-6とは反対の向きになっていることを表す[13]。

【13】電圧および電流は大きさとともに方向をもつベクトルである。

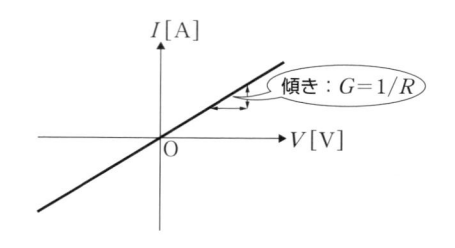

図1-7　抵抗の電圧-電流特性

交流に対しても抵抗の両端の電圧と電流の関係は，式1-4と同様のオームの法則の関係式が成り立つ。

$$v(t) = Ri(t) \tag{1-7}$$

さらに，式1-7の関係を複素表示[14]すると

$$\dot{V} = \dot{Z}\dot{I} = R\dot{I} \tag{1-8}$$

【14】電圧や電流の複素表示はフェーザ表示とよばれる。詳しくは専門基礎ライブラリー「電気回路　改訂版」（実教出版）を参照されたい。

と表される。電圧と電流の比を表す$\dot{Z}$はインピーダンス (impedance) とよばれ，複素数で表される（単位 Ω）。抵抗のインピーダンスRは実数となる。また，インピーダンスの逆数の$\dot{Y}$は，アドミタンス (admittance) という（単位 S）。

コンデンサ 図1-8のように（静電）容量$C\,[\,\mathrm{F}\,]$のコンデンサ (condenser)[15] の両端に交流電圧$v(t)\,[\mathrm{V}]$が加わり，素子に電流$i(t)\,[\mathrm{A}]$が流れているとき，次式の関係式が成り立つ。

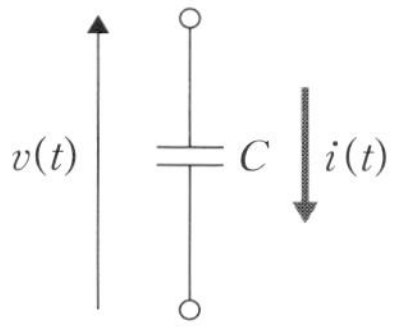

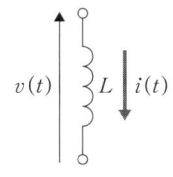

図1-8 コンデンサ

$$v(t)=\frac{1}{C}\int i(t)dt \tag{1-9}$$

式1-9より$v(t)=\sin\omega t$とすると$i(t)=\omega C\cos\omega t=\omega C\sin\left(\omega t+\dfrac{\pi}{2}\right)$

となるので，電流は電圧に対して位相が$\pi/2\ \mathrm{rad}$進み，振幅は角周波数と容量値によって変わる。この関係を複素表示すると

$$\dot{V}=\dot{Z}_C\dot{I}=\frac{1}{j\omega C}\dot{I} \tag{1-10}$$

$$\dot{Z}_C=\frac{1}{j\omega C} \tag{1-11}$$

と表される。ただし，jは虚数単位（$j^2=-1$）とする。

式1-11の複素数$\dot{Z}_C$をコンデンサのインピーダンスというが，抵抗のインピーダンスと異なり，加える電圧や流れる電流の周波数によって値が変わることに注意する。

直流電圧がコンデンサの両端に加えられている状態では，インピーダンスは無限大となり，定常状態では電流は流れない（$I=0\ \mathrm{A}$）[16]。

インダクタ 図1-9のようにインダクタンス$L\,[\,\mathrm{H}\,]$のインダクタ (inductor)[17] の両端に交流電圧$v(t)\,[\mathrm{V}]$が加わり，素子に電流$i(t)\,[\mathrm{A}]$が流れているとき，次式の関係式が成り立つ。

図1-9 インダクタ

$$v(t)=L\frac{di(t)}{dt} \tag{1-12}$$

式1-12より$v(t)=\sin\omega t$とすると$i(t)=-\dfrac{1}{\omega L}\cos\omega t=\dfrac{1}{\omega L}\sin\left(\omega t-\dfrac{\pi}{2}\right)$

となるので，電流は電圧に対して位相が$\pi/2\ \mathrm{rad}$遅れ，振幅は角周波数とインダクタンス値によって変わる。この関係を複素表示すると

$$\dot{V}=\dot{Z}_L\dot{I}=j\omega L\dot{I} \tag{1-13}$$

$$\dot{Z}_L=j\omega L \tag{1-14}$$

【15】コンデンサは，キャパシタ (capacitor) ともよばれる。

容量値を変えられるコンデンサを可変容量コンデンサとよび，下図の記号で表す。

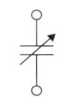

【16】直流は周期が無限大の交流と扱うことで角周波数は$\omega\to0\ \mathrm{rad/s}$となり，式1-11のコンデンサのインピーダンスは無限大になる。すなわち，直流に対してはコンデンサの抵抗は無限大となることから直流電流は流れないため開放と等しい。

【17】インダクタは，コイル (coil) やリアクトル (reactor) ともよばれる。

と表される。

　式 1-14 の複素数の $\dot{Z}_L$ をインダクタのインピーダンスというが，加える電圧や流れる電流の周波数によって値が変わることに注意する。

　また，任意の直流電圧がインダクタの両端に加えられている状態では，インピーダンスはゼロとなり電圧はゼロとなる（$V = 0$ V）[18]。

【18】 直流は角周波数 $\omega = 0$ rad/s とみなせるので，式 1-14 のインダクタのインピーダンスは常にゼロになる。すなわち，直流に対してはインダクタの抵抗値は $0\,\Omega$ となることから端子間の直流電圧はゼロ（直流電流は無限大）となり短絡と等しい。

【19】 素子の電流と電圧の関係をグラフ化したとき，原点を通過する直線で表される関係を**線形**（linear）という。

受動素子の電圧 – 電流特性

　以上より，直流に対する受動素子の電圧 – 電流特性は図 1-10 のように原点を通過する直線で表される[19]。

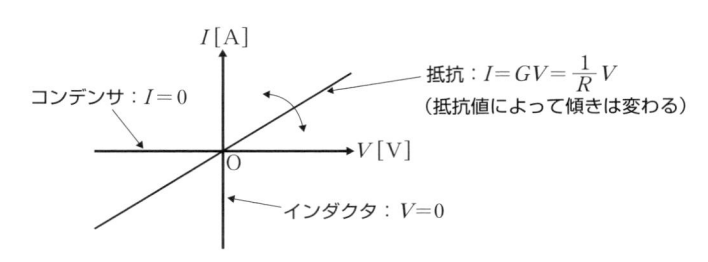

図 1-10　受動素子の直流の電圧 – 電流特性

　また，交流電圧の角周波数に対する各素子のインピーダンスの大きさは図 1-11 のように表される。抵抗は周波数によらず常に一定値である。しかし，コンデンサのインピーダンスは低周波では極めて大きく，高周波では急速に小さくなる。インダクタのインピーダンスは直流に対してはゼロであるが，周波数に比例して増加する。図 1-11 に示した周波数に対する素子のインピーダンス特性を**周波数特性**とよぶ。図 1-11 (b) の片対数プロットでは直線の特性として表される。

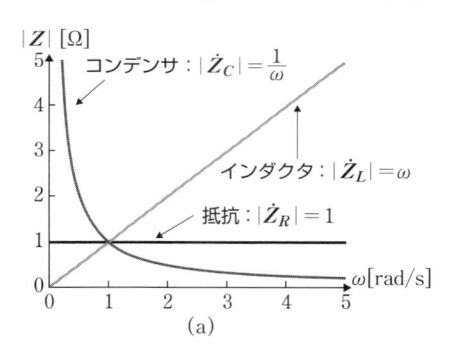 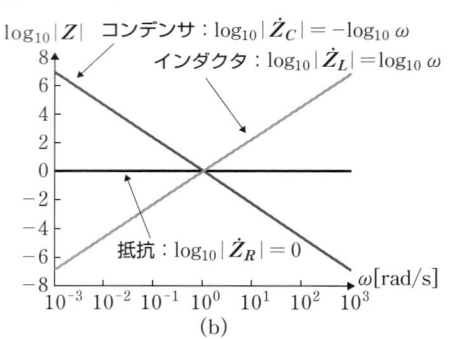

図 1-11　受動素子の周波数特性（素子値は 1 に正規化）

　問 3　角周波数 50 rad/s の交流における容量 $C = 5\,\mu$ F のコンデンサおよびインダクタンス $L = 10$ mH のインダクタのインピーダンスをそれぞれ求めなさい。

素子の接続　図 1-12 に示すような N 個の素子 Z_n, $n = 1, 2, \cdots, N$ の接続を**直列接続**とよぶ。各々の素子を流れる電流は同一であり，全体にかかる電圧は，各々の素子に分圧される。

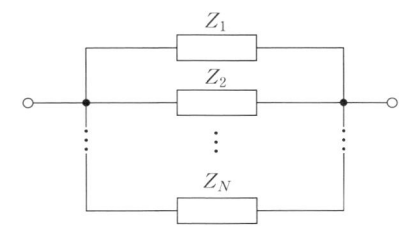

図 1-12　素子の直列接続

各素子が抵抗 R_n, $n = 1, 2, \cdots, N$ のとき，全体の抵抗と等価な 1 つの抵抗（**合成抵抗**）R は，

$$R = R_1 + R_2 + \cdots + R_N = \sum_{n=1}^{N} R_n \tag{1-15}$$

と表される[20]。また，素子がインピーダンスを表すときは，合成インピーダンスは式 1-15 と同様に求められる。

一方，図 1-13 に示すような N 個の素子の接続を**並列接続**とよぶ。各々の素子にかかる電圧は同一であり，端子間を流れる電流は各々の素子に分流する。

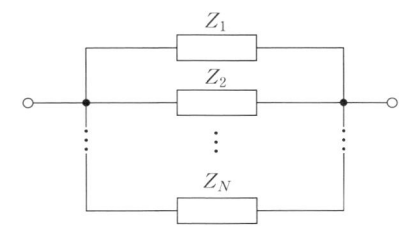

図 1-13　素子の並列接続

各素子が抵抗 R_n, $n = 1, 2, \cdots, N$ のとき，全体の抵抗と等価な 1 つのコンダクタンス G および抵抗（**合成抵抗**）R は，

$$G = G_1 + G_2 + \cdots + G_N = \sum_{n=1}^{N} G_n \tag{1-16}$$

$$R = \left(\frac{1}{R_1} + \frac{1}{R_2} + \cdots + \frac{1}{R_N} \right)^{-1} = \frac{1}{\displaystyle\sum_{n=1}^{N} \frac{1}{R_n}} \tag{1-17}$$

と表される[21] [22]。

問 4　図 1-14 の回路網の端子間 a-b からみた合成抵抗および合成コンダクタンスを求めなさい。

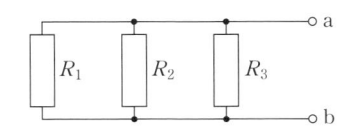

図 1-14　並列抵抗の回路網

【20】素子がインダクタの場合の直列接続の合成インダクタンスは，R_n を L_n, $n = 1, 2, \cdots, N$ として式 1-15 と同様にして求められる。

【21】N 個 の 抵 抗 $R_1 \sim R_N$ の並列接続を，記号 // を用いて，以下のようにも表す。
$$R = R_1 // R_2 // \cdots // R_N$$

【22】素子がコンデンサの場合の並列接続の合成容量は式 1-15 の R_n を C_n, $n = 1, 2, \cdots, N$ と置き換えて求められ，直列接続の合成容量は式 1-17 を同様に置き換えて求められる。

素子がインダクタの場合の並列接続の合成インダクタンスは，式 1-17 の R_n を L_n と置き換えて同様に求められる。

図 1–15 に示すような任意の回路網の電流と電圧に関して, **キルヒホッフの法則** (Kirchhoff's law) が成立する。

■第 1 法則 (電流則)

回路網内の任意の**節点** (ノード) に流入する電流と流出する電流 I_i の総和はゼロになる。流入する電流を正の値とし, 流出する電流を負の値とする (図 1–15 (a) を参照)。

$$\sum_{i=1}^{N} I_i = 0 \tag{1–18}$$

■第 2 法則 (電圧則)

回路網内の任意の**閉路** (ループ) における抵抗 R_i (または, インピーダンス) による電圧降下と電圧源 E_k の総和はゼロになる (図 1–15 (b) を参照)。

$$\sum_{i=1}^{N} R_i I_i = \sum_{k=1}^{K} E_k \tag{1–19}$$

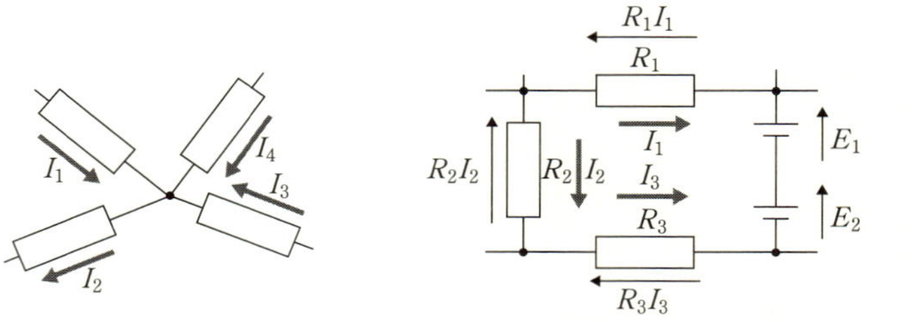

(a) 電流則 $(I_1 - I_2 + I_3 + I_4 = 0)$ (b) 電圧則 $(-R_1 I_1 + R_2 I_2 + R_3 I_3 = E_1 + E_2)$

図 1–15 回路におけるキルヒホッフの法則

【23】 <ruby>鳳<rt>ほう</rt></ruby> – テブナンの定理ともいう。

テブナンの定理[23] と ノートンの定理

図 1–16 (a) に示す電源を含む回路網の端子間 a–b の電気的特性から, テブナンの定理にもとづく等価回路を求める。

図 1–16 (a) のように端子 a–b が開放であるときの電圧を v, 回路網内の電源をゼロとし端子 a–b からみた (内部) 抵抗を R とする。**テブナンの定理** (Thevenin's theorem) より[24], 電源を含む回路網が 1 つの電圧源と直列抵抗からなる図 1–16 (b) の等価回路で表される。

【24】 任意の線形回路を電圧源と抵抗で表せる定理。

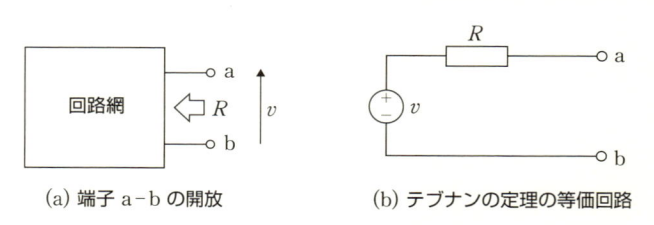

(a) 端子 a–b の開放 (b) テブナンの定理の等価回路

図 1–16 電源を含む回路網の開放端子

問 5 図 1–16 (b) の回路網の端子間 a–b に抵抗 R_L が接続されるとき,

端子間に流れる電流を求めなさい。

次に，図1-17(a)のように端子間a-bを短絡したとき，端子間を流れる電流をi，回路網内の電源をゼロとし端子a-bからみた（内部）抵抗をRとする。**ノートンの定理**（Norton's theorem）より[25]，電源を含む回路網が1つの電流源と並列抵抗からなる図1-17(b)の等価回路で表される。

【25】任意の線形回路を電流源と抵抗で表せる定理。

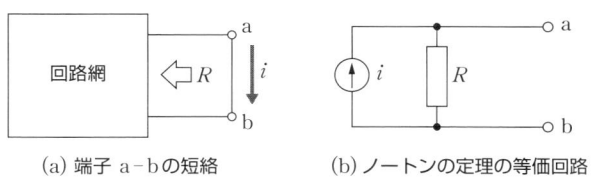

(a) 端子 a-bの短絡　　　(b) ノートンの定理の等価回路

図1-17　電源を含む回路網の短絡端子

問6　図1-17(b)の回路網の端子間a-bに抵抗R_Lが接続されるとき，端子間の電圧を求めなさい。

内部抵抗を考慮した電源

図1-18に理想電圧源（$V = 2\,\mathrm{V}$）と理想電流源（$I = 2\,\mathrm{A}$）の電圧-電流特性を示す。理想直流電圧源は，常に一定電圧を供給するため電源自体の**内部抵抗**[26]はゼロとして扱う。一方，理想直流電流源は，常に一定電流を供給するため電源自体の内部抵抗[26]は無限大として扱う。

しかし，現実の電圧源自体の内部抵抗$r\,[\Omega]$は小さな値をもち，現実の電流源自体の内部抵抗$r\,[\Omega]$は大きな値となる。図1-19に内部抵抗を考慮した電源の等価回路を示す。

【26】電源をテブナンの定理やノートンの定理の等価回路で表したときの抵抗を内部抵抗とよぶ。

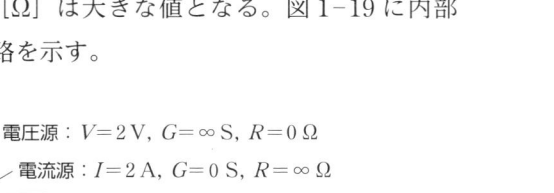

図1-18　電圧源と電流源の電圧-電流特性

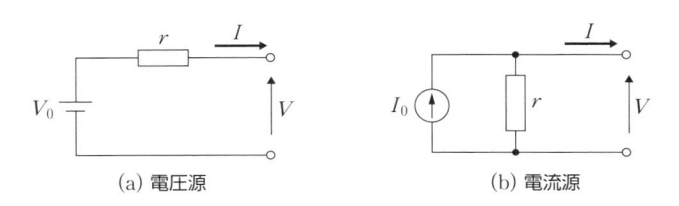

(a) 電圧源　　　　　　　(b) 電流源

図1-19　内部抵抗を考慮した電源回路

内部抵抗rを考慮した図1-19(a)の電圧源の端子電圧は，

$$V = V_0 - rI \qquad (1\text{--}20)$$

と表されるので図 1–20 (a) のように内部抵抗が十分小さい値ではなく，内部抵抗の電圧降下が大きい電圧源は理想電圧源からずれは大きくなる。

　一方，内部抵抗 r を考慮した図 1–19 (b) の電流源の端子電流は，

$$I = I_0 - \frac{V}{r} \qquad (1\text{--}21)$$

と表されるので図 1–20 (b) のように内部抵抗が十分大きな値ではなく，内部抵抗に流れる電流が多い電流源は理想電流源からずれは大きくなる。

　とくに，電圧源電圧 V と電流源電流 I が $V = rI$ を満たすときには，図 1–19 の両電源は等価電源となる。

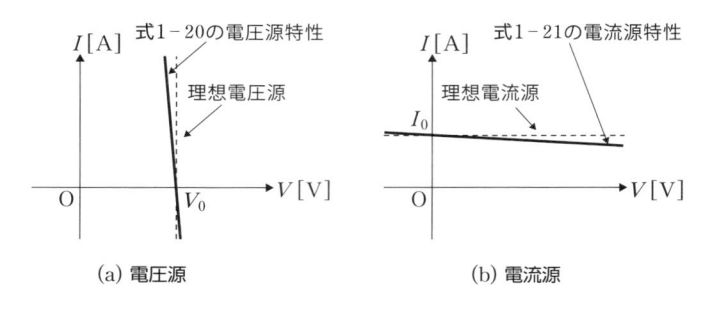

(a) 電圧源　　　　　　　　　　(b) 電流源

図 1–20　内部抵抗を考慮した電源回路の電圧 – 電流特性

1–2 ダイオード

1-2-1 半導体

電流は**自由電子**の流れにより生じる。自由電子が多い素子は電流が流れやすく導体とよばれる。反対に，自由電子がほとんど存在しない素子は絶縁体とよばれる。**半導体**(semiconductor)には少量の**キャリア**(自由電子または，**正孔**)[27] が存在し，キャリアを制御することで電流の流れを調整できるため，導体と絶縁体の中間の電気的特性をもつ素子である。

真性半導体

半導体の結晶は，原子核を回る電子が複数の原子核と結合された状態にある。図 1-21 にⅣ族元素[28]のシリコン (Si) の結晶を示す (共有結合)。最外殻電子は 8 個となり安定化状態にある。図 1-21 (b) のようにシリコンのみで構成される純度の高い半導体を**真性半導体** (または，i 型半導体 (intrinsic semiconductor)) という。このままの状態では結晶に電界をかけたとしても自由電子の移動が起こりにくいため，電流は流れない。

しかし，熱や光のエネルギーが加えられると，共有結合を実現している最外殻電子の一部が自由電子 (●) となり，自由に移動できるようになる。移動後の電子が存在した位置は，正孔 (または，ホール) (⊕) とよばれる孔として表される。図 1-21 (c) のように負電荷が移動することから，正孔は正電荷を帯びる。結晶に電圧をかけると半導体内に電界が生じ，温度 $T > 0$ K なら，キャリアが移動することで電流が流れる。i 型半導体では，後述する不純物半導体と比較してキャリアが少ないため，流れる電流も少ない。

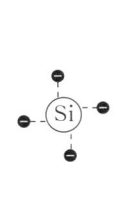
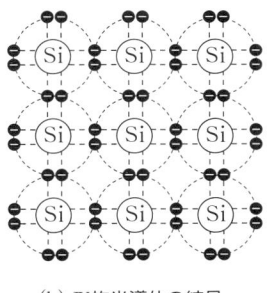
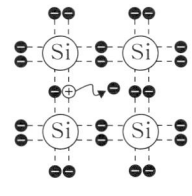

(a) Si　　　　(b) Ⅳ族半導体の結晶　　　　(c) 自由電子と正孔

図 1-21　i 型半導体

不純物半導体

不純物半導体には 2 種類があり，Ⅳ族半導体に混入する少量の不純物がⅤ族元素[29] のとき n 型半導体となり，Ⅲ族元素[29] のとき p 型半導体となる。

■ n 型半導体

図 1-22 に **n 型半導体** (n–type semiconductor) の結晶を示す。Ⅴ

【27】素子を流れる電流は，負電荷の自由電子の移動により生じる。また，正電荷の正孔の移動によっても起こる。そのため，自由電子と正孔をキャリアとよぶ。キャリアに応じて素子に流れる電流の向きが定まる。正孔の移動方向は電流と同じであるが，自由電子の移動方向は電流と反対になることに注意する。

【28】Ⅳ族元素は，新周期表では 14 族元素という。

【29】新周期表では，Ⅴ族元素は 15 族元素，Ⅲ族元素は 13 族元素という。

族元素のヒ素 (As) は，5 個の最外殻電子をもつため結晶内で多数キャリアとしての自由電子を提供する。そのため，V族元素を**ドナー**とよぶ。電界をかけると自由電子の流れが起こり，電流が流れる。自由電子は，負 (negative) の電荷なので，n 型半導体という。

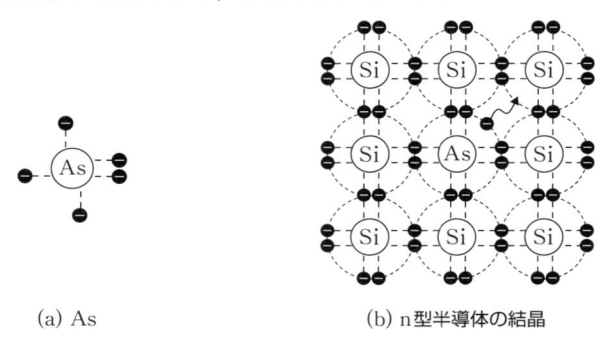

(a) As   (b) n型半導体の結晶

図 1-22　n 型半導体

■ p 型半導体

図 1-23 に **p 型半導体** (p–type semiconductor) の結晶を示す。Ⅲ族元素のホウ素 (B) は，3 個の最外殻電子をもつため結晶内で多数キャリアとしての正孔を提供する。電界をかけると正電荷を帯びている正孔へ電子が移動するので電流が流れる。この現象は，正孔が p 型半導体内を移動しているとみなすこともできる。正孔は自由電子を受け入れるため，Ⅲ族元素を**アクセプタ**とよぶ。正孔は，正 (positive) の電荷なので，p 型半導体という。

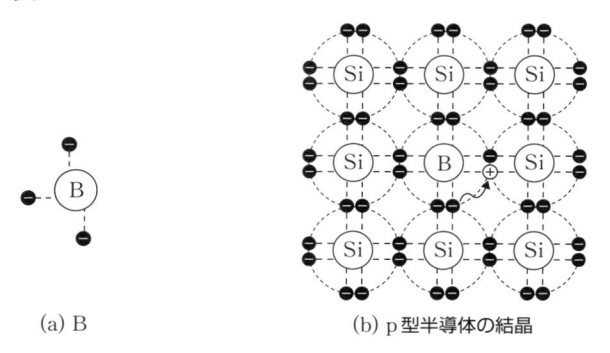

(a) B   (b) p型半導体の結晶

図 1-23　p 型半導体

以上より，i 型半導体は不純物を含まず，キャリアが生じても自由電子と正孔の数は等しい。また，n 型半導体はV族元素を不純物として含み，多数キャリアは自由電子，少数キャリアは正孔となる。一方，p 型半導体はⅢ族元素を不純物として含み，多数キャリアは正孔，少数キャリアは自由電子となる。

1-2-**2**　pn 接合とダイオード

p 型半導体と n 型半導体を接合すること (**pn 接合**) で，**ダイオード**

（diode）を実現できる。図1-24にpn接合とダイオードの素子記号を示す[30]。p側の端子を**アノード**，n側の端子を**カソード**とよぶ。

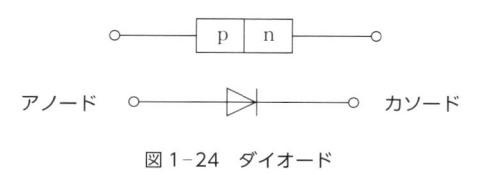

図1-24　ダイオード

【30】ダイオードの記号として，下図を用いることもある。

　ダイオードのpn接合は物理的に対称ではないため，アノードに正の電圧をかけるか，カソードに正の電圧をかけるかにより，素子としての動作が異なる。はじめに，ダイオード内のキャリアの動きについて定性的に説明する。

　図1-25(a)にpn接合のキャリア分布を示す。p型半導体は多数キャリアが正孔のため正，n型半導体は多数キャリアが自由電子のため負を帯びている。キャリアの濃度差があるので，均一化するように拡散によりそれぞれのキャリアは境界面を通って移動をする（図1-25(b)）。拡散現象によるキャリアの移動によるわずかな電流を拡散電流という。また，自由電子が正孔の位置に移動すると，正負が相殺しキャリアが消滅する。これを再結合という。やがて境界面の近傍ではキャリアが消滅して，n型のドナーの原子は正の電荷となり，p型のアクセプタの原子は負の電荷となり電界が生ずる。この電界がキャリアの移動の際の障壁となるのでキャリアの移動が困難になり，定常状態になる（図1-25(c)）。境界面付近に生じたキャリアの存在しない層を**空乏層**という。

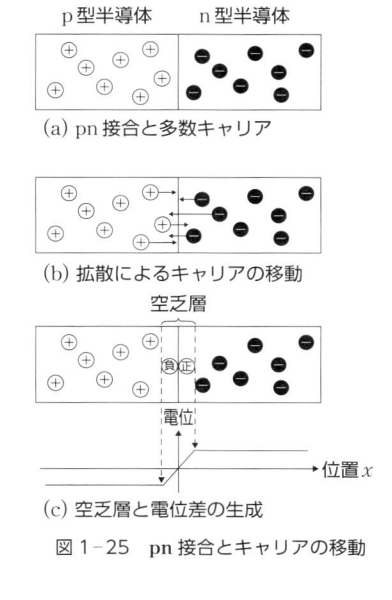

(a) pn接合と多数キャリア

(b) 拡散によるキャリアの移動

(c) 空乏層と電位差の生成

図1-25　pn接合とキャリアの移動

　次に，pn接合に電圧を加えたときのキャリアの挙動について説明する。図1-26は，p型半導体側（アノード）を正，n型半導体側（カソー

ド）を負になるように電圧 V を加えた場合である。

　空乏層の電位差障壁が低くなることで，p 型からの正孔と n 型からの自由電子の移動がしやすくなり再結合が多くなる。再結合後は，電圧源の正極から正孔，負極から自由電子がダイオードに供給され，ダイオードに流れる電流 I となる。電流の流れる方向は，正孔の流れの方向と同一である[31]。図 1-26 のようなダイオードの電圧の向きを順方向という。

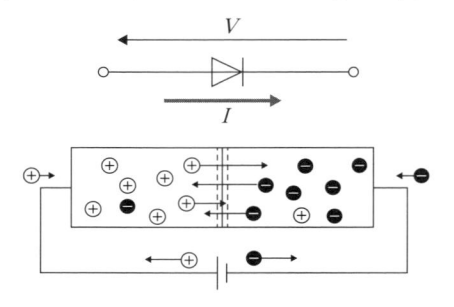

図 1-26　順方向の電圧と pn 接合

　一方，図 1-27 は，n 型半導体側（カソード）を正，p 型半導体側（アノード）を負になるように電圧 V を加えた場合である。

　空乏層の電位差障壁が大きくなるため，キャリアの移動が困難となるため再結合が減少し，ダイオードに電流 I はほとんど流れない[32]。図 1-27 のようなダイオードの電圧の向きを逆方向という。

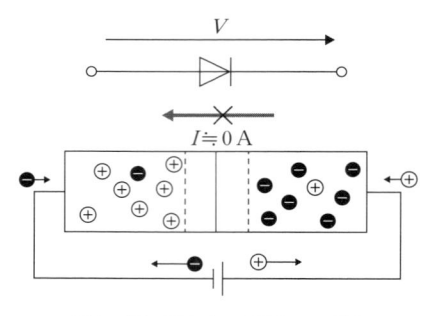

図 1-27　逆方向の電圧と pn 接合

1-2-3 特性近似と等価回路

　本項では，**1-2-2** で述べたダイオード内の電気的特性を定量的に説明する。

　図 1-28 にダイオード素子の電圧 – 電流特性（**静特性**）を示す[33]。図において，V_D が正の領域は順方向電圧，負の領域は逆方向電圧が加えられていることになる。順方向電圧がかかっているとき，急激に電流が流れはじめる電圧 V_F を立ち上がり電圧という（縦軸の単位を mA で表していることに注意）。IV 族半導体がシリコン（Si）では約 0.7 V，ゲルマニウム（Ge）では約 0.3 V のように立ち上がり電圧値が若干異なる。また，立ち上がり電圧より小さい電圧や逆方向電圧がかかるときには電流はほとんど

【31】電流が流れる方向と自由電子の流れの方向は反対になる。

【32】ダイオードに逆方向の電圧をかけてもほとんど電流は流れないが，かなり大きな電圧を加えるとなだれ現象などにより，電流が流れはじめる。この電圧を**降伏電圧**，またはツェナー電圧という。

【33】素子そのものの端子間の電気的特性は，静特性（static characteristics）という。

　ダイオードの電流と電圧の関係は，受動素子の線形特性（側注【19】）と異なり，曲線で表される。原点を通過する直線の関係ではないときは，**非線形**（nonlinear）特性という。

流れない。しかし，かなり大きな逆方向電圧 $V_Z(<0)$ が加わると，逆方向に電流が流れる[34]。この電圧を**ツェナー電圧**とよぶ。ダイオードの逆方向に電圧がかかったとき，電流が増加しても両端の電圧がツェナー電圧に保たれることを利用するダイオードを，**ツェナーダイオード**(Zener diode)(または，**定電圧ダイオード**(constant − voltage diode))とよぶ[35]。

【34】図 1−28 に示す V_D および I_D の向きを基準とするとき，V_F は正の電圧値，V_Z は負の電圧値となる。また，順方向の電流は正値に，逆方向は負値となる。

【35】ツェナーダイオードとして使用する場合，下図の記号で表すことが多い。

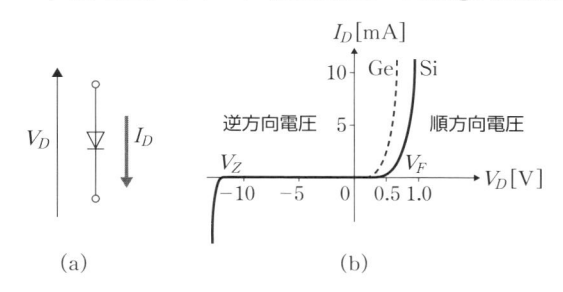

図 1−28　ダイオードの電圧 − 電流特性 ($V_F > 0$，$V_Z < 0$)

　図 1−28 の電圧 − 電流特性は，電圧を加えたときの電流の測定値をプロットすることで得られる実際の特性である。回路解析においては，図1−28 の電流と電圧の関係を式で表せれば数式による解析が行いやすくなる[36]。実用上は，ダイオードの特性をより簡単化して図 1−29 (a) または (b) のように線分で近似して解析を行うことが多い。

【36】ダイオードの立ち上がり特性を次式のショックレーの式で表す。

$$I_D = I_S \left\{ \exp\left(\frac{q V_D}{nkT} \right) - 1 \right\}$$

I_S：逆方向飽和電流
q：電気素量(1.6×10^{-19} C)
n：ダイオード係数
k：ボルツマン定数(1.38×10^{-23} J/K)
T：室温 (K)

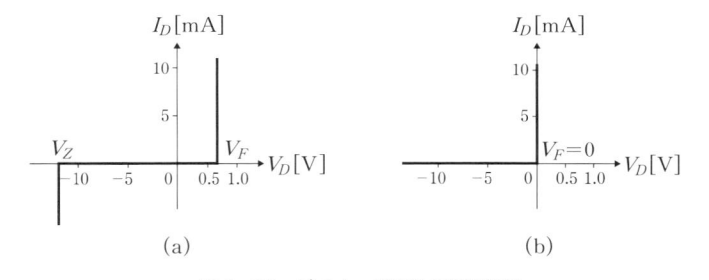

図 1−29　ダイオード特性の直線近似

　図 1−29 (a) の特性近似ではダイオードの端子電圧 V_D の取り得る範囲は $V_Z \leqq V_D \leqq V_F$ となるが，図 1−30 の (Ⅰ) 〜 (Ⅲ) のように端子電圧の状態に応じて分類できる。

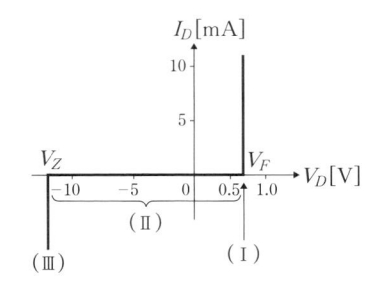

図 1−30　端子間電圧の状態分類 (図 1−29 (a))

　状態 (Ⅰ) の $V_D = V_F$ または状態 (Ⅲ) の $V_D = V_Z$ では順方向およ

び逆方向にそれぞれ任意の量の電流が流れ，一定電圧値となることを表す。状態（II）の範囲 $V_Z < V_D < V_F$ では電流 I_D は流れない。

このことから，図1-29（a）の近似特性のダイオードは，端子電圧に応じて図1-31のように等価的に表せる。（I）は図1-31（a）のように定電圧（立ち上がり電圧 V_F）の直流電源となり，（III）は図1-31（c）のように定電圧（ツェナー電圧 V_Z）の直流電源と等価回路である。（II）では電流は流れない開放と等価になる（V_D は，外部より印加された電圧で決まる）。

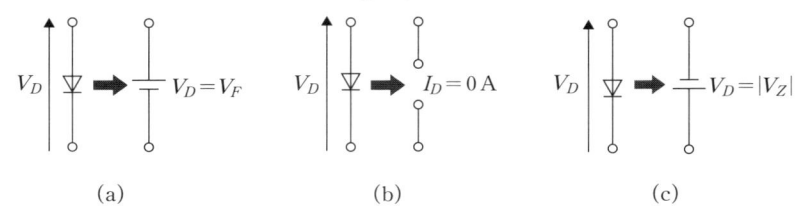

(a)   (b)   (c)

図1-31　図1-29（a）のダイオード特性の等価回路

一方，図1-29（b）の近似特性では，ダイオードの端子電圧 V_D の範囲は，$V_D \leqq 0\,\mathrm{V}$ となる。$V_D \geqq 0\,\mathrm{V}$ の順方向電圧が加わっても，図1-32の（I）のように $V_D = 0\,\mathrm{V}$ となり，任意の大きさの順方向電流 I_D が流れる。$V_D < 0\,\mathrm{V}$ の任意の逆方向電圧が加わっても図1-32の（II）のように $I_D = 0\,\mathrm{A}$ となり，電流は流れない。

【37】図1-30ならびに図1-32から，図1-28（a）および（b）の直線近似特性のダイオードは，いずれも立ち上がり電圧 V_F とツェナー電圧 V_Z を用いて，下図のように共通な等価回路として表すことができる。

端子間の電圧（向きと大きさ）によって異なるスイッチ状態の等価回路になる。

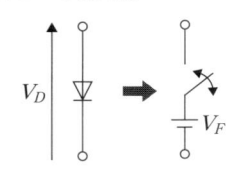

(a) 順方向電圧

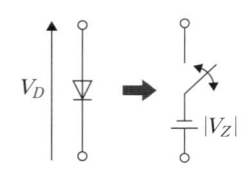

(b) 逆方向電圧
ダイオードの等価回路

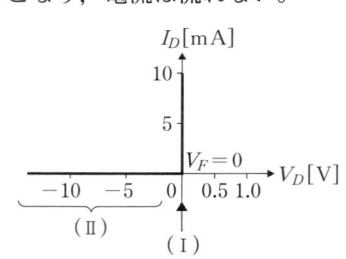

図1-32　端子間電圧の状態分類（図1-29（b））

以上のように，図1-29（b）の近似特性では，ダイオードの端子電圧が正負（順方向か逆方向）に応じて電流が流れるか否かが定まるため，特性上電流スイッチとして機能することがわかる。これを等価的に表すと図1-33となる。図1-33（a）は，（I）の状態でアノードとカソードが同電位となっていて，電流は流れる短絡状態である（$V_D = 0\,\mathrm{V}$，$I_D > 0\,\mathrm{A}$）。図1-33（b）は，（II）の状態で逆方向に電圧がかかっていて，電流は流れない開放状態である（$V_D < 0\,\mathrm{V}$，$I_D = 0$）[37]。

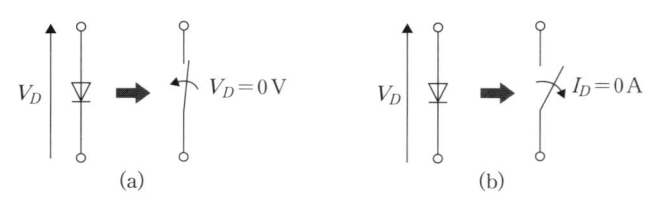

(a)   (b)

図1-33　図1-29（b）のダイオード特性の等価回路

ダイオードの特性が図 1-34 の電圧 - 電流特性で表されるとき，端子間に図 1-35 (a) の 2 種類の直流電圧を加えたとき，電流はどう流れるか。また，図 1-35 (b) の交流電圧のとき，電流波形を描きなさい。

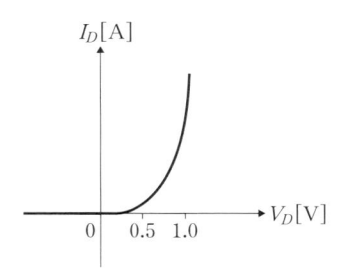

図 1-34　ダイオードの電圧 - 電流特性

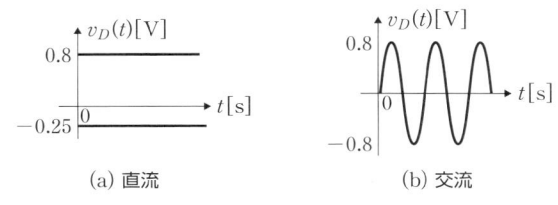

(a) 直流　　　　　　(b) 交流

図 1-35　ダイオードの端子間の電圧波形

● **略解**────解答例

図 1-34 を用いて作図により電流を求める。図 1-34 の横軸と図 1-35 の縦軸はダイオード電圧なので図 1-36 のように揃えて描くことができる。また，電圧の時間変化を図の下方向を時間軸として描く。

図 1-36 (a) は直流が加えられたときであるが，$V_D = 0.8$ V のときには，特性上の点から定まる直流電流が順方向に流れる。しかし，$V_D = -0.25$ V が逆方向にかかっているときには，電流はゼロとなるので流れない。なお，電流の時間軸は左方向を正とする。

また，図 1-36 (b) は平均ゼロの交流電圧が加えられたときであるが，ダイオードの立ち上がり領域では，特性上の点から定まる電流が周期的に流れる。特性図でダイオード電流がゼロになる電圧の時間区間では電流は流れないので，図 1-36 (b) のように順方向のみで時間的に変化する電流になる。

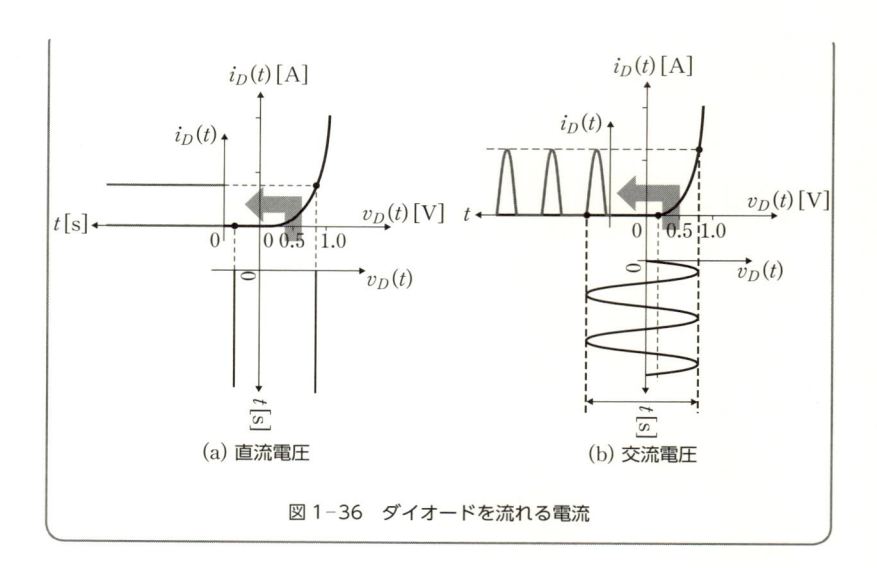

図 1-36　ダイオードを流れる電流

問7　図 1-34 の電圧–電流特性のダイオードの端子電圧が図 1-37 のように直流と交流が重ね合わされた電圧波形のとき，電流波形を描きなさい。

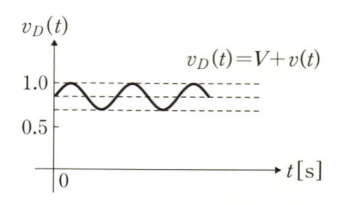

図 1-37　ダイオードの端子間の電圧波形 (直流 + 交流)

1-3 ダイオード回路

本節では，ダイオードと回路素子からなる簡単なダイオード回路の動作について解析する。

1-3-1 ダイオードの動特性

まず，図 1-38 に示すように直流電圧源 V と抵抗（$R\,[\Omega]$）および回路素子 X が直列に接続された回路の動作について考察する[38]。

キルヒホッフの第二法則より，

$$V = RI_x + V_x \tag{1-22}$$

が成立する。式 1-22 より，回路素子の電流と電圧の関係は，

$$I_x = -\frac{1}{R}\,V_x + \frac{V}{R} \tag{1-23}$$

と表される。

【38】図 1-38 の回路で動作しているときの素子 X の電気的特性を**動特性**（dynamic characteristics）という（静特性は側注【33】を参照）。

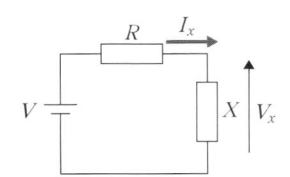

図 1-38 回路素子の動特性

回路素子 X が $R_0\,[\Omega]$ の抵抗のときは，$V_x = R_0 I_x$ なので，式 1-23 より素子に流れる電流 I_x と端子間の電圧 V_x は，

$$I_x = \frac{V}{R + R_0} \tag{1-24}$$

$$V_x = \frac{R_0}{R + R_0}\,V \tag{1-25}$$

と表される。回路素子 X がコンデンサのときは $I_x = 0\,\mathrm{A}$ となるので，式 1-23 より

$$V_x = V \tag{1-26}$$

と表される。また，回路素子 X がインダクタのときは $V_x = 0\,\mathrm{V}$ となるので，式 1-23 より

$$I_x = \frac{V}{R} \tag{1-27}$$

と表される。

以上を電圧−電流特性で解析すると，図 1-39 になる（図 1-10 を参照されたい）。端子間の電圧 V_x と電流 I_x は，回路の閉ループが満たす条件式（式 1-23）と各素子が満たす関係式の交点（連立方程式の解）と

して，作図により求めることができる。

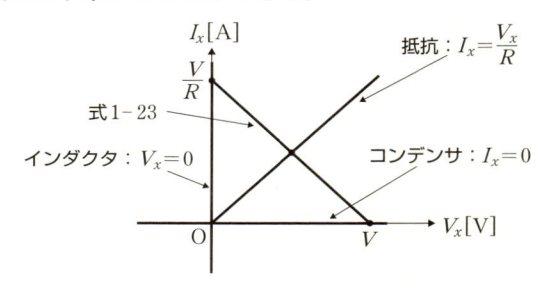

図1-39　線形素子を含む直流回路の特性図を用いた解析

　回路素子 X がダイオードの場合は，図1-40 を用いて同様に求めることができる。図1-40 には，式1-23 およびダイオードが理想特性と近似特性の場合の例を示す。いずれもダイオードの電圧値 V_x および電流値 I_x は，式1-23 との交点として求まる。

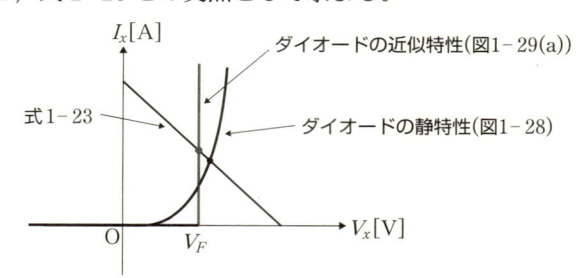

図1-40　ダイオードと抵抗を含む直流回路の特性図を用いた解析

1-3-2　ダイオードと直流回路

例題　1-3　ダイオード直流回路に関する問題

　図1-41 のダイオード直流回路に流れる電流 I_x を求めなさい。ただし，ダイオードの近似特性は図1-29 (a) とし，$V = 4\,\mathrm{V}$，$R = 1\,\mathrm{k\Omega}$，$V_F = 0.7\,\mathrm{V}$ とする。

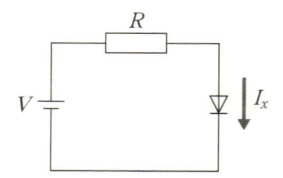

図1-41　ダイオードと抵抗の直流回路

●略解　——　解答例

　ダイオードの端子間電圧を V_x と置き，式1-23 を用いて図1-29 (a) に描き，交点として求められる。一方，計算による解法では，端子間電圧は V_F より大きくなるので，キルヒホッフの第二法則より，

$$V = RI_x + V_F \tag{1-28}$$

と表される。したがって，

$$I_x = \frac{V - V_F}{R} = \frac{4\,\mathrm{V} - 0.7\,\mathrm{V}}{1000\,\Omega} = 3.3\,\mathrm{mA} \qquad (1\text{-}29)$$

問 8　図 1-42 のダイオード直流回路のダイオードに流れる電流 I_x を求めなさい。ただし，ダイオードの近似特性は図 1-29 (a) とし，$V = 4\,\mathrm{V}$，$R = 1\,\mathrm{k\Omega}$，$V_F = 0.7\,\mathrm{V}$ とする。

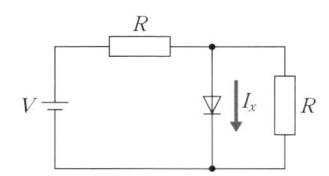

図 1-42　ダイオード直流回路

1-3-3　ダイオードと交流回路

　次に，図 1-43 のように交流電圧源 $v(t)$ と抵抗（$R\,[\Omega]$）および回路素子 X が直列に接続された回路の動作について考察する。素子端の電圧波形 $v_x(t)$ を求める。

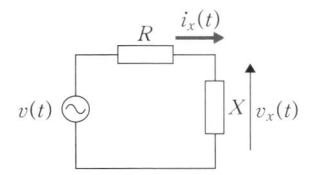

図 1-43　交流電圧源と回路素子の回路

　キルヒホッフの第二法則より，

$$v(t) = Ri_x(t) + v_x(t) \qquad (1\text{-}30)$$

が成立し，回路素子の電流と電圧の関係は，

$$i_x(t) = -\frac{1}{R}v_x(t) + \frac{v(t)}{R} \qquad (1\text{-}31)$$

と表される。

　交流電圧源の波形を $v(t) = \sin \omega t$ としたとき，回路素子 X が R_0 [Ω] の抵抗のとき，抵抗端の電圧は，

$$v_x(t) = \frac{R_0}{R + R_0}\sin \omega t \qquad (1\text{-}32)$$

と表される。また，回路素子が $C\,[\mathrm{F}]$ のコンデンサのときは，

$$v_x(t) = \frac{1}{\sqrt{1 + (\omega CR)^2}}\sin(\omega t - \tan^{-1}\omega CR) \qquad (1\text{-}33)$$

と表され，$L\,[\mathrm{H}]$ のインダクタのときは，

$$v_x(t) = \frac{\omega L}{\sqrt{R^2 + (\omega L)^2}} \sin\left(\omega t + \frac{\pi}{2} - \tan^{-1}\frac{\omega L}{R}\right) \quad (1\text{-}34)$$

【39】 式1-33および式1-34の導出については，専門基礎ライブラリー「電気回路改訂版」（実教出版）を参照されたい。

と表される[39]。コンデンサやインダクタが交流電源に接続されると，端子間電圧の振幅のみならず位相も変化することに注意をする。なお，周波数は変わらない。

次に，図1-44のように回路素子Xがダイオードの場合について解析する。ダイオードの特性は図1-29(a)の直線近似特性とする。式1-31で表される直線の変化を特性図上に描くと図1-45となる。電圧源$v(t)$の振幅値は時間によって変わるので，直線は平行移動をする。これらの直線とダイオード特性の交点から素子端電圧$v_x(t)$および電流$i_x(t)$を求めることができる。具体的には，例題1-4を通して説明する。

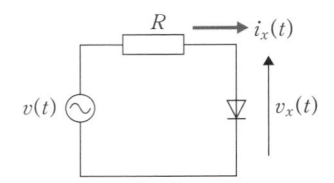

図1-44　ダイオードと抵抗の交流回路

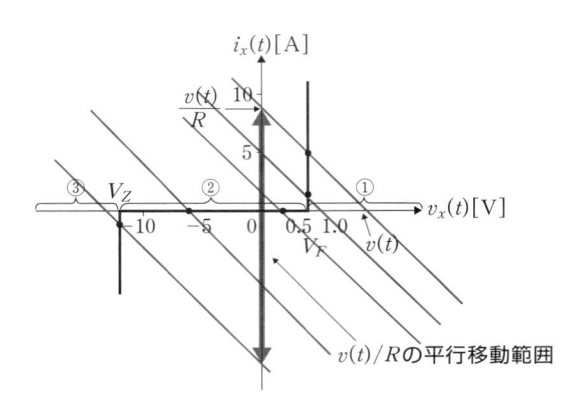

図1-45　信号源電圧の振幅が変化するときの端子間電圧と電流

例題 **1-4** ダイオード整流回路に関する問題

図1-44のダイオード回路（ダイオードの近似特性は図1-29(a)）に，交流電圧波形

$$v(t) = V_m \sin \omega t \quad (1\text{-}35)$$

が加えられたとき，ダイオードの端子間電圧波形$v_x(t)$を描きなさい。電圧$v(t)$とダイオードの立ち上がり電圧$V_F(> 0\,\mathrm{V})$およびツェナー電圧$V_Z(< 0\,\mathrm{V})$の大きさとの関係を考慮して求めなさい。

●**略解**──解答例

$v(t)$の$V_m(> 0\,\mathrm{V})$とV_FおよびV_Zの大小により，$v_x(t)$は図1-46のように分類して表せる。ダイオードの端子間電圧波形形状は，振幅の大きさによって異なる。

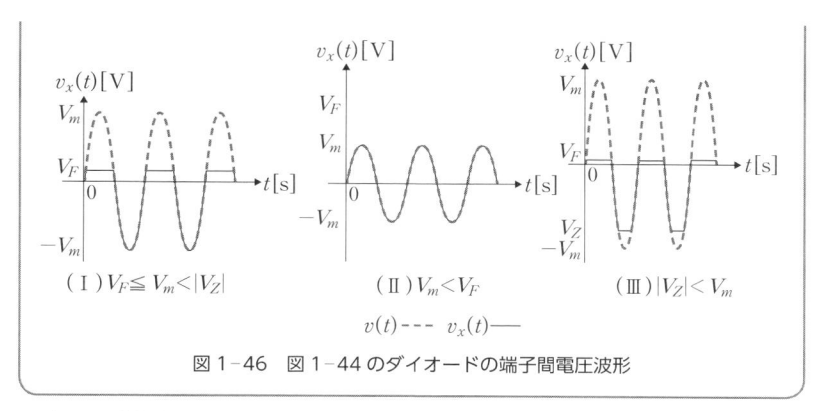

図1-46 図1-44のダイオードの端子間電圧波形

次に，例題1-4の（I）〜（III）の等価回路とダイオード端子間電圧波形 $v_x(t)$ について説明する。

（I） $V_F \leqq V_m < |V_Z|$ のとき

$v(t)$ は時刻によって図1-45の領域①と②の範囲をとる。V_F を超える領域①では，ダイオードの端子間電圧 $v_x(t)$ は一定電圧 V_F のままで電流 $i_x(t)$ は任意となる。ダイオードは図1-47（a）のように等価的に直流電圧源になり，図1-47（b）の等価回路で表せる。

領域②ではダイオードには電流が流れていないので，図1-48（a）のように等価的に開放になり，等価回路は図1-48（b）と表せる。そのためダイオードの端子間電圧 $v_x(t)$ は $v(t)$ と同じになる。したがって，図1-46（I）の実線の波形となる[40]。

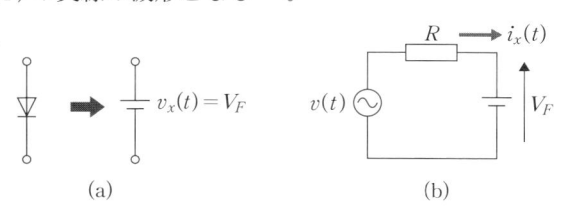

図1-47　ダイオードの等価素子（立ち上がり電圧）

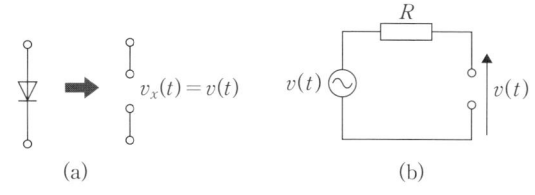

図1-48　ダイオードの等価素子（開放）

（II） $V_m < V_F$ のとき

$v(t)$ は図1-45の領域②なので，ダイオードの等価回路は図1-48（b）となり，ダイオードの端子間電圧 $v_x(t)$ と $v(t)$ は同じになり電流 $i_x(t)$ は流れない。このため図1-46（II）の実線の波形となる。

（III） $|V_Z| < V_m$ のとき

$v(t)$ は時刻によって図1-45の領域①〜③の範囲をとる。$v(t)$ がツェナー電圧 V_Z

【40】図1-46（I）のダイオードの端子間電圧のように，（ほとんど）一方向のみに電圧がかかる作用のことを**整流**（rectifier）という。

を超える領域③の場合には，ダイオードの端子間電圧 $v_x(t)$ は逆方向で一定電圧 V_Z のままで，電流 $i_x(t)$ は任意に流れる。ダイオードは，図1-49のように等価的に直流電圧源回路で表される。したがって，図1-46（Ⅲ）の実線の波形となる。

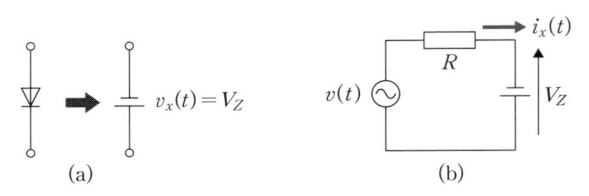

図1-49　ダイオードの等価素子（ツェナー電圧）

問9　例題1-4においてダイオード特性を $V_F = 0\,\mathrm{V}$（図1-29（b））と近似するとき，（Ⅰ）の場合のダイオードの端子間電圧波形を描きなさい。

1-3-4　種々のダイオード回路

本項では，種々のダイオード回路に信号源電圧が加えられているとき，端子間の電圧や電流を求める。ダイオード特性の近似の仕方によって，解析の結果に若干のちがいが生じることに注意する。

【41】**クリッパ回路**とは，波形の一部分を抑えることで飽和する回路である。

> **例題**　**1-5** クリッパ回路[41] の解析に関する問題
>
> 　図1-50（a）のダイオード回路に図1-50（b）の電圧波形 $v(t)$ を加えたとき，電圧波形 $v_x(t)$ を描きなさい。ただし，$R = 1.2\,\mathrm{k\Omega}$，$V = 0.5\,\mathrm{V}$，$V_F = 0.7\,\mathrm{V}$（ダイオードの近似特性は図1-29（a））とする。
>
>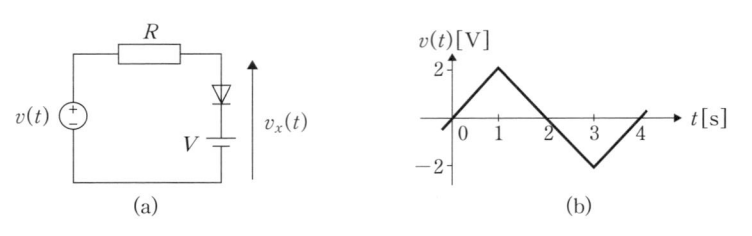
>
> 図1-50　クリッパ回路の解析
>
> ●**略解**―――解答例
>
> 　$v(t)$ が変化するとき，ダイオード端子の順方向電圧が V_F を超えないと開放状態なので $v_x(t) = v(t)$ となる。超えると電流は流れダイオードの端子間は V_F となり，$v_x(t) = V + V_F = 1.2\,\mathrm{V}$ となる（図1-51）。

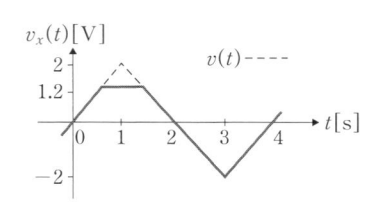

図 1-51 クリッパ回路の電圧波形

問 10 図 1-52 (a) のダイオード回路に図 1-52 (b) の電圧波形 $v(t)$ を加えたとき，電圧波形 $v_x(t)$ を描きなさい。ただし，$R = 1.2\,\mathrm{k\Omega}$，$V = 0.5\,\mathrm{V}$，$V_F = 0.7\,\mathrm{V}$（ダイオードの近似特性は図 1-29 (a)）とする。

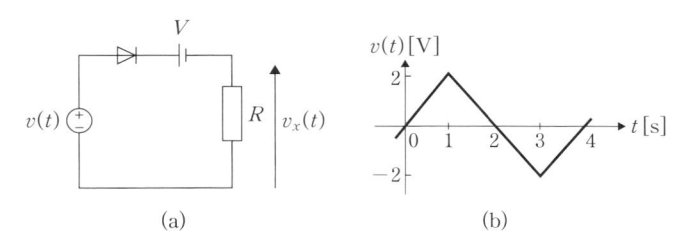

図 1-52　クリッパ回路の解析例

例題　1-6　リミッタ回路[42] の解析に関する問題

図 1-53 (a) のダイオード回路に図 1-53 (b) の電圧波形 $v(t)$ を加えたとき，電圧波形 $v_x(t)$ を描きなさい。ただし，$R = 1.2\,\mathrm{k\Omega}$，$V = 0.5\,\mathrm{V}$，$V_F = 0.7\,\mathrm{V}$（ダイオードの近似特性は図 1-29 (a)）とする。

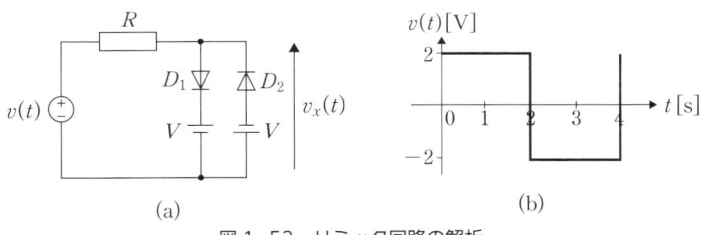

図 1-53　リミッタ回路の解析

● **略解**────解答例

$v(t) = 2\,\mathrm{V}$ のとき，ダイオード D_1 には順方向電流が流れ端子間電圧は V_F となり $v_x(t) = V + V_F = 1.2\,\mathrm{V}$ となる。なお，ダイオード D_2 には電流は流れない。また，$v(t) = -2\,\mathrm{V}$ のとき，ダイオード D_2 には順方向電流が流れ $-V_F$ となる。よって，$v_x(t) = -V - V_F = -1.2\,\mathrm{V}$ となる（図 1-54）。

【42】特定の電圧範囲で波形を制限する**リミッタ回路**は，保護回路として用いられる。

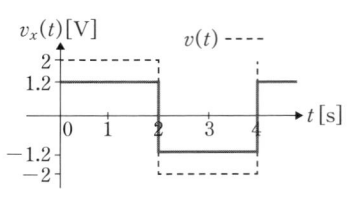

図 1-54　リミッタ回路の電圧波形

問 11　図 1-53 (a) のダイオード回路に図 1-55 の電圧波形 $v(t)$ を加えたとき，電圧波形 $v_x(t)$ を描きなさい。ただし，$R = 1\,\mathrm{k\Omega}$，$V = 5\,\mathrm{V}$，$V_F = 0\,\mathrm{V}$（ダイオードの近似特性は図 1-29 (b)）とする。

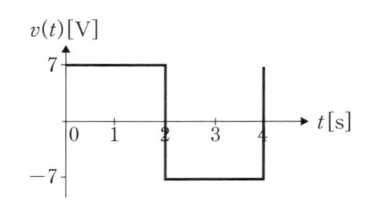

図 1-55　リミッタ回路の入力電圧

第 1 章　演習問題

1. 角周波数 $4\pi\,\mathrm{rad/s}$，振幅 $0.5\,\mathrm{V}$，位相 $-\pi/2\,\mathrm{rad}$ の交流電圧波形を描きなさい。この交流電源に $1\,\mathrm{V}$ の直流電源を直列に接続したとき，直列接続した電源の端子間の電圧波形を描きなさい。

2. 図 1 のダイオード直流回路に流れる電流 I_x を求めなさい。ただし，$V = 4\,\mathrm{V}$，$R_1 = 1\,\mathrm{k\Omega}$，$R_2 = 2\,\mathrm{k\Omega}$ および $V_F = 0.7\,\mathrm{V}$ とする（ダイオードの近似特性は図 1-29 (a) とする）。

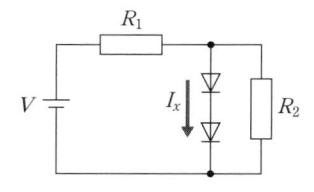

図 1　ダイオード直流回路

3. 図 2 (a) のダイオード回路に図 2 (b) の交流電圧 $v(t) = V_m \sin\omega t$ を加えたとき，抵抗電圧 $v_x(t)$ と電流 $i_x(t)$ を描きなさい。ただし，$V_m = 1.5\,\mathrm{V}$，$R = 1\,\mathrm{k\Omega}$ および $V_F = 0\,\mathrm{V}$ とする（ダイオードの近似特性は図 1-29 (b) とする）。

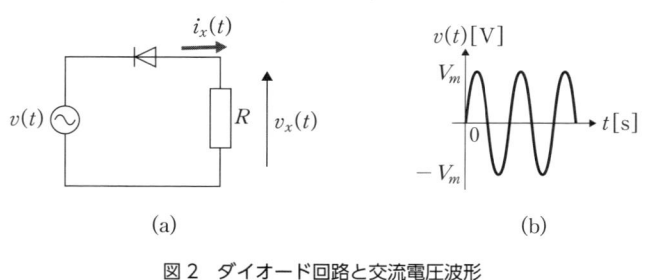

(a)　　　　　　　　　　　　　(b)

図 2　ダイオード回路と交流電圧波形

4. 図3のダイオード回路に電圧 $v(t)$ を加えたとき，ダイオードの端子間電圧 $v_x(t)$ を描きなさい。ただし，$V = 2\,\mathrm{V}$，$R = 1\,\mathrm{k\Omega}$ および $V_F = 0.7\,\mathrm{V}$ とする（ダイオードの近似特性は図 1-29 (a) とする）。

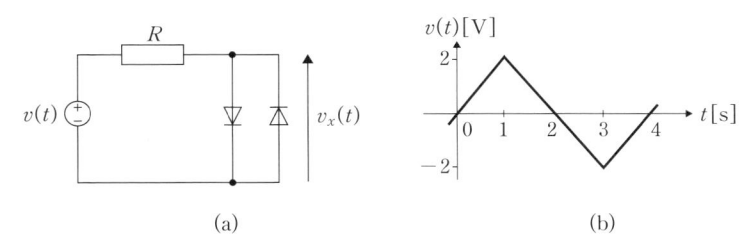

(a)　　　　　　　　　　　　(b)

図3　ダイオード回路と交流電圧波形

5. 図4のダイオード回路に電圧 $v(t)$ を加えたとき，端子間の電圧 $v_x(t)$ を描きなさい。ただし，$V_1 = 2\,\mathrm{V}$，$V_2 = 1\,\mathrm{V}$，$R = 1\,\mathrm{k\Omega}$ および $V_F = 0\,\mathrm{V}$ とする（ダイオードの近似特性は図 1-29 (b) とする）。

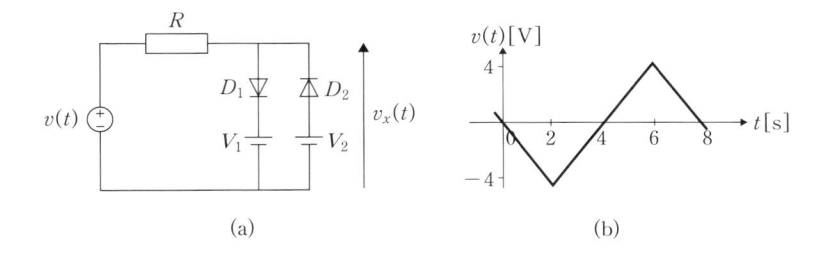

(a)　　　　　　　　　　　　(b)

図4　ダイオード回路と交流電圧波形

トランジスタは電子機器にはなくてはならない基本的な素子であり，その素子としての性質やトランジスタを用いた回路についての知識は電子回路を理解する上でのベースとなる。本章では，その中でもとくに重要な知識として，以下の項目について学ぶ。

① トランジスタの概要として，その機能，開発の歴史と種類および応用分野について理解する。

② トランジスタの 1 つである電界効果トランジスタについて，その機能，構造，動作原理および電圧−電流特性について理解する。

③ トランジスタの 1 つであるバイポーラトランジスタについて，その機能，構造，動作原理および電圧−電流特性について理解する。

2−1 | トランジスタとは

2−1−1 トランジスタの機能と種類

【1】 トランジスタには，4 つ以上の端子を備えたものもあるが，電流源の入力端子，制御入力端子，制御された電流の出力端子の 3 種類に集約される。

トランジスタは半導体で構成され，図 2−1 に示すような 3 つの端子[1] をもつ回路素子の 1 つである。その基本的な機能は，1 つの端子に入力した電圧または電流による，より大きいエネルギーをもつ出力電流の制御である。

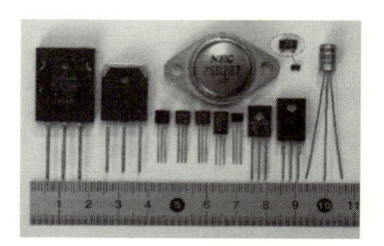

図 2−1 種々のトランジスタの外観

トランジスタの機能は，図 2−2 のような水道のバルブにたとえることができる。水源は上端の水道管にあり，水圧がかかっている。この状態で水栓に接続されているバルブを調節することで，管に流れる水流を少ない労力（エネルギー）で制御（調整）できる。トランジスタも同様に，1 つの端子の電流または電圧により，他の端子を流れるより大きな電流を制御できる。このため 3 つの端子が必要となる。

トランジスタの使用法は，大きく 2 つに分

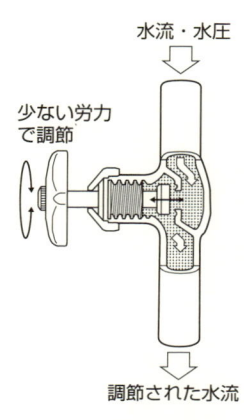

水流・水圧

少ない労力
で調節

調節された水流

図 2−2 水流の調節

けられる。1つ目は，入力に比例した大きな出力を得る使い方である。この動作では，トランジスタは**増幅作用**をもつことから，入力信号のエネルギーを増幅して出力する**増幅回路**[2] の素子として用いられる。

　一方，トランジスタをスイッチとして用い，小さい信号で大電流をオン／オフする使い方もある。この動作を**スイッチング**[3] とよび，入力と出力は，オンとオフ（あるいは1と0）の2つの状態で表現される。スイッチングは，図2-3に示す**CPU**[4] に代表されるディジタル回路や，モータなどの大電力を制御する回路で用いられる。

【2】増幅回路は3章で詳しく説明する。

【3】トランジスタのスイッチング動作については，5-2を参照されたい。

【4】CPUとは，central processing unit の略で，中央処理装置ともよばれている。

図2-3　CPU（Intel 社）

　上述したトランジスタの動作を実現するために，トランジスタはn型半導体[5] とp型半導体[5] を巧みに組み合わせた構造をしており，その構造の違いから表2-1のように分類できる。

【5】半導体については1-2-1を参照されたい。

表2-1　トランジスタの分類

電界効果トランジスタ （FET：field effect transistor）	接合型 FET（junction FET）	n チャネル
		p チャネル
	MOSFET（metal–oxide–semiconductor FET）	n チャネル
		p チャネル
バイポーラトランジスタ（BJT：bipolar junction transistor）		npn 型
		pnp 型

2-1-2　開発の歴史と発展

　実用的なトランジスタの黎明期は 1947 年から 1948 年にかけてであり，米国ベル研究所で発明されたトランジスタが最初である。その機能は図2-2に例示したものであったが，その構造は，**点接触型トランジスタ**[6] であった。その後，安定した性能の素子を大量生産可能なトランジスタとして接合型トランジスタ[7] が開発され，現在に至っている。

　トランジスタが発明された頃，このような機能をもつ素子として真空管が用いられていたが，素子サイズが大きく，高電圧の電源が必要，素子の一部を高温に保たねばならないといった問題があった。トランジスタは，これらの問題を解決したことから，急速に普及した。

　バイポーラトランジスタ（BJT：bipolar junction transistor）[8] 発明の後，1950 年代後半には動作原理の異なる電界効果トランジスタ

【6】点接触型トランジスタは，半導体結晶上の非常に近い位置に2本の針金を立てた構造をもつ。トランジスタとしての機能を備えているが，安定した性能の素子を製造するには適さず，後に発明された接合型トランジスタに取って代わられた。

【7】接合型トランジスタについては，2-3で説明する。

【8】BJT の日本語訳はバイポーラ接合トランジスタであるが，一般にはバイポーラトランジスタとよばれている。

【9】FET については，2-2
で説明する。

（FET：field effect transistor）[9] が発明された。最初に開発された FET は，接合型 FET（JFET：junction FET）であったが，その後，構造の異なる MOSFET（metal-oxide-semiconductor FET）が開発され，低消費電力化が可能という利点から，現在では CPU をはじめ電子機器に利用される素子の主流となっている。

　1960 年代になると，小型化が可能なメリットを活かし，1 つの小さいチップに複数のトランジスタなどの素子を集めて特定の機能をもたせた集積回路（IC：integrated circuit）[10] が登場した。集積度が年々高まるにつれ，多様な機能の電子回路が小さい面積に低消費電力で実現できるようになり，電子技術の発展に大きく貢献した。例えば，図 2-3 に示した Intel 社の CPU 用集積回路には，10 億個以上のトランジスタが使用されている。

【10】集積回路の集積度の境界はあいまいであるが，集積度の低いものを IC，高いものを LSI（large scale integration）とよぶ。詳細は 9 章で説明する。

　このように，トランジスタはその発展とともに種類が増えてきたが，用途に応じて使い分けられている。たとえば，CPU などに用いられるデジタル回路[11] にはほとんどの場合，低消費電力化が可能な特徴を活かした MOSFET が用いられている[12]。アナログ回路については，入出力で取り扱う電圧，電流や周波数帯域に関する仕様などがさまざまなので，それらに適合した種類が用いられる。このため，FET とバイポーラトランジスタが混在するような回路も数多くみられる。

【11】デジタルとアナログについては 5 章で説明する。

【12】論理回路の低消費電力化は，極性の異なる MOSFET を 2 つ組み合わせた CMOS（complementary MOS）回路により実現される。CMOS は，低消費電力のデジタル回路を構築することができることから，コンピュータの低消費電力化や高集積化にはなくてはならない素子である。詳しくは 9 章で説明する。

2-2 | 電界効果トランジスタ

この節ではトランジスタの一種である**電界効果トランジスタ**（**FET**：
field effect transistor）について，その構造，動作原理および電気的特
性の概要について解説する。詳しい電気的特性については 3 章を参照
されたい。

2-2-1 FET とは

図 2-4 は，図 2-2 を FET の機能にあわせて書き直した図である。
FET は，図 2-4 に示すように，端子への入力に電圧をかけたときに生
ずる電界で出力電流を制御する素子である。このような素子は電圧制御
素子[13] とよばれている。原理的に入力端子
に電流が流れないことや消費電力が低いこと
から，その特徴を利用してさまざまな分野に
応用されている。なお，表 2-1 に示したよ
うに，FET は動作原理の異なる**接合型**
FET（**JFET**）と **MOSFET** に分けられるが，
電圧制御という点では共通である。

図 2-5 において，FET の 3 本の端子の
名称と，動作の基本となる電流および電圧を
定義する[14]。各端子は，ゲート（gate，「G」
と表記），ソース（source，「S」と表記）およ
びドレイン（drain，「D」と表記）とよばれて
いる。ゲートとソースにかかる電圧をゲー
ト‐ソース間電圧 V_{GS}，ドレインとソース
にかかる電圧をドレイン‐ソース間電圧
V_{DS}，ドレイン端子に流れる電流をドレイン
電流 I_D とよぶ。I_D はソース電流 I_S と等しく，
ゲート電流 I_G は流れない。

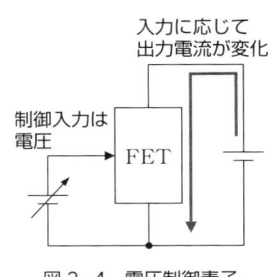

図 2-4　電圧制御素子

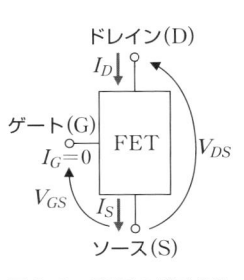

図 2-5　FET の端子名称
および電圧と電流

【13】2-3 で解説するバイポ
ーラトランジスタは，入力電
流で出力電流を制御する電流
制御素子である。

【14】図 2-5 で FET の端
子の名称を定義しているが，
実際の FET の回路素子記号
および端子は下図のようにな
る（n チャネル JFET）。他
の FET の回路記号について
は 2-2-9 で述べる。

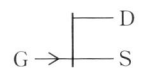

2-2-2 JFET の構造

JFET の構造を図 2-6 に示す。接合型は，n 型と p 型半導体が接合
（接触）した構造となっている。JFET では，ドレインとソースの間は，
n 型（図 2-6(a)）または p 型（図 2-6(b)）半導体を介して接続される。

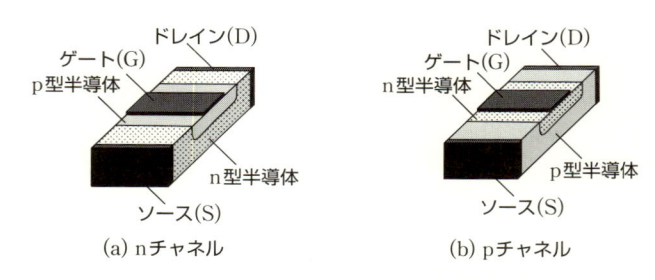

(a) nチャネル　　　　　(b) pチャネル

図2-6　JFETの構造 (黒色領域は電極の金属を表す)

　JFET を増幅素子として用いる際には，図2-7に示すようにドレイン－ソースに電圧 V_{DS} を加えて用い，このとき制御出力のドレイン電流 I_D は，図の矢印の方向に流れる。図2-7は，図2-6を横方向から描いた素子であるが，図2-7(a)のnチャネル型と図2-7(b)のpチャネル型で電圧のかけ方は異なることに注意する。ゲート－ソース間電圧 V_{GS} は入力電圧であり，この電圧でドレイン電流 I_D を制御する。V_{GS}, V_{DS} および I_D の方向は図2-5で定義した通りで，取り得る値の範囲は，nチャネルでは $V_{GS} < 0$, $V_{DS} > 0$ および $I_D > 0$, pチャネルでは $V_{GS} > 0$, $V_{DS} < 0$ および $I_D < 0$ となり，符号は反対になる。

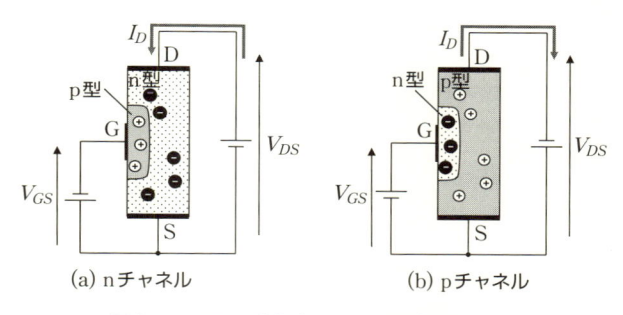

(a) nチャネル　　　　　(b) pチャネル

図2-7　JFET動作時の電流および電圧の方向

2-2-3　n チャネル JFET の動作原理

　次に，図2-6(a)および2-7(a)に示したnチャネルJFETの動作原理について，図2-8を用いて説明する。まず，図2-8(a)に示した $V_{GS} = 0$ のとき，pn接合のゲート－ドレイン間には逆方向の電圧がかかり，pn接合ドレイン側にキャリアが存在しない空乏層[15] が現れるが，ドレインとソース間はn型半導体で接続されている状態なので，V_{DS} によりドレインに向かって電子が移動することでドレイン電流 I_D が流れる。このようなキャリアの通路を**チャネル**[16] という。この場合チャネルを移動するキャリアが自由電子であることから，nチャネルとよばれている[17]。また，$V_{GS} = 0$ のときの I_D の値はJFETの特性を表す重要なパラメータ[18] であり，このときの I_D をとくに I_{DSS} と記す。

　図2-8(b)のように V_{GS} が負の値となると，ソース側のpn接合も逆

【15】空乏層については1-2-2 を参照されたい。

【16】チャネルを移動するキャリアが電子の場合をnチャネル，正孔の場合をpチャネルとよぶ。

【17】このようにFETでは，電流を媒介するキャリアがn型またはp型どちらか1種類であることから，ユニポーラトランジスタとよばれることもある。

【18】トランジスタは製造時の特性のばらつきが大きいため，FETでは I_{DSS} の値で選別されて出荷される。I_{DSS} は，ゼロバイアス時ドレイン電流やドレイン飽和電流とよばれている。

電圧となり，空乏層が拡大する。これによりチャネルの断面積は小さくなり，I_D は図 2-8 (a) の場合より小さくなる。このようなしくみにより，V_{GS} の大きさにより，I_D を制御することができる。図 2-8 (c) のように，さらに V_{GS} が負の大きな値をとると，最終的にはチャネルが空乏層で塞がれてしまい，チャネルは消失し $I_D = 0$ となる。この状態を**ピンチオフ**[19]，$I_D = 0$ となる最大の V_{GS} を**ピンチオフ電圧** V_P という[20]。

【19】水が流れているゴム管を洗濯ばさみ (pinch) のようなもので挟んで水流を止める状況を想像すると理解しやすい。

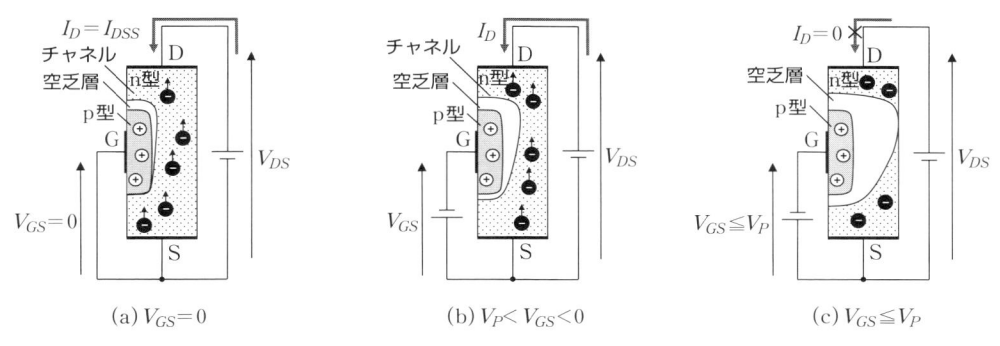

(a) $V_{GS} = 0$ (b) $V_P < V_{GS} < 0$ (c) $V_{GS} \leqq V_P$

図 2-8　n チャネル JFET の動作原理

JFET では，上述した原理で電圧制御が実現される。動作原理から，ゲートは水門 (gate) の役割をはたしている。また，ソースは電流の担い手であるキャリアの供給源 (source)，ドレインはキャリアのはけ口 (drain) であることから端子名として称されている。

【20】$V_{DS} = 0\,\text{V}$ のときに，V_{GS} を負の大きな値としてピンチオフとなることをゲートピンチオフという。

図 2-8 に示した動作の様子を，V_{GS}, V_{DS} および I_D の関係としてグラフに表したものが特性曲線である。図 2-8 の状況のうち，V_{DS} 一定の条件で V_{GS} と I_D の関係をプロットしたものが図 2-9 に示す V_{GS}-I_D 特性である。図 2-9 より，JFET では $V_{GS} = 0$ でもチャネルが存在しており，V_{GS} の大きさによりチャネルを狭くすることで I_D を制御する。このような制御形態は**デプレション型**[21] とよばれている。

【21】デプレション型と対になる形態としてエンハンスメント型がある。エンハンスメント型については **2-2-6** の MOSFET の項を参照されたい。

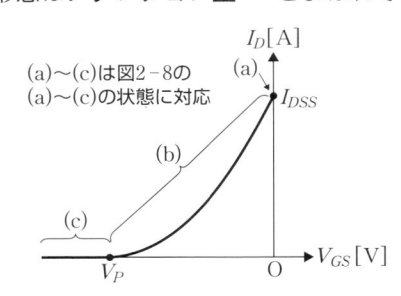

図 2-9　n チャネル JFET の動作と V_{GS}-I_D 特性

また，図 2-10 に V_{DS} と I_D の関係を表した特性を示す。V_{DS}-I_D 特性は，V_{DS} の変化に対し，I_D がどのように変化するかを表す。V_{GS} が変化すると I_D が変化するため，V_{GS} をある値に設定したときの V_{DS}-I_D 特性曲線を複数プロットして示すのが普通である。FET の動

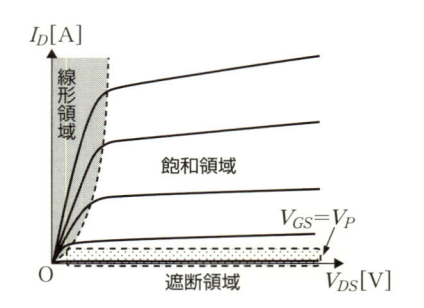

図2-10　nチャネルJFETの動作と V_{DS}-I_D 特性

作状態に応じて V_{DS}-I_D 特性曲線を3つの動作領域に区分して表すことがある。**飽和領域**とは，V_{DS} に対して I_D の変化が少ない動作領域であり[22]，線形動作の回路に適する。V_{DS} と I_D が比例する領域は**線形領域**，I_D が流れない領域は**遮断領域**で，それぞれスイッチング動作のオンとオフの状態を作るために適した領域である。

　線形領域で V_{DS} を大きくしていくとドレイン近傍で空乏層が広がり，ある V_{DS} でピンチオフとなる。そこからさらに V_{DS} を大きくしていくと I_D の変化が小さい飽和領域となる。

【22】　図2-10において，V_{DS} をさらに大きくすると，急激に I_D が増加する特性となり，その領域を降伏領域ということがあるが，通常，この領域を利用することはないため，本書ではその詳細を割愛する。

2-2-4　pチャネルJFETの動作原理

　次に，図2-6(b)および図2-7(b)に示したpチャネルFETの動作原理について，図2-11を用いて説明する。なお，動作原理は，nチャンネルと同一であるが，キャリアが正孔となる点が異なる。図2-11(a)よりキャリアが正孔なので，pチャネルとよばれている。また，正孔の移動により生ずる電流の方向は，正孔の移動方向と一致する。図2-11(b)に示すように，$V_{GS} > 0$ では，ソース側のpn接合も逆バイアスとなるため，空乏層が拡大してチャネル断面積が小さくなり，I_D は減少する。図2-11(c)はさらに V_{GS} が大きくなり，$I_D = 0$ となるピンチオフに達してチャネルが消失した状況である。

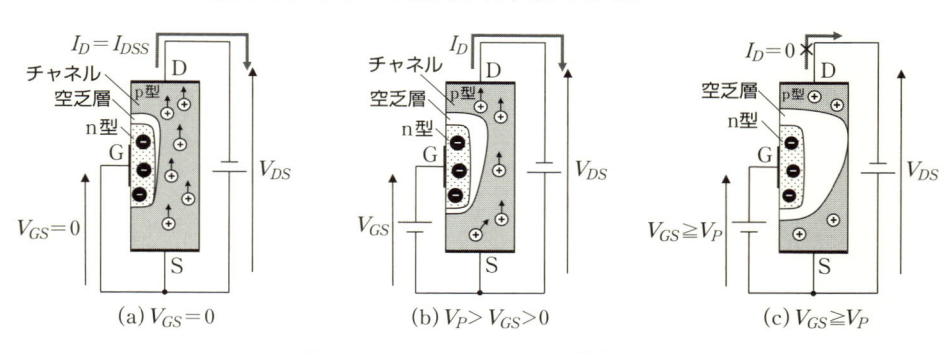

図2-11　pチャネルJFETの動作原理

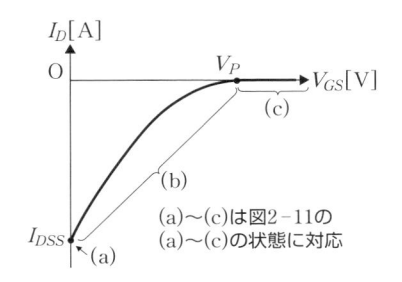

図 2-12　p チャネル JFET の動作と V_{GS}-I_D 特性

　p チャネル JFET の動作の状況を，V_{DS} 一定の条件で V_{GS} と I_D の関係を表した V_{GS}-I_D 特性上にプロットしたものを図 2-12 に示す。

　以上のように，n チャネルと p チャネル JFET は，構造上 n 型と p 型半導体の配置が入れ替わっているので，電圧および電流の向きが逆方向となるが，動作原理は同じである。このことは，図 2-8 と図 2-11，および図 2-9 と図 2-12 の特性図を対比させてみるとよくわかる。

2-2-5　MOSFET の構造

　MOSFET の構造を図 2-13 に示す。JFET と根本的な相違は，ソースとゲートが同種の半導体で接続されていない点，ゲート部分に電極 – 絶縁体 – 半導体という構造[23] をもつ点，そして底部に**サブストレート**[24] という端子をもつ点である。サブストレート端子は一般に，ソース端子と接続して使用される。

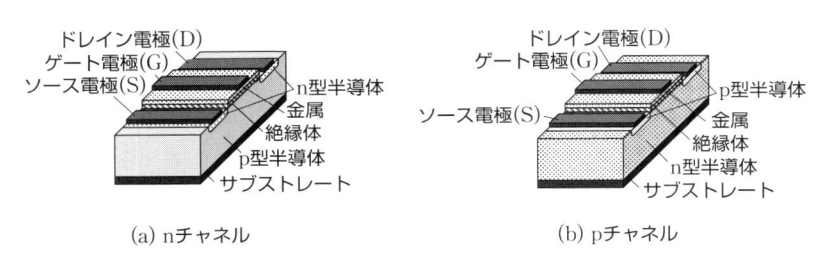

(a) n チャネル　　　　　　(b) p チャネル

図 2-13　MOSFET の構造

　MOSFET を増幅素子として用いる際には，図 2-14 に示すように電圧を加え，このとき制御出力のドレイン電流 I_D は，図の矢印の方向に流れる。JFET との違いは，V_{GS} の極性が反対である点である。なお，n チャネルと p チャネルにおける各電流および電圧の方向がすべて反対になることは，JFET と同様である。

【23】電極が金属であり，絶縁体は酸化膜で構成されるため，ゲート部分の 3 層構造を metal, oxide および semiconductor の頭文字をとって MOS という。図 2-13 のゲート部分の拡大図を下図に示す。

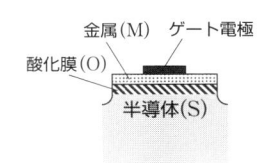

【24】サブストレートとは，電極が接続された p 型半導体（n チャネルの場合），または n 型半導体（p チャネルの場合）を指し，電極はソース，ゲート，ドレインと反対側に位置していることから，バックゲートとよばれることもある。また，ベース，バルクとよばれることもある。

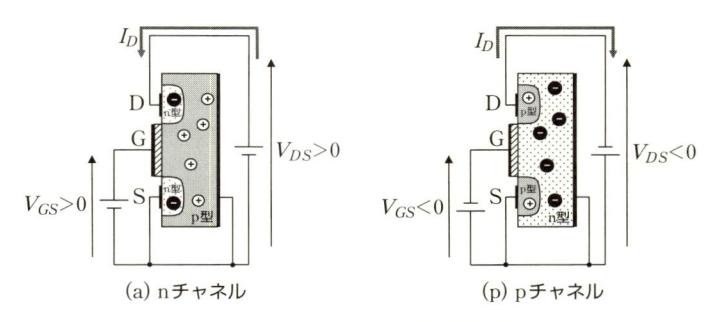

(a) n チャネル　　　　(p) p チャネル

図 2-14　MOSFET 動作時の電流および電圧の方向

2-2-6　エンハンスメント型 n チャネル MOSFET の動作原理

　図 2-13(a) および 2-14(a) に示した n チャネル MOSFET の動作原理について，図 2-15 を用いて説明する。

　図 2-15(a) のように，$V_{GS} = 0$ のとき，ドレインとサブストレート間の pn 接合には逆バイアスがかかり $I_D = 0$ となる。図 2-15(b) のように $V_{GS} > 0$ では絶縁層のゲート側に正，p 型半導体側に負の電荷が誘起され，p 型半導体側の負電荷が p 型半導体中の正孔の電荷を打ち消すように作用する。図 2-15(c) のように，V_{GS} が特定の電圧を超えると，発生する負電荷量が増加して p 型半導体中に負電荷の層（反転層）が生じ[25]，これがチャネルとなってドレイン側とソース側の n 型半導体が接続され，ドレイン電流 I_D が流れる。チャネルが発生する電圧の臨界値をしきい値電圧 V_T というが，動作原理より，チャネル発生の境界の V_{GS} という意味で $V_{GS(th)}$ と表記することもある。

【25】反転層が生じているときゲート部分で起こっている現象を拡大すると，下図のようになる。

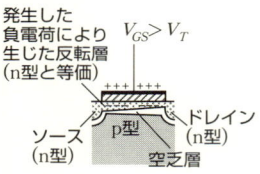

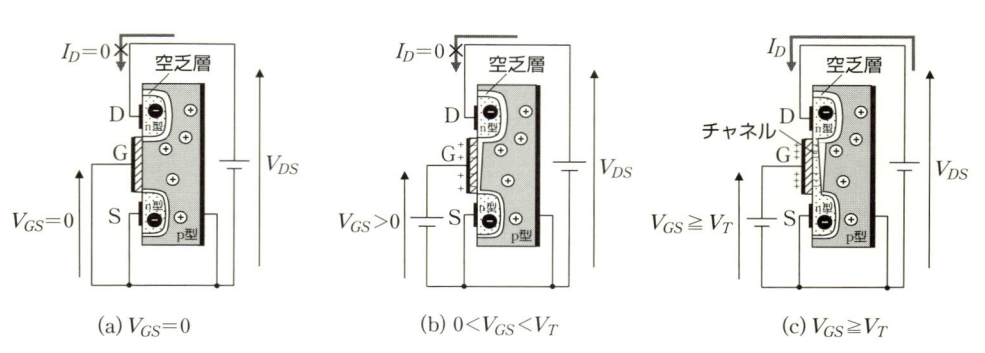

(a) $V_{GS}=0$　　　(b) $0<V_{GS}<V_T$　　　(c) $V_{GS}\geqq V_T$

図 2-15　n チャネル MOSFET の動作原理

　図 2-16 は，図 2-15 に示した動作状態と，MOSFET の V_{GS}-I_D 特性との対応関係を示している。図より，一般的な MOSFET では $V_{GS} = 0$ の状態ではチャネルは存在しておらず，V_{GS} を大きくしていくことで反転層という形でチャネルが生じ，I_D が流れるようになる。このような制御形態を**エンハンスメント型**[26] とよぶ。

【26】エンハンスメント型と対になる形態としてデプレション型がある。デプレション型については 2-2-3 の JFET の項を参照されたい。

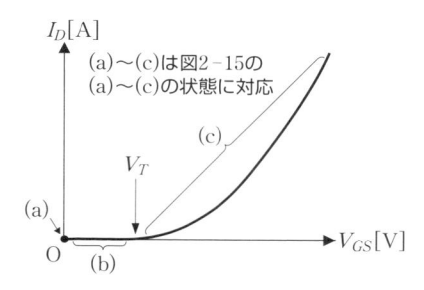

図 2-16　n チャネル MOSFET の動作と V_{GS}-I_D 特性

2-2-7　エンハンスメント型 p チャネル MOSFET の動作原理

　図 2-13 (b) および 2-14 (b) に示した p チャネル MOSFET の動作原理について説明するが，動作原理は，n チャネルと同じである。図 2-17 (a) に示すように，$V_{GS}=0$ のとき，チャネルは存在せず $I_D=0$ である。図 2-17 (b) のように $V_{GS}<0$ になると，絶縁層の半導体側には正の電荷が誘起され，n 型半導体中の負電荷の一部を打ち消すように作用する。図 2-17 (c) のように V_{GS} が特定の値を超えると，n 型半導体内に p 型の反転層が生じ，これがチャネルとなって I_D が流れる。

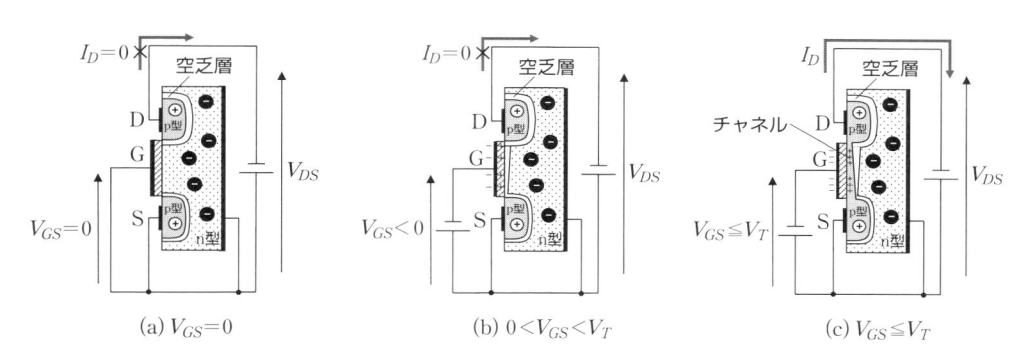

(a) $V_{GS}=0$　　　　(b) $0<V_{GS}<V_T$　　　　(c) $V_{GS}\leqq V_T$

図 2-17　p チャネル MOSFET の動作原理

　図 2-18 は，図 2-17 に示した動作状態と，MOSFET の V_{GS}-I_D 特性との対応関係を示している。なお，図 2-16 と比較すると，n チャネルと p チャネルにおける各電流および電圧が反対方向になることがわかる。

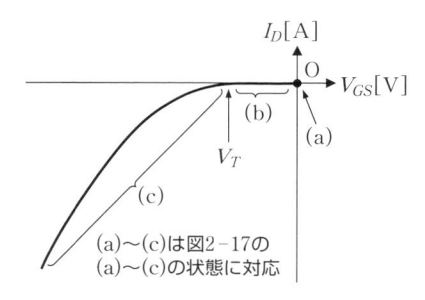

図 2-18　p チャネル MOSFET の動作と V_{GS}-I_D 特性

2-2-8 デプレション型 MOSFET の動作原理

　一般に，MOSFET はエンハンスメント型特性がほとんどであるが，デプレション型特性をもつものもある。図 2-19(a) を用いてデプレション型 n チャネル MOSFET の動作を説明する。エンハンスメント型との差異は，あらかじめチャネルが形成されている点である。したがって，$V_{GS} = 0$ の状態でもチャネルが存在し，I_D が流れる (A)。この状態から $V_{GS} > 0$ とすればチャネルのキャリア密度が増加し，I_D は増加する (B)。逆に，$V_{GS} < 0$ の領域では，チャネルのキャリア密度が減少し，I_D が減少する (C)。さらに，V_{GS} が低い電圧になるとチャネルが消滅して，電流がほとんど流れなくなる (D)。

　デプレション型 MOSFET の V_{GS} と I_D の特性曲線の概形は，図 2-9 および図 2-12 に示した JFET の特性と同様であるが，図 2-19 に示すように，n チャネルでは $V_{GS} > 0$ の領域，p チャネルでは $V_{GS} < 0$ の領域でも使用することができる点が異なる。

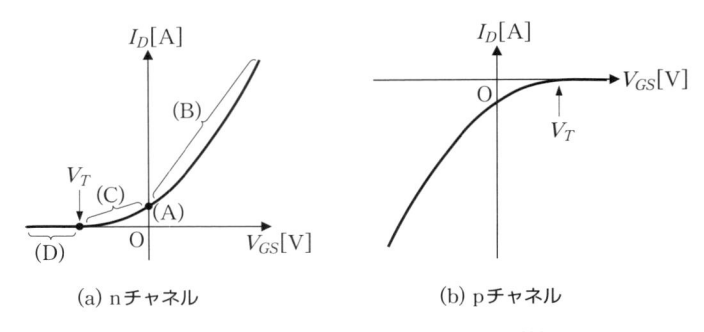

(a) n チャネル　　　　　　　(b) p チャネル

図 2-19　デプレション型 MOSFET の V_{GS}-I_D 特性

2-2-9 FET の回路記号

　以上のように，FET は，構造の違いから JFET と MOSFET に分類され，MOSFET はさらに動作時の V_{GS} の値によりエンハンスメント型とデプレション型に分けられる。回路記号は表 2-2 のようになっている。

表 2-2　FET の回路記号[27] [28]

名称	JFET	エンハンスメント型 MOSFET	デプレション型 MOSFET
構造	図 2-6	図 2-13	
n チャネル			
p チャネル			

なお，表2-2のMOSFETは4本の端子がある回路記号となっているが，ディスクリート部品[29]として供給されるFETはほとんどの場合，矢印が記されたサブストレート端子は内部でソースに接続されており，表2-3に示す回路記号で表されることが多い。

【29】ディスクリート部品とは，1つのパッケージに1つの素子のみが封入された状態で提供される部品のことをいう。図2-1に示したトランジスタは，すべてディスクリート部品である。

表2-3　一般的なMOSFETの回路記号

名称	エンハンスメント型	デプレション型
n チャネル	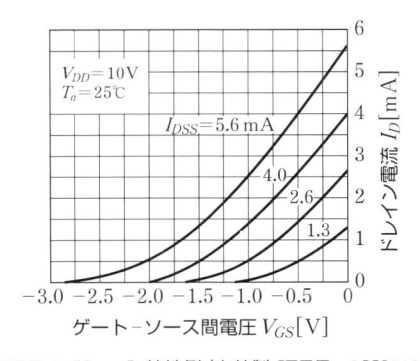	
p チャネル		

2-2-10　FETの電圧と電流の関係

　FETを利用する際，3端子間の電流および電圧の関係を知る必要があるが，次の2つは重要である。

■ V_{DS} を一定とした場合の V_{GS} と I_D の関係

　図2-9で示した V_{GS}-I_D 特性は，入力（V_{GS}）と出力（I_D）の関係を表す特性である。JFETでは，製造時に I_{DSS} の値に大きなばらつきがあるため，図2-20のように通常 I_{DSS} をパラメータとして複数の V_{GS}-I_D 特性曲線を提示する。図2-20は，nチャネルJFETである2SK246（東芝製）の規格表から V_{GS}-I_D 特性曲線を引用したものであるが，デプレション型の特性を示している。MOSFETでは，多くはエンハンスメント型であり，V_{GS}-I_D 特性の概形は図2-16および図2-18に示したものになる。

$V_{DD}=10\text{V}$
$T_a=25℃$
$I_{DSS}=5.6\,\text{mA}$
4.0
2.6
1.3

ドレイン電流 I_D[mA]

ゲート-ソース間電圧 V_{GS}[V]

図2-20　**JFET** の V_{GS}-I_D 特性例（東芝製 JFET，2SK246 規格表より）

図 2-20 に示した V_{GS}-I_D 特性において，$I_{DSS} = 4.0\,\mathrm{mA}$ の JFET の $V_{GS} = -1.5\,\mathrm{V}$ における $I_D\,[\mathrm{mA}]$ を求めなさい。

● **略解**———解答例

I_{DSS} は，$V_{GS} = 0$ のときの I_D なので，$4.0\,\mathrm{mA}$ となる曲線は上から 2 本目の特性である。この曲線上の $V_{GS} = -1.5\,\mathrm{V}$ のときの I_D を読み取ればよいので，図 2-21 のように $I_D = 0.5\,\mathrm{mA}$ となる。

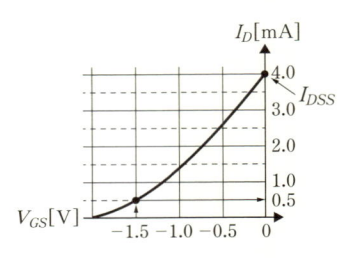

図 2-21　例題 2-1 の特性図

問1　図 2-20 において，$I_{DSS} = 1.3\,\mathrm{mA}$ の特性をもつ FET について，$I_D = 0.5\,\mathrm{mA}$ となる V_{GS} を求めなさい。

問2　図 2-20 において，$I_{DSS} = 4.0\,\mathrm{mA}$ の特性をもつ FET のピンチオフ時の V_{GS} を求めなさい。

■ V_{GS} を一定とした場合の V_{DS} と I_D の関係

V_{DS}-I_D 特性は，出力側にかかる電圧 (V_{DS}) の変化に対し，出力 (I_D) がどの程度変化するかを表す特性である。図 2-20 に示したように，V_{GS} が変化すると I_D が変化するため，V_{GS} をある値に設定したときの V_{DS}-I_D 特性曲線をグラフ上に複数プロットして示すのが普通である。図 2-22 は，2SK246（東芝製）の規格表から引用したものである。

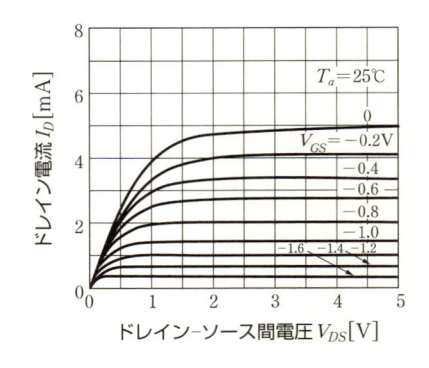

図 2-22　**JFET の V_{DS}-I_D 特性例**（東芝製 JFET，2SK246 規格表より）

2-3 | バイポーラトランジスタ

本節では，バイポーラトランジスタ（**BJT**：bipolar junction transistor）について，構造，動作原理および電気的特性の概要について説明する。詳しい電気的特性については 3 章を参照されたい。

2-3-1 バイポーラトランジスタとは

バイポーラトランジスタは，図 2-23 に示すように，制御入力に流す電流によって，より大きな電流を制御し，出力する素子である。このような素子は電流制御素子[30] とよばれている。図 2-23 は，図 2-2 をバイポーラトランジスタの機能にあわせて書き直した図である。

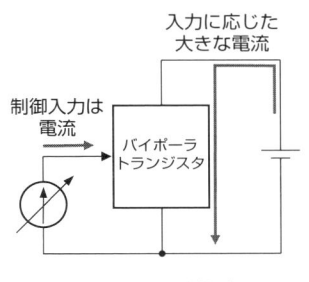

図 2-23　電流制御素子

図 2-24 においてバイポーラトランジスタの 3 本の端子の名称と，動作の基本となる電流および電圧を定義する[31]。各端子は，ベース（base，「B」と表記），コレクタ（collector，「C」と表記）およびエミッタ（emitter，「E」と表記）とよばれている。ベースとエミッタ間にかかる電圧をベース－エミッタ間電圧 V_{BE}，コレクタとエミッタ間にかかる電圧をコレクタ－エミッタ間電圧 V_{CE} という。また，ベースに流入する電流をベース電流 I_B，コレクタに流入する電流をコレクタ電流 I_C とよび，図 2-23 の入力電流に相当する電流が I_B，出力電流に相当する電流が I_C である。エミッタには I_B と I_C の和に等しいエミッタ電流 I_E が流れる。

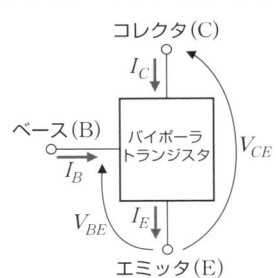

図 2-24　バイポーラトランジスタの端子名および電圧と電流

【30】2-2 で解説した FET は，入力電圧で出力電流を制御する電圧制御素子である。

【31】図 2-24 においてバイポーラトランジスタの端子の名称を定義しているが，実際のバイポーラトランジスタの回路素子記号および端子は下図のようになる（npn 型バイポーラトランジスタ）。pnp 型については 2-3-4 で述べる。

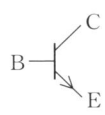

2-3-2 バイポーラトランジスタの構造

バイポーラトランジスタは，構造の違いにより，図 2-25 に示すような npn 型と pnp 型の 2 種類に分類される。

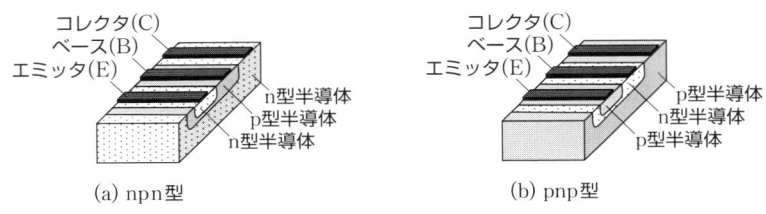

図 2-25　バイポーラトランジスタの構造

【32】ベースは，図2-25の説明としては厚みであるが，半導体デバイスの分野ではベース幅とよばれている。多くの場合 1 μm 以下の厚さである。

図 2-25 (a) の npn 型では，コレクタが n 型，ベースが p 型，エミッタが n 型の半導体で構成され，互いに異なる半導体がコレクタ－ベース間，ベース－エミッタ間で接合した状態となっている。また，エミッタとコレクタに挟まれたベースの部分の厚み[32] は，薄くなるように作製される。

2-3-3 バイポーラトランジスタの動作原理

バイポーラトランジスタを動作させる場合，図 2-26 に示す電流と電圧になる。図 2-26 より明らかなように，npn 型と pnp 型は，n 型と p 型が対称となる構造のため，電圧と電流の方向がすべて反対になる。

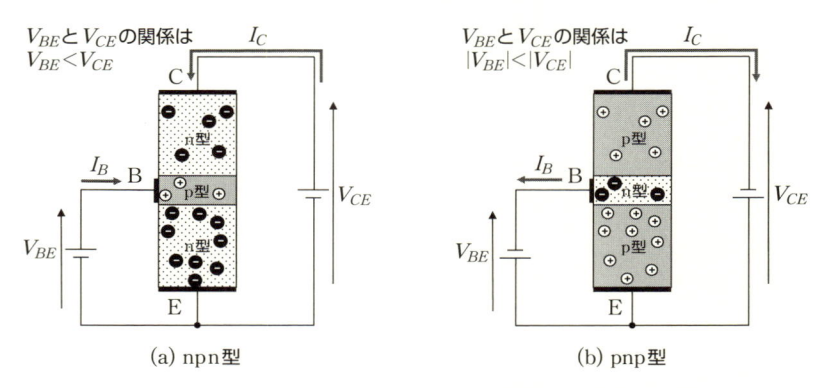

図 2-26　バイポーラトランジスタ動作時の電流および電圧の方向

図 2-26 (a) のように電圧を加えたときの npn 型バイポーラトランジスタの動作を，図 2-27 (a) を用いて説明する。V_{BE} はベース－エミッタ間の pn 接合が順方向となるように加わるので，その電界によりエミッタ中の自由電子はベース方向に移動する（②）。また，V_{CE} により，エミッタ端子から電子が供給される（①）。ベースに到達した電子の一部は，ベース中の正孔と再結合してベース電流 I_B となる（④）が，ベース幅は再結合までに電子が拡散する距離よりはるかに薄く作られているため，ほとんどの電子は再結合せず，ベース領域を通過してコレクタ領域に到達する（③）。コレクタにかかる電界により，コレクタ内の電子は電極方向に移動し（⑤），最終的に電極にとらえられ（⑥）コレクタ電流 I_C となる。

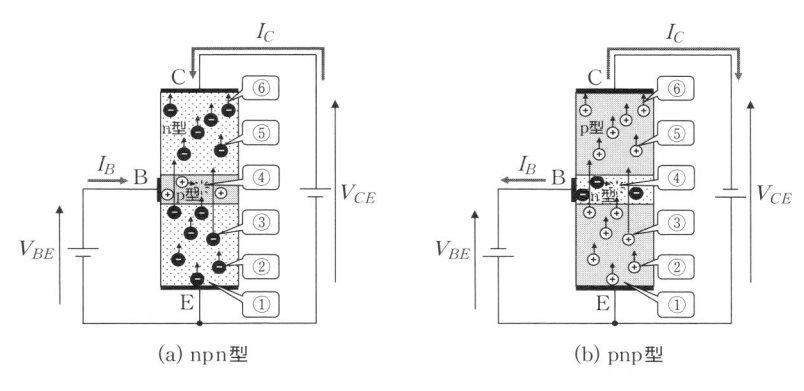

(a) npn型　　　　　　　　　　　　　(b) pnp型

図2-27　バイポーラトランジスタの動作原理

　図2-27 (b) の pnp 型の場合，V_{BE} により生ずる電界によりエミッタ中の正孔はベース方向に移動する (②)。また，V_{CE} によりエミッタ端子から正孔が供給される (①)。ベースに到達した正孔の一部は，ベース中の電子と再結合してベース電流となる (④) が，ベース幅が再結合までに拡散する距離よりはるかに薄く作られているため，ほとんどの正孔は再結合せずに，ベースを通過してコレクタ領域に到達する (③)。コレクタにかかる電界により，コレクタ領域の正孔は電極方向に移動し (⑤)，最終的に電極にとらえられ (⑥) コレクタ電流 I_C となる。

　このように npn 型と pnp 型のバイポーラトランジスタでは電流の担い手となるキャリアの動作が対称的となるので，動作時の電圧および電流の方向がすべて互いに反対になる。

2-3-4 バイポーラトランジスタの回路記号

　表2-4 にバイポーラトランジスタの回路記号を示す。回路記号中の矢印の方向は素子内を流れる電流の方向に一致している。

表2-4　バイポーラトランジスタの回路記号

名称	npn型	pnp型
構造との対応	図2-25 (a)	図2-25 (b)
回路記号	B—C, E (npn記号)	B—C, E (pnp記号)

2-3-5 バイポーラトランジスタの電流と電圧の関係

　バイポーラトランジスタを利用する際，3端子間の電流および電圧の関係を知る必要があるが，次の3つが重要である。

■ V_{CE} を一定とした場合の V_{BE} と I_B の関係

　図2-28 に示す V_{BE}-I_B 特性は，入力側で加える電圧 (V_{BE}) と電流

(I_B) の関係を表す特性である。ベース−エミッタ間は pn 接合なので，順方向電圧を加えた特性はダイオードの特性と同じになる。シリコンを用いたバイポーラトランジスタでは，ダイオードの立ち上がり電圧に対応する V_{BE} の値は $0.6 \sim 0.8\,\mathrm{V}$ になる。

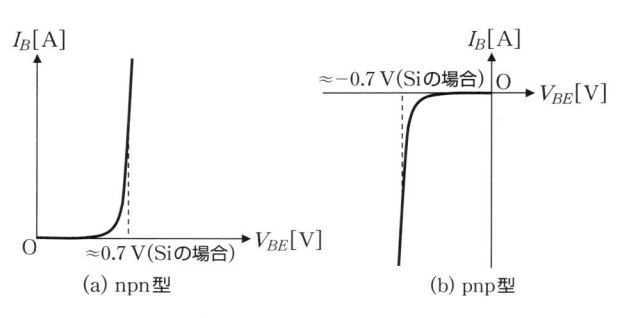

図 2-28　バイポーラトランジスタの V_{BE}-I_B 特性

■ $V_{CE} > V_{BE}$ とした場合の I_B と I_C の関係

バイポーラトランジスタは，I_C を I_B で制御して増幅を実現する電流増幅素子であり，その関係は，図 2-29 のようにほぼ直線の特性（比例関係）として表される。増幅の度合いを表す比例係数を**直流電流増幅率** h_{FE}[33] と表記すると，式 2-1 のように表される。

$$I_C = h_{FE}I_B \tag{2-1}$$

一方，トランジスタの 3 つの端子についてもキルヒホッフの電流則が成立するので，ベース電流 I_B，コレクタ電流 I_C およびエミッタ電流 I_E の間に $I_E = I_B + I_C$ が成立する。h_{FE} の値は，一般に数十以上の値をとることから $h_{FE} \gg 1$ となるので，式 2-2 のような関係が成り立つ。

$$I_E = I_B + I_C = (1 + h_{FE})\,I_B \approx h_{FE}I_B = I_C \tag{2-2}$$

【33】直流電流増幅率 h_{FE} については，**3-4-2** でくわしく説明する。同じ規格の h_{FE} であっても，製造時のばらつきにより，個々の素子で大きく値は異なる。たとえば，東芝製の 2SC1815 では，$V_{CE} = 6\,\mathrm{V}$，$I_C = 2\,\mathrm{mA}$ において $70 \leqq h_{FE} \leqq 700$ の範囲にある。

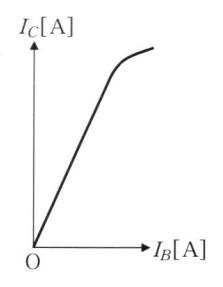

図 2-29　バイポーラトランジスタの I_B-I_C 特性

■ I_B を一定とした場合の V_{CE} と I_C の関係

V_{CE}-I_C 特性は，出力側にかかる電圧（V_{CE}）の変化に対し，出力（I_C）がどの程度変化するかを表す特性である。I_B が変化すると I_C が変化するため，I_B をある値に設定したときの V_{CE}-I_C 特性曲線をグラフ上に複数プロットして示すのが普通である。

一例として，図 2-30 に npn 型バイポーラトランジスタ 2SC1815（東

芝製) の規格表から引用した V_{CE} - I_C 特性曲線を示す。

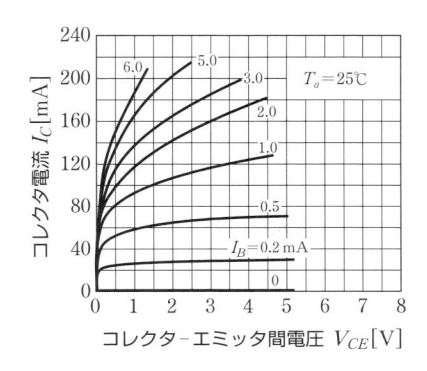

コレクタ-エミッタ間電圧 V_{CE}[V]

図 2-30　バイポーラトランジスタの V_{CE} - I_C 特性例
(東芝製 npn 型バイポーラトランジスタ，2SC1815 規格表より)

　バイポーラトランジスタも FET と同様，線形動作を必要とする回路
とスイッチング回路に用いる場合とで，適する電流および電圧の動作範
囲がある。図 2-31 に示すように，V_{CE} - I_C 特性上で 3 つの動作領域に
区分できる。ほぼ特性が平坦な**能動領域**は，増幅器などに適した線形に
近い特性が得られる領域である。一方，**飽和領域**と**遮断領域**は，それぞ
れスイッチのオンおよびオフ状態に相当する領域である。

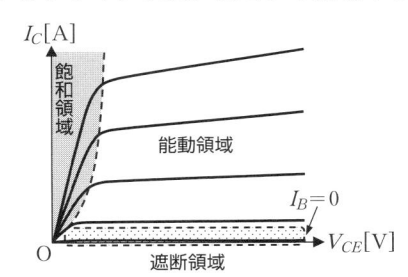

図 2-31　バイポーラトランジスタの動作領域

例題　**2-2** バイポーラトランジスタの h_{FE} と I_B の関係に関する問題

　バイポーラトランジスタ 2SC1815（東芝製）について，
$V_{CE} = 6\,\mathrm{V}$，$I_C = 2\,\mathrm{mA}$ のときの I_B の取り得る範囲を求めなさい。
ただし，$70 \leqq h_{FE} \leqq 700$ とする。

●**略解**——解答例

　式 2-1 より，$I_B = I_C / h_{FE}$ と表されるので，$70 \leqq h_{FE} \leqq 700$
より，I_B の範囲は $2.86\,\mathrm{\mu A} \leqq I_B \leqq 28.6\,\mathrm{\mu A}$ となる。

問 3　例題 2-2 で $h_{FE} = 200$ としたときの I_E を求め，$I_C (= 2\,\mathrm{mA})$ と
比較しなさい。

2-4 トランジスタの温度特性

半導体は温度の影響を受けやすい素子である。本節では，トランジスタの諸特性の温度依存性について説明する。

2-4-1 バイポーラトランジスタの温度特性

一般に，バイポーラトランジスタは，動作時の温度が高くなると I_B や I_C の値が大きくなる。図 2-32 に V_{BE}-I_B 特性の温度特性例を示す。V_{BE} をある値に設定したとき，温度が高いときのほうが低いときより I_B は大きいことがわかる。温度と電流の関係を**温度係数**[34] を用いて表すと，I_B の温度係数は正になる。

トランジスタに流れる電流量が大きくなると，消費電力は大きくなり熱が発生（温度上昇）し，さらに，I_B や I_C は大きくなる。この循環を抑える回路的な工夫[35] を施さないと，I_B や I_C の増加はトランジスタが熱破壊するまで際限なく続く。この状態は**熱暴走**とよばれている。

【34】V_{BE} を一定値に設定したとき，温度が高くなると I_B は大きくなる。しかし，温度によらず一定値 I_B を流すときの V_{BE} 値は，温度が高いほど小さい。この場合，V_{BE} の温度係数は負となり，その割合（温度係数）は，$-1.5 \sim -2.0\,\mathrm{mV/℃}$である。このように，$I_B$ や I_C は，温度が変化するだけで変動することになる。

【35】3 章では，温度変化によるトランジスタの電流の増減の影響を抑える回路について説明する。

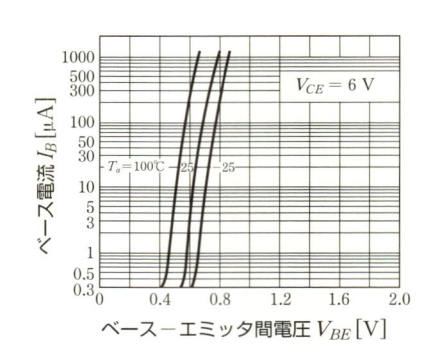

図 2-32 バイポーラトランジスタの温度特性例
（東芝製 npn 型バイポーラトランジスタ，2SC1815 規格表より）

例題 2-3 バイポーラトランジスタの I_B の温度依存性の問題

npn 型バイポーラトランジスタ 2SC1815（東芝製）について，$V_{CE} = 6.0\,\mathrm{V}$，$V_{BE} = 0.60\,\mathrm{V}$ のとき，周囲温度 T_a が $-25℃$，$25℃$および $100℃$となったときの I_B の概算値を求めなさい。

●**略解**——解答例

図 2-32 において，$V_{BE} = 0.60\,\mathrm{V}$ と各曲線の交点を求めればよく，$I_B < 0.30\,\mathrm{\mu A}$（$T_a = -25℃$），$I_B \approx 4.0\,\mathrm{\mu A}$（$T_a = 25℃$）および $I_B \approx 250\,\mathrm{\mu A}$（$T_a = 100℃$）となる。

2-4-2 FET の温度特性

　FET の温度特性は，バイポーラトランジスタとは異なり，使用条件によって正または負の温度係数となる。たとえば，図 2-33 に示す p チャネル MOSFET の $V_{GS} - I_D$ 特性で I_D は，$V_{GS} < -1.9\,\mathrm{V}$ で正，$V_{GS} > -1.9\,\mathrm{V}$ で負の温度係数となることがわかる。また，図 2-34 に示す n チャネル MOSFET の $V_{GS} - I_D$ 特性で I_D は，実用的な電流範囲である $I_D < 20\,\mathrm{mA}$ では正の温度係数となっている。このように，V_{GS} の値によって，温度変動の影響が変化することに注意する。

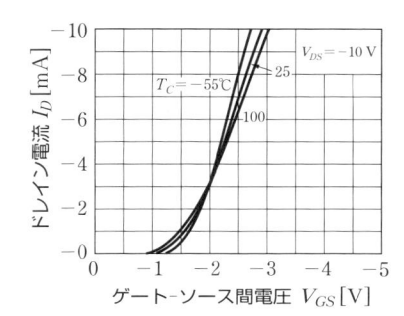

図 2-33　**MOSFET の温度特性の一例**（東芝製 p チャネル MOSFET，2SJ439 規格表より）

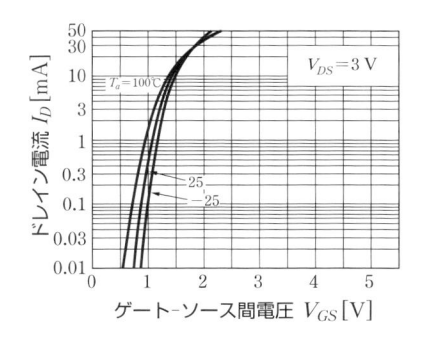

図 2-34　**MOSFET の温度特性の一例**（東芝製 n チャネル MOSFET，2SK1828 規格表より）

1. 図1の V_{GS}-I_D 特性において，$I_{DSS} = 4.0\,\mathrm{mA}$ の特性をもつ JFET について，以下の問に答えなさい。

(1) $V_{GS} = -2.0\,\mathrm{V}$，$-1.5\,\mathrm{V}$，$-1.0\,\mathrm{V}$，$-0.5\,\mathrm{V}$（各々 V_{GS1}，V_{GS2}，V_{GS3}，V_{GS4} と表す）のときの各 I_D（各々 I_{D1}，I_{D2}，I_{D3}，I_{D4} と表す）を特性曲線より読み取りなさい。

(2) V_{GS} の変化 $\Delta V_{GS1-2} = V_{GS2} - V_{GS1}$，$\Delta V_{GS2-3} = V_{GS3} - V_{GS2}$ および $\Delta V_{GS3-4} = V_{GS4} - V_{GS3}$ は，いずれも $0.5\,\mathrm{V}$ である。各 V_{GS} の変化に対する I_D の変化（各々 ΔI_{D1-2}，ΔI_{D2-3}，ΔI_{D3-4} と表す）を，(1) の結果を用いて求めなさい。

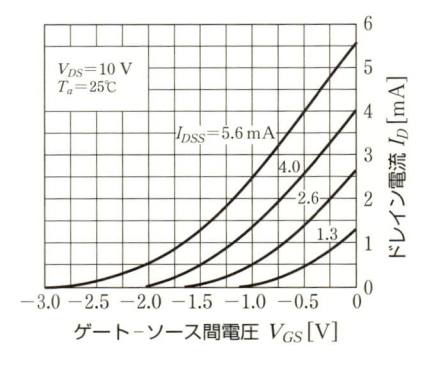

図1 V_{GS}-I_D 特性

(3) JFET の入力を V_{GS}，出力を I_D と考えたとき，入力電圧（V_{GS}）の各変化（ΔV_{GS1-2}，ΔV_{GS2-3}，ΔV_{GS3-4}）がどの程度の出力（I_D）の各変化（ΔI_{D1-2}，ΔI_{D2-3}，ΔI_{D3-4}）となって現れるかを示す比（単位は mS）を，(1) と (2) の結果を用いて求めなさい（各々 g_{1-2}，g_{2-3}，g_{3-4} とする）。

2. 図2の V_{DS}-I_D 特性について，以下の問に答えなさい。

(1) $V_{GS} = -0.4\,\mathrm{V}$ の曲線について，$V_{DS} = 1.0\,\mathrm{V}$，$2.0\,\mathrm{V}$ および $3.0\,\mathrm{V}$ における各 I_D を読み取りなさい。

(2) $V_{DS} = 3.0\,\mathrm{V}$ のとき，$V_{GS} = -1.2\,\mathrm{V}$，$-0.8\,\mathrm{V}$ および $-0.4\,\mathrm{V}$ における各 I_D を読み取りなさい。

(3) $V_{DS} = 1.0\,\mathrm{V}$ のとき，$I_D = 2.0\,\mathrm{mA}$ であった。このときの $V_{GS}\,[\mathrm{V}]$ を求めなさい。

(4) I_{DSS} の定義および図2の特性図の特徴を考慮するとき，$V_{DS} = 10\,\mathrm{V}$ で $I_{DSS} = 5.0\,\mathrm{mA}$ の JFET の $V_{DS} = 4.0\,\mathrm{V}$ における I_{DSS} のおよその値を求め，理由とともに答えなさい。

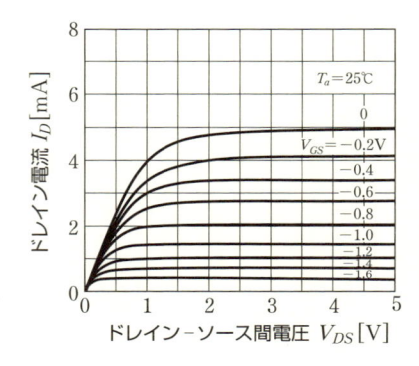

図2 V_{DS}-I_D 特性

3. 図3の V_{CE}-I_C 特性について，以下の問に答えなさい。

(1) $V_{CE} = 2.0\,\mathrm{V}$，$I_B = 2.0\,\mathrm{mA}$ のときの I_C を読み取りなさい。

(2) (1) の条件における h_{FE} を求めなさい。

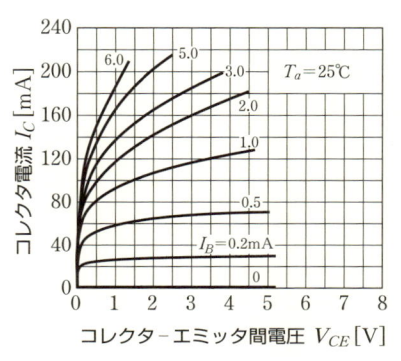

図3 V_{CE}-I_C 特性

(3) (1) および (2) と同様の要領で，$V_{CE} = 3.0\,\text{V}$ における $I_B = 0.2\,\text{mA}$，$0.5\,\text{mA}$，$1.0\,\text{mA}$ および $2.0\,\text{mA}$ での I_C と h_{FE} を求めなさい。次に，この値をもとに横軸に I_C，縦軸に h_{FE} をとって I_C と h_{FE} の関係を示すグラフを描きなさい。

4. トランジスタの温度特性について，以下の問に答えなさい。

(1) 図4 に示すバイポーラトランジスタの特性について，$T_a = 25℃$ および $100℃$ の温度のとき，$V_{BE} = 0.6\,\text{V}$ での I_B を読み取りなさい。また，$I_B = 10\,\mu\text{A}$ において，温度変化に対する V_{BE} の平均温度係数（単位は $\text{mV}/℃$）を，T_a が $-25℃$ から $25℃$ まで変化した場合，$25℃$ から $100℃$ まで変化した場合について求めなさい。

(2) 図5 に示す FET の特性について，温度が変化しても I_D が変化しない V_{GS} の条件を答えなさい。

(3) 図6 に示す FET の特性について，$V_{GS} = 1.0\,\text{V}$ のときの各温度における I_D の値を読み取りなさい。さらに，温度が $-25℃$ から $25℃$ および $25℃$ から $100℃$ に変化したときの I_D の平均温度係数（単位は $\text{mA}/℃$）を求めなさい。

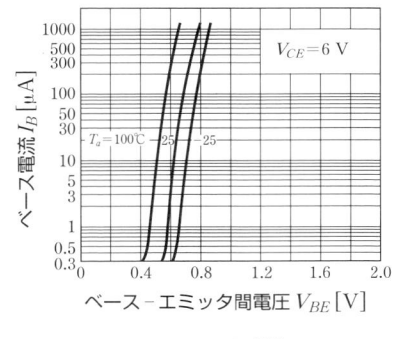

図4　V_{BE}-I_B 特性

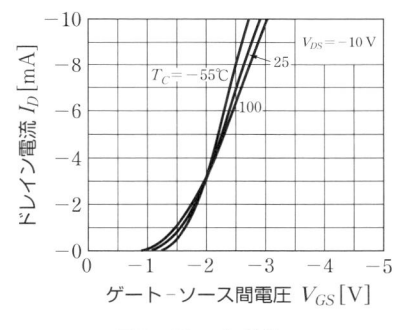

図5　V_{GS}-I_D 特性 1

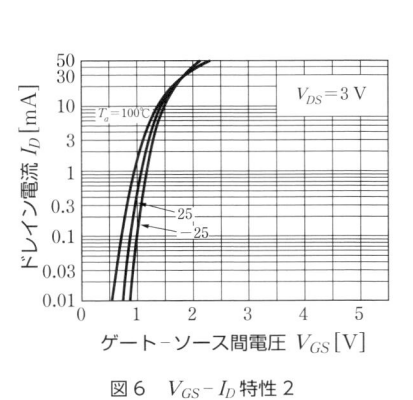

図6　V_{GS}-I_D 特性 2

第**3**章 増幅回路

■ **この章のポイント** ▶

たとえば，心電図を計測しようとすれば，皮膚に現れるわずかな電位差をオシロスコープのような表示器で扱える電圧に増幅する必要がある。音声をデジタル機器で扱うためには，音声信号を5章で扱うAD変換器を使ってデジタル信号に変換するが，AD変換器の入力電圧範囲に適合するようにマイクロフォンの微弱な電圧を増幅しておく必要がある。通信機器における電波の送受信にも増幅回路が不可欠である。増幅回路の用途はさまざまであるが，人や現実空間とつながりをもつ電子機器のほとんどすべてに搭載されているといってよい。

本章では，増幅回路の基礎について学び，以下の項目を目標とする。

① 増幅回路の機能と基本的な原理を理解する。

② 動作点を定める意味を理解し，負荷線を描けるようになる。

③ トランジスタの各種パラメータを理解する。

④ 増幅回路の基本特性が求められるようになる。

3-**1** 増幅回路の基礎

3-1-**1** 増幅器の基本動作

増幅器は，入力された電気信号を拡大，つまり増幅する装置である。増幅器を動作させるためには図3-1のように別途に電源が必要で，この電力を使って入力電圧あるいは電流を振幅方向に拡大して出力する。この際，電源からの電力がすべて出力に流れるわけではなく，一部は増幅器が動作するために消費される（損失）。また，入力された電気信号からはわずかな電力しか受け取らず，多くの増幅器ではその電力は出力には利用されず損失となる。

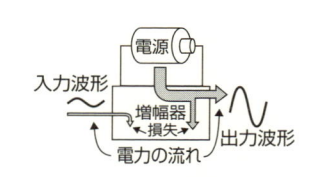

図3-1 増幅器の電力の流れ

【1】 R_iおよびR_oは，それぞれ入力インピーダンスおよび出力インピーダンスという。これらの抵抗器は，回路中に実在しているわけではなく，増幅器の端子から見た抵抗値（インピーダンス）を等価的に表したものである。

また，A_vは電圧増幅度とよばれており，電圧の拡大率（増幅率）を示す。これらについては後にくわしく学ぶ。

図3-2は，電圧を増幅する回路，いわゆる**電圧増幅回路**の動作説明のための等価回路である。上述のように，増幅器が動作するためには外部に電源が必要であるが，図3-2には図示していない。入力端子に印加された電圧v_iは，入力部の入力インピーダンスR_iに加わる[1]。入力された電力（v_i^2/R_i）は，この抵抗で消費されてしまう。しかし，同時にv_iの波形は，電圧源により振幅方向に拡大（A_v倍）されて再現される。その過程では，電圧が増幅されるために外部電源から電力（$A_v v_i i_o$）が供給される。増幅器の出力は通常，理想的な電圧源にはならず，出力インピーダンスR_oが存在する。なお，増幅回路が動作するためには電圧

源が発する電力のほかにトランジスタとバイアス回路などでの損失が発生するが，これらの損失分も外部電源から供給される。

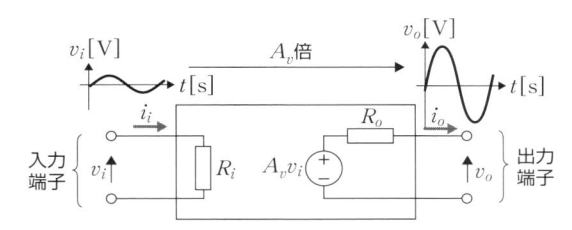

図 3-2　電圧増幅を表す等価回路

増幅においては，特殊な用途を除き，図 3-3 (a) および (b) のように入力された波形が振幅方向にのみ拡大されることが望ましい。つまり，図 3-2 のように入力信号の振幅を定数倍することである。しかし，増幅回路をトランジスタで具現化しようとすると，2 章で説明したように各種特性が直線的ではないため（非線形であるため），完全な定数倍にはできない。非線形性が顕著に表れると，図 3-3 (c) のように**ひずみ**(distortion)[2] を含んだ波形になる。ひずみの低減法については，トランジスタの各種特性において，直線性（線形性）が良好な部分のみを利用することが 1 つの方策となる。また，増幅器の入出力電圧の範囲は

【2】ひずみの度合いを表すために，増幅器に正弦波を入力したときの出力波形の実効値および出力波形の高調波成分の実効値を求め，それらの比をとることで**ひずみ率**が求められる。ただし，ひずみ率には，他の定義も存在するので注意をする。

有限であるため，入力信号が大きくなれば図 3-3 (d) のように出力は飽和（クリップ）する。クリップすれば，極端にひずみが増加する。多くの場合，電源電圧を高くとれば出力電圧は飽和しづらくなるが，なるべく大きな出力を確保するためには，増幅器内部で電圧を有効に利用できるように設計する必要がある。増幅器内に構成される**バイアス回路**は，ひずみや飽和の特性を改善するために大きな役割をはたす。バイアス回路については，**3-2-1** で基本機能を，**3-2-2** で具体的な回路例を学ぶ。

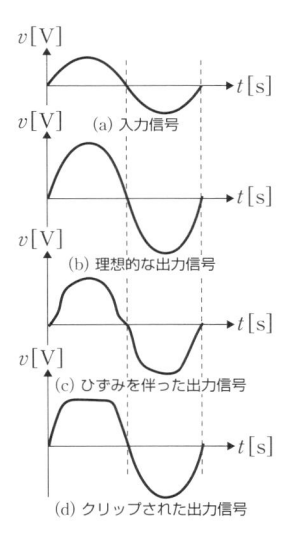

図 3-3　入出力波形

3-1-2　増幅器の種別

8 章で扱う各種センサは，温度，圧力，照度などの物理量に応じて変化する電気信号を発生する。これらのセンサが出力する電気信号は微弱である場合が多く，そのままでは扱いにくいことがある。このため必要に応じて増幅器を利用する。このような用途では，入力信号がもつ「情報」を増幅して伝達することを目的としており，増幅器の出力端子に接

【3】電力増幅器では，モータ，電磁石，スピーカや電熱ヒータなど電力を別のエネルギー形態に変換する，いわゆるアクチュエータが負荷となる場合が多い。アンテナ（電力を電磁波に変換する装置）も電力増幅器の負荷の 1 つである。

電力増幅器については 7 章で学ぶ。

【4】さまざまな周波数帯域の信号が増幅されるが，直流増幅器は医療機器や計測器などでの使用例が多い。低周波増幅器は人間の可聴域（20 Hz〜20 kHz：オーディオ帯域）をカバーしており，音声信号の増幅に使われることが多い。高周波増幅器は，電波を送受信する通信機器によく使われる。通信機器の中でもモバイル通信，衛星通信，レーダなどでは非常に高い周波数の電波を扱うため，これらの機器では，超高周波増幅器が使われる。

続された装置（負荷）に電力を積極的に供給する目的はない。このように，情報伝達を目的とした増幅器を**信号増幅器**とよぶ。これに対し，増幅器の出力端子に接続された機器（負荷）に電力を積極的に供給することを目的とした増幅器を**電力増幅器**[3] とよぶ。

一方，扱う信号の周波数について，直流（周波数がゼロ）から高周波数まで増幅できる増幅器を設計することは通常は困難である。そのため使用する周波数帯域を限定し，それにあわせて設計された増幅器を利用するのが一般的である。直流も含めて増幅できる増幅器は，**直流増幅器**とよばれている。数十 Hz から数百 kHz まで増幅する増幅器は**低周波増幅器**，数百 kHz から数百 MHz までは**高周波増幅器**，それを超える高周波数は**超高周波増幅器**とよばれている [4]。

3-1-**3**　増幅回路の増幅度と利得

増幅度

3-1-1 で述べたように，増幅回路は入力を増幅して出力する。入力波形がひずみなく振幅方向に拡大されて出力されたとすると，入出力の関係を数値で表現できる。これを増幅回路の**増幅度**という。とくに，入力電圧に対する出力電圧の比を**電圧増幅度**，入力電流に対する出力電流の比を**電流増幅度**，入力電力に対する出力電力の比を**電力増幅度**という。

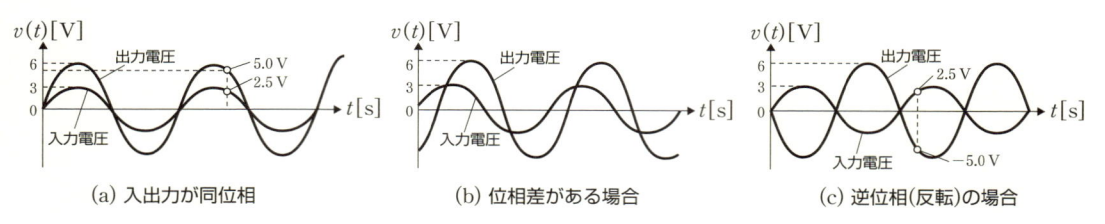

(a) 入出力が同位相　　(b) 位相差がある場合　　(c) 逆位相（反転）の場合

図 3-4　電圧増幅回路の入出力波形の例（増幅度 2 倍）

【5】増幅回路でひずみが生じて，入力と出力波形が相似形でない場合には，増幅度の定義の仕方（最大値，平均値，実効値など）により値が変わる。このため，ひずみを無視できない場合には，増幅度の定義を明示する。本書では，このような場合を扱わない。

【6】増幅度の単位として，ここでは［倍］と記しているが，電圧の比率なので，無次元量であり，物理量の単位はもたない。しかし，電圧の比率であることを明示するために［V/V］と記す場合がある。

図 3-4 (a) は，正弦波交流電圧を入力したときの電圧増幅回路の出力例を示している。ひずみなく増幅されているとして，入出力波形の最大値を比較すると，出力は入力のちょうど 2 倍（6.0 V/3.0 V）になっていることが読み取れる。すなわち，入出力の最大値の比から電圧増幅度は 2 倍となる。また，入出力波形が相似形であるため，最大値に替えて平均値や実効値の比からも同値の増幅度が求められる [5]。つまり，電圧増幅度 A_v は，

$$A_v = \frac{V_{o.peak}}{V_{i.peak}} = \frac{V_{o.ave}}{V_{i.ave}} = \frac{V_{o.RMS}}{V_{i.RMS}} \quad [倍] \tag{3-1}$$

で与えられる [6]。ここで，V_i および V_o は，入力電圧および出力電圧を表し，添え字の *peak*, *ave* および *RMS* はそれぞれ最大値，平均値および実効値を意味する。また，位相差がない（入力された電圧が，時間

遅れなく増幅されて出力に現れる）場合は，任意の同時刻における入力電圧と出力電圧の瞬時値の比からも増幅度が求められる（たとえば，図3-4 (a) の〇点では 5.0 V/2.5 V ＝ 2 倍）。つまり，入力電圧と出力電圧の瞬時値を v_i と v_o で表すと，次式で表される。

$$A_v = \frac{v_o}{v_i} \quad [倍] \tag{3-2}$$

図3-4 (b) は，入力と出力に位相差がある例である。通常，位相差に依存しないで定義される式3-1を用いて，増幅度が求められる。しかし，式3-2は，適用できない。

図3-4 (c) は，入力に対して出力が反転（位相差 180°）[7] している例であるが，図3-4 (b) のときと同様，式3-1を用いて増幅度は求められる。この場合，式3-2を適用しても求められるが，出力が反転しているため －2 倍となる（図3-4 (c) の〇点では －5.0 V/2.5 V ＝ －2 倍）。波形の増幅の大きさという意味では式3-1より2倍と求められるが，入力に対して出力が反転することを明示するために，あえてマイナス符号を付けた数値で増幅度を表現することがある。

ここまでは電圧増幅度を説明してきたが，電流増幅度 A_i の算出については，電圧を電流に読み替えて，同様に扱えばよい。ただし，電力増幅度 A_p については，瞬時電力の比は用いない。通常は，平均入力電力を P_i，平均出力電力を P_o として

$$A_p = \frac{P_o}{P_i} \quad [倍] \tag{3-3}$$

のように定義する。

【7】ここでは位相を度数法（°）で表しているが，弧度法（rad）を用いて，π rad とすることも多い。

| 利得　　　　増幅回路は，図3-5のように複数個直列に接続して大きな増幅度を得る場合がしばしばある。このとき，全体の増幅度は，各増幅回路の増幅度の積で与えられる。その際，各増幅回路の増幅度を対数で表現すると，それらの加算だけで全体の増幅能力を把握できるうえ，感覚的にも適合しやすい。

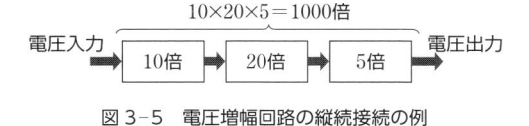

図3-5　電圧増幅回路の縦続接続の例

そこで，電力増幅度 A_p を用いて，

$$G_p = 10 \log_{10} A_p \quad [dB] \tag{3-4}$$

を定義する。式3-4は**電力利得**とよばれ，単位として ［dB］（デシベル）[8] を用いる。また，電圧増幅度 A_v および電流増幅度 A_i に対しては，あるインピーダンスの素子への入力電力は，電圧や電流の大きさの2乗に比例することから，

【8】入力電力に対する出力電力の比の対数を求めると，小数点以下の小さな数になる場合が多い。そのため 10 倍し，10^{-1} を示す d（デシ）を付すことで，扱いやすいようにしている。

　また，デシベル表記は，複数の増幅回路や減衰器が接続される場合の計算を容易にする。

$$G_v = 10 \log_{10} (A_v)^2 = 20 \log_{10} A_v \quad \text{[dB]} \qquad (3\text{-}5)$$

$$G_i = 10 \log_{10} (A_i)^2 = 20 \log_{10} A_i \quad \text{[dB]} \qquad (3\text{-}6)$$

と定義し，各々**電圧利得**および**電流利得**[9] とよぶ。

表 3-1 に増幅度と利得の対応例を示す。式 3-4 〜式 3-6 を用いて，増幅度から dB 表記に変換することができ，指数計算により逆に変換することが可能である。対応関係を感覚的に身につけるために，定義式とともに表 3-1 に示す数値例は暗記しておくとよい。

表 3-1　増幅度と利得の対応例

電圧または電流増幅度	電力増幅度	利得 (* は近似値)
$1/\sqrt{2}$ 倍	$1/2$ 倍	$-3\,\text{dB}^*$
1 倍	1 倍	$0\,\text{dB}$
$\sqrt{2}$ 倍	2 倍	$3\,\text{dB}^*$
2 倍	4 倍	$6\,\text{dB}^*$
$\sqrt{10}$ 倍	10 倍	$10\,\text{dB}$
10 倍	100 倍	$20\,\text{dB}$

例題　3-1　増幅度と利得に関する問題

(1)　図 3-5 に示す 3 つの電圧増幅回路の各電圧増幅度を利得で表しなさい。

(2)　図 3-5 の全体の電圧増幅度 (1000 倍) を利得で表しなさい。

(3)　(1) で求めた各利得の和と (2) の結果が一致することを確認しなさい。

●**略解**────解答例

(1)　$G_{v1} = 20 \log_{10} 10 = 20.0\,\text{dB}$, $G_{v2} = 26.0\,\text{dB}$ および $G_{v3} = 14.0\,\text{dB}$ となる。

(2)　$G_v = 20 \log_{10} 1000 = 60.0\,\text{dB}$ となる。

(3)　$G_{v1} + G_{v2} + G_{v3} = 20.0 + 26.0 + 14.0 = 60.0\,\text{dB}$ となり (2) と一致する。

例題　3-2　増幅度と利得の対応を把握するための問題

表 3-1 を利用して，利得 39 dB を電圧増幅度 (倍) に変換しなさい。

●**略解**────解答例

　$39\,\text{dB} = 20\,\text{dB} + 10\,\text{dB} + 6\,\text{dB} + 3\,\text{dB}$ のように和で表されるので，電圧増幅度は，$10 \times \sqrt{10} \times 2 \times \sqrt{2} = 89.4$ 倍のように積で表される。大雑把には，$39\,\text{dB} \approx 20\,\text{dB} + 20\,\text{dB}$ より $10 \times 10 = 100$ 倍として求めれば，一目で概算値を知ることができる。なお，厳密に計算すると $10^{(39/20)} = 89.1$ 倍になる。

図3-2で表した増幅回路において，入力側から見たインピーダンスは，**入力インピーダンス**（input impedance）とよばれ，次式で定義されている[10]。

$$R_i = \frac{v_i}{i_i} \tag{3-7}$$

また，図3-2において，入力信号をゼロにして，出力側に電源 v_o をつないだときの出力側から見たインピーダンスを**出力インピーダンス**（output impedance）とよび，次式で定義されている[11]。

$$R_o = \frac{v_o}{-i_o} \ (v_i = 0) \tag{3-8}$$

【10】 本書では，入力インピーダンスを表す抵抗として，R_i や Z_i を用いている。

【11】 本章では，出力インピーダンスを表す抵抗として，R_o や Z_o を用いている。

3-1-4 電圧 – 電流変換と電流 – 電圧変換

信号増幅回路においては，電圧信号を入力してそれに比例した出力電圧を得る，すなわち電圧増幅が多く行われる。

一方，2章で学んだように，FETはゲート電圧の変化をドレイン電流の変化として伝達する。FETを用いた電圧増幅回路を構成する場合，出力電圧を得るためにドレイン電流の変化を電圧に変換する回路が必要になる。

また，バイポーラトランジスタではベース電流の変化をコレクタ電流の変化として伝達する。この場合，入力電圧の変化を電流に変換してベースに供給し，得られたコレクタ電流の変化をふたたび電圧に変換して出力電圧を生成する。

このように電圧増幅回路内では，電圧から電流，電流から電圧への相互の変換が行われるが，これらは**電圧 – 電流変換（V – I 変換）**および**電流 – 電圧変換（I – V 変換）**とよばれている。トランジスタを用いた電圧増幅では，これらの変換が不可欠で，ほとんどすべての電圧増幅回路には図3-6のようにV – I変換およびI – V変換の機能をもつ部分が含まれている。増幅回路において，V – I変換やI – V変換を意識に入れることで，信号の流れや動作の理解が容易になる。

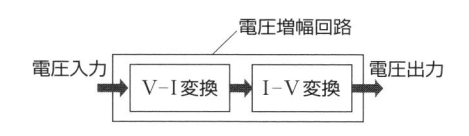

図3-6　電圧増幅器内の変換部例

図3-6を，1Vの電圧変化を20mAの電流変化に変換する V−I変換回路と1mAの電流変化を2Vの電圧変化に変換する I−V変換回路で構成した。このときの電圧増幅度を求めなさい。

●**略解**――――解答例

入力電圧および出力電圧をそれぞれ v_i および v_o とすると，

$$v_o = \frac{2\,\mathrm{V}}{1\,\mathrm{mA}} \times \frac{20\,\mathrm{mA}}{1\,\mathrm{V}} \times v_i = 40 v_i$$ と表され，40倍になる。

3-2-1 バイアス回路の基本機能

3-1-1 で述べたように，良好な増幅特性を得るためにはトランジスタの各種特性において，線形性が良好な部分を使うことが望ましい。図 3-7 の JFET の V_{GS}-I_D 特性の例でいえば，V_p 付近では曲線を描いているが，V_{GS} を上昇させていくと直線に近づいていく様子がわかる。V_{GS} の変化が微小であれば，どこでも直線とみなすことができるが，広い範囲で良好な特性（直線性）を得るためには，たとえば $-0.8\ \mathrm{V}$ 付近が適切である。すなわち，入力信号をそのままゲートやベースに入力するのではなく，適当な一定値を加えてかさ上げしてから入力すると良好な特性が得られることになる。

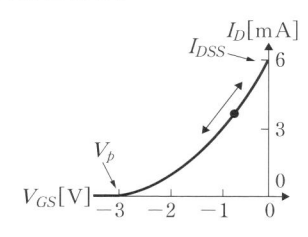

図 3-7　V_{GS}-I_D 特性の例

一方，FET やバイポーラトランジスタは，n チャネル，npn 型と p チャネル，pnp 型のちがいにより，電流の向きは逆になるものの，素子単体では一方向の電流しか扱えない。このような素子を使って交流信号のようにプラスとマイナスに変化する信号を扱うためには，図 3-8 のように信号に一定の値を加算してかさ上げしておき，極性が変わらないようにする必要がある。しかし，回路素子や増幅回路は，無限に大きな信号を扱えるわけではないため，かさ上げが大きすぎると増幅回路の入力信号が過大でなくても出力がクリップしてしまう。このように，増幅回路においては適度なかさ上げが必要となる。かさ上げのための電圧，あるいは電流を**バイアス**[12] とよび，これを与える回路を**バイアス回路**という。

次に，トランジスタ増幅回路例を用いながらバイアスの役割について説明する。図 3-9 は，入力電流 i_i あるいは入力電圧 v_i に応じて負荷（R_C または R_D）に流れる電流を変化させる増幅回路を示している。図 3-9 (a) は，

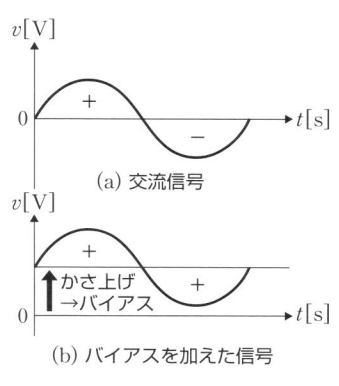

(a) 交流信号

(b) バイアスを加えた信号

図 3-8　バイアスの加算

【12】バイアスの概念を下図の水流でたとえる。水道水で正弦波状の水流変化を作るためには，あらかじめ蛇口を半分開いておき，その位置を中心に周期的にノブを左右に回せばよい。半分開いておくことがバイアスに相当する。このとき，開け方が少なすぎたり多すぎたりすると左右に回せる範囲が狭くなってしまう。つまり，出力の振幅が大きくとれずにクリップ（振幅の上限が抑圧されること）することになる。

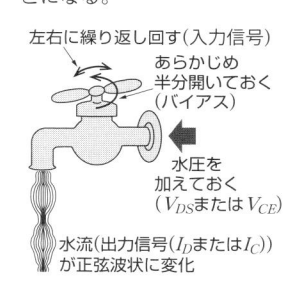

npn 型バイポーラトランジスタの場合であり，入力電流 i_i にバイアスベース電流 I_{BIAS} を加えた（かさ上げした）ベース電流 i_B を与えている。図 3-10 より，コレクタには I_{BIAS} に対応した一定の電流（バイアスコレクタ電流）と，i_i に対応した電流 i_C が重畳して流れる。このとき I_{BIAS} は，i_i が想定される最小の値（負の値）になっても $i_B = i_i + I_{BIAS}$ が負値にならないよう設定する必要がある。i_B が負にならないようにしておけば，図 3-10 の I_B-I_C 特性にしたがって，i_B に対応した i_C が途切れることなく流れる。つまり，i_C は i_i に対応した波形となる[13]。

I_B-I_C 特性からわかるように，i_B が大きくなると i_C も大きくなる。すると，R_C での電圧降下も大きくなる。よって，i_B が過度に大きくなると v_{CE} がゼロに近づき変化できなくなる。そうなると，i_B を変化させても i_C が変化できなくなり，クリップする。そのため i_B を過大にならない条件を考慮して I_{BIAS} を設定する。加えて，前述したひずみが小さくなるよう，トランジスタの特性（線形性）を加味して I_{BIAS} を設定するのが一般的である。

【13】I_{BIAS} を与えることで，入力の正弦波 i_i に対応したコレクタ電流 i_C が途切れることなく流れる。コレクタ電流は，正弦波状に変化しているが，I_B-I_C 特性が厳密には比例とみなせないために，よく見ると上下の振幅が若干異なっており，ひずんでいる。このひずみを低減化するためには，I_{BIAS} をもう少し増すか，入力正弦波の振幅を抑えてより線形な範囲で使用することが必要である。

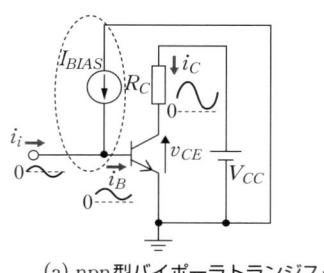

(a) npn型バイポーラトランジスタ　　　(b) nチャネルJFET

図 3-9　原理的なバイアス回路を用いた増幅回路

【14】ピークピーク値とは，下図のように波形の最大値と最小値の差を表す。単位には，$[V_{p-p}]$ や $[A_{p-p}]$ のように p-p を付して表記する。

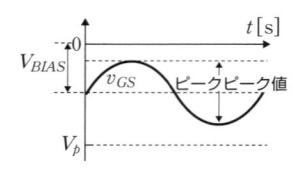

図 3-9 (b) は，JFET の場合である。n チャネル JFET は，図 3-7 の V_{GS}-I_D 特性で示したように $V_{GS} = V_p (< 0)$ のとき $I_D = 0$ となり，$V_{GS} = 0$ のときに I_D が最大（I_{DSS}）となる。つまり，i_D が v_i に対応する波形となるためには，v_{GS} が $V_p < v_{GS} < 0$ でなければならない。よって，v_i の**ピークピーク値**[14] は，$|V_p|$ より小さく，かつ $V_p < v_{GS} < 0$ に収まるように適当なバイアスゲート電圧 V_{BIAS} を与える必要がある。

【15】FET の V_{GS}-I_D 特性は，図 3-7 のように曲線（2次曲線）である。特性の傾きは，3-3-2 で説明するように相互コンダクタンス（g_m）とよばれ，増幅度を決める重要な値である。しかし，曲線性の影響により，増幅度はバイアスの量によって変化する。つまり，FET では増幅度がバイアスに強く依存する。

JFET もバイポーラトランジスタの場合と同様に，v_{DS} がゼロに近づくと i_D は変化できなくなりクリップする。これらの条件に加えて，ひずみが小さくなるようにトランジスタの特性（線形性）を加味して，V_{BIAS} を適切に設定する必要がある[15]。

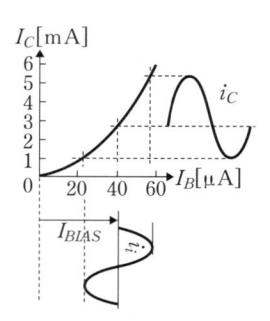

図 3-10　I_B-I_C 特性とバイアス

例題 3-4 バイアスの基本的な考え方に関する問題

図 3-11 の V_{GS}-I_D 特性をもつ n チャネル JFET を用いて増幅回路を構成し，正弦波交流電圧を入力して増幅したい。使用する FET のピンチオフ電圧は $-3\,\mathrm{V}$ であるが，V_{GS}-I_D 特性では $V_{GS} < -2\,\mathrm{V}$ における線形性が良好とはいえない。なるべく大きな入力振幅を確保しつつ，出力のひずみを抑えたい。このとき，入力電圧に加えるべきバイアス電圧と許される最大の入力振幅電圧を求めなさい。

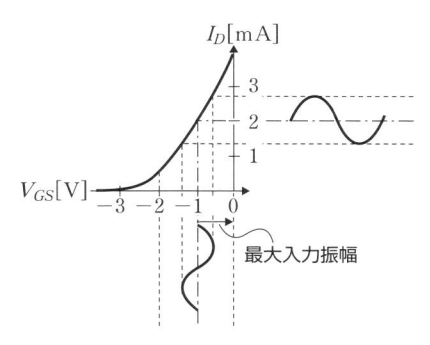

図 3-11　V_{GS}-I_D 特性と正弦波入力

●**略解**──解答例

　図 3-11 の特性の線形性のよい範囲として $-2 \leqq V_{GS} \leqq 0$ を使用すると，ゲートに入力する電圧を $-1\,\mathrm{V}$ ずらしておけば最大振幅が確保できる。すなわち，入力に $-1\,\mathrm{V}$ のバイアス電圧を加えればよいことになる（図 3-9 (b) では $V_{BIAS} = 1\,\mathrm{V}$）。このとき，許容される（クリップを起こさない）入力電圧の最大振幅は，$1\,\mathrm{V}$（$2\,\mathrm{V_{p\text{-}p}}$）と読み取れる。

3-2-2 バイポーラトランジスタにおけるバイアス回路

　図 3-9 の増幅回路では，バイアスを加えるために電流源や電圧源を用いているが（図 3-9 点線部），V_{CC} や V_{DD} のほかにバイアス用の電源を別途用意すると回路規模が大きくなってしまうため，多くの場合回路を簡素化する。

　図 3-12 は，npn 型バイポーラトランジスタにおけるもっとも簡素なバイアス回路で，**固定バイアス回路**とよばれている。この回路のバイアスベース電流は，

$$I_{BIAS} = \frac{V_{CC} - V_{BE}}{R_B} \tag{3-9}$$

と表され，この電流が入力電流 i_i と加算され i_B としてベースに流れる。i_C には，I_{BIAS} によるバイアスコレクタ電流が含まれる。

　ここで，固定バイアス回路のバイアス動作のみを考えるため，入力をゼロ（無入力，$i_i = 0$）とし，$i_B = I_{BIAS}$ とする。図 2-32 の V_{BE}-I_B 特性の温度特性より，I_B が若干変化しても V_{BE} はさほど変化しないが，トラン

【16】図2-32の $V_{BE}-I_B$ 特性では，縦軸が対数表示になっていることに注意をする。シリコンを使ったバイポーラトランジスタでは，V_{BE} を 0.6～0.8 V 程度の定数として扱って計算することがしばしばある。

【17】式3-10で表される i_C と p_C の関係は，下図のグラフで表される。

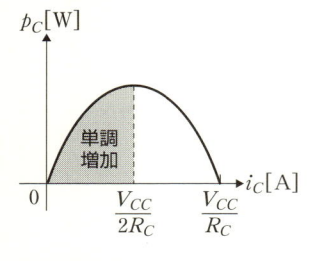

【18】熱暴走の説明については，2-4-1 も参照されたい。

【19】安定化とは，外乱（温度変化や製品のばらつき）によって増幅回路のバイアス特性が変動しないことをいう。

【20】図3-14 の回路では，エミッタ端子はベース端子やコレクタ端子に比べてインピーダンスが低い（電位が変動しにくい）。インピーダンスが低いところに信号を送り込むと，電圧信号より電流信号という性質が強くなる。この電流信号を入力側に戻して（帰還して）バイアスを調整しているという解釈から，慣用的に電流帰還とよばれている。ただし，R_E で電流の変化を電圧に変換してから入力側に帰還しているともみなせるため，用語の使い方にあいまいなところがあるので注意をされたい。

ジスタの温度上昇により V_{BE} が減少することがわかる[16]。式3-9から，温度上昇に伴い $I_{BIAS}(i_B)$ も増加することになり，温度変化が大きい場合には I_{BIAS} が安定しない。トランジスタの温度変化は，環境温度の影響も受けるが，トランジスタ自身の発熱によるところが大きい。トランジスタの消費電力（**コレクタ損失** p_C）は，

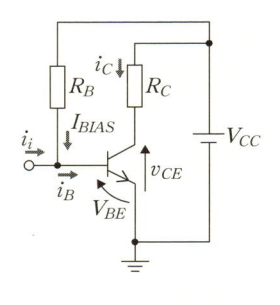

図 3-12　固定バイアス回路

$$p_C = v_{CE}\, i_C = (V_{CC} - R_C\, i_C)\, i_C \tag{3-10}$$

と表され，これが大きいと温度上昇も当然大きくなる。式3-10のように i_C と p_C の関係は放物線[17]なので，$i_C < V_{CC}/(2R_C)$ では p_C が単調増加であり i_C が増すにつれて p_C も増す。この領域では i_C が増すと p_C が増し，それによりトランジスタの温度が上昇すると上述したように $i_B(I_{BIAS})$ が増加する。すると，さらに i_C が増すので p_C が増し，温度がさらに上昇するといった悪循環に陥る。この現象を**熱暴走**[18]という。R_C を小さくすればするほど単調増加である区間が広くなり，熱暴走が止まらなくなる。熱暴走により，素子が破壊されることがある。

　現実的には，V_{BE} の変動に比べて V_{CC} を高く設定するため，I_{BIAS} の変動はさほど大きくはない。しかし，i_B が一定であっても温度が上昇すると i_C が増加する性質をもっており，上述した悪循環はこの性質を助長する。バイアスコレクタ電流の安定化[19]を図るためには，回路定数を適切に選ぶか，回路構成を工夫する必要がある。

　図 3-13 はバイアスコレクタ電流の安定化を図った回路の一種で，**自己バイアス回路（電圧帰還バイアス回路）**とよばれている。この回路で，$I_{BIAS} \ll i_C$ とすると

$$I_{BIAS} = \frac{v_{CE} - V_{BE}}{R_B} \approx \frac{V_{CC} - R_C\, i_C - V_{BE}}{R_B} \tag{3-11}$$

と表される。式3-11は，式3-9と比べて $-(R_C/R_B)i_C$ が付加されていることがわかる。つまり，i_C が増加すると，I_{BIAS} が減少するようになっている。この動作により，i_C の安定化を図っている。ただし，温度変化による i_C の変化だけでなく，入力信号の変化による i_C の変化も区別なく低減するように作用するため，増幅度も低下する。

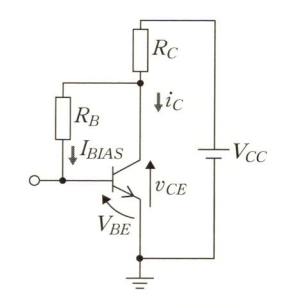

図 3-13　自己バイアス回路

　図 3-14 は，図 3-12 の回路にエミッタ抵抗 R_E を挿入したバイアス回路で，**電流帰還バイアス回路**[20]とよばれている。$i_B \ll i_C$ とすれば，

$i_E \approx i_C$ とみなせるため，エミッタ電位は $v_E \approx R_E i_C$ と表される。よって，I_{BIAS} は，

$$I_{BIAS} \approx \frac{V_{CC} - R_E i_C - V_{BE}}{R_B} \tag{3-12}$$

と表される。この式は，式 3-11 の R_C が R_E に変わっただけなので，図 3-13 の回路と同様のバイアスの安定化機能があることが理解できる。しかし，この回路も入力信号の変化による i_C の変化を低減するように動作するため，増幅度は低下する。

　図 3-15 に示すバイアス回路も電流帰還バイアス回路である。図 3-14 ではベースにバイアス電流を与えることに主眼を置いていたが，この回路ではバイアスベース電圧を与えることに着目している。つまり，V_{CC} を R_A と R_B で分圧してベース電位 V_B を定めている。ここで I_B（$= I_{BIAS}$）が，I_{RA} および I_{RB} と比べて十分小さく無視できるとすると，$I_{RA} \approx I_{RB}$ となり，R_A と R_B は単純な直列回路とみなせるので，

$$V_B \approx \frac{R_A}{R_A + R_B} V_{CC} \tag{3-13}$$

と表される。すなわち，V_B は，R_A と R_B によって容易に設定することができる。なお，R_A および R_B は**ブリーダ抵抗**とよばれている。また，$I_B \ll I_C$ であれば，

$$I_C \approx I_E = \frac{V_E}{R_E} = \frac{V_B - V_{BE}}{R_E} \tag{3-14}$$

と表される。すでに述べたように，温度によって V_{BE} は変動するが，式 3-14 より，V_{BE} の変化分より十分大きな V_B を与えておけば，I_C の変動を小さく抑えられる。また，式 3-13 および式 3-14 には，V_{BE} 以外にトランジスタ固有の特性にかかわる変数が含まれず，V_{CC} と抵抗値のみで I_C，すなわちバイアスコレクタ電流を設定できる。したがって，温度によってトランジスタの特性が変化したとしても，バイアスコレクタ電流 I_C を一定に保つことができる。

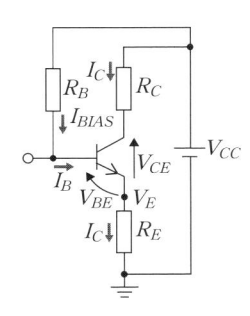

図 3-14　電流帰還バイアス回路

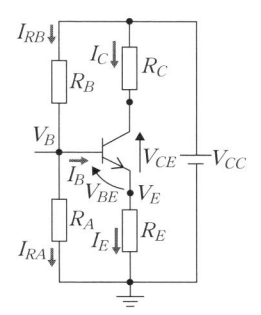

図 3-15　ブリーダ抵抗を用いた
電流帰還バイアス回路

一方，I_B に比べ I_{RA} および I_{RB} を十分大きくするために，他のバイアス回路と比べて，R_B を小さく選ぶ必要がある。このためバイアス回路（ブリーダ抵抗）での電力損失が，他の方式より大きくなる。加えて，ブリーダ抵抗により，入力インピーダンスが他方式より低くなりやすい。

例題 3-5 バイアス回路の温度補償に関する問題

図 3-9(a) において I_{BIAS} を 40.0 μA にしたところ（状態(a)），ベース-エミッタ間電圧 $V_{BE} = 0.6$ V およびコレクタ電流 $i_C = 3$ mA となった。また，I_{BIAS} を変えずにトランジスタの温度を低下させたところ（状態(b)）$V_{BE} = 0.65$ V，$i_C = 2.7$ mA，上昇させたところ（状態(c)）$V_{BE} = 0.55$ V，$i_C = 3.3$ mA になった。

このとき以下の問に答えよ。ただし，$R_C = 1$ kΩ，$V_{CC} = 5$ V とし，I_{BIAS} は i_C より十分小さいとする。

(1) 図 3-12 でトランジスタが状態(a)のとき，I_{BIAS} を 40.0 μA にする R_B を求めなさい。

(2) (1)の状態からトランジスタが状態(b)や状態(c)の状態になったとした場合の I_{BIAS} をそれぞれ求めなさい。

(3) 図 3-13 でトランジスタが状態(a)のとき，I_{BIAS} を 40.0 μA にする R_B を求めなさい。

(4) (3)の状態からトランジスタが状態(b)や状態(c)になったとした場合の I_{BIAS} をそれぞれ求めなさい。

(5) (2)と(4)の結果から，温度変化に対するバイアスコレクタ電流の安定化機能について考察しなさい。

●略解────解答例

(1) 式 3-9 より $\dfrac{5-0.6}{R_B} = 40.0$ μA なので，$R_B = 110$ kΩ となる。

(2) 状態(b)のとき，式 3-9 より $I_{BIAS} = \dfrac{5-0.65}{110 \times 10^3} = 39.5$ μA となり，同様に状態(c)のとき，$I_{BIAS} = 40.5$ μA となる。

(3) 式 3-11 より $\dfrac{5-1\times 10^3 \times 3 \times 10^{-3} - 0.6}{R_B} = 40.0$ μA なので，$R_B = 35$ kΩ となる。

(4) 状態(b)のとき，式 3-11 より $I_{BIAS} \approx \dfrac{5-1\times 10^3 \times 2.7 \times 10^{-3} - 0.65}{35 \times 10^3}$ $= 47.1$ μA となり，同様に状態(c)のとき，$I_{BIAS} = 32.9$ μA となる。

(5) i_C は，温度低下で減少し，温度上昇で増加する特性をもっ

ている。(2) より，固定バイアス回路の I_{BIAS} は，温度低下でわずかではあるが減少していることがわかる。これにより i_C は減少するので，この特性を助長する方向に動作する。温度上昇では I_{BIAS} がわずかに増加し，これにより i_C が増大するので，やはりこの特性を助長する。一方，(4) より自己バイアス回路の I_{BIAS} の変化は (2) とは逆であるため，この特性を抑え込む方向に I_{BIAS} が変化する。つまり，i_C は安定化される。

3-3 | FET 増幅回路

本節では，FET 増幅回路とその解析手法について学ぶ。なお，以降では，電圧，電流を表す文字については表3-2のルールにしたがって表記している。

表3-2　電気信号を表す文字の表記

信号種別	表記方法	例
直流信号	親文字：大文字 添え字：大文字	V_D, I_D
交流信号	親文字：小文字 添え字：小文字	v_d, i_d
直流と交流の混合信号	親文字：小文字 添え字：大文字	v_D, i_D

3-3-1　ソース接地回路の動作点と負荷線

【21】コンデンサのインピーダンス $\dot{Z}_C$ は，信号の周波数 f に反比例することはすでに学んだ。この回路のコンデンサは，f が十分高い場合，$\dot{Z}_C \approx 0$ として電圧，電流信号を小さくすることなく通過させると考え，結合コンデンサ（カップリングコンデンサ）という。本章で扱う交流信号は，この仮定を満たすとする。一方，周波数が十分低い場合（直流）は，$\dot{Z}_C \to \infty$ とし信号を遮断するものとする。

図3-16(a)は，図3-9(b)の入力側と出力側に，それぞれ C_1 と C_2 を配した FET 電圧増幅回路である。この回路は，FET のソース端子の電位が固定されているため**ソース接地増幅回路**とよばれている。入力端子（端子間電圧 v_i）に交流電圧信号を入力すると，出力端子（端子間電圧 v_o）から，増幅された交流電圧信号が得られる。C_1 および C_2 は**結合コンデンサ**[21] とよばれ，交流成分を通過させ直流成分は遮断する。3-2-1で述べたように，単極の電圧や電流しか扱えないトランジスタ1つを用いて交流信号を増幅する場合には，適切なバイアスを設定する必要がある。この回路では，直流電圧源 V_{BIAS} によりバイアスを与えている。

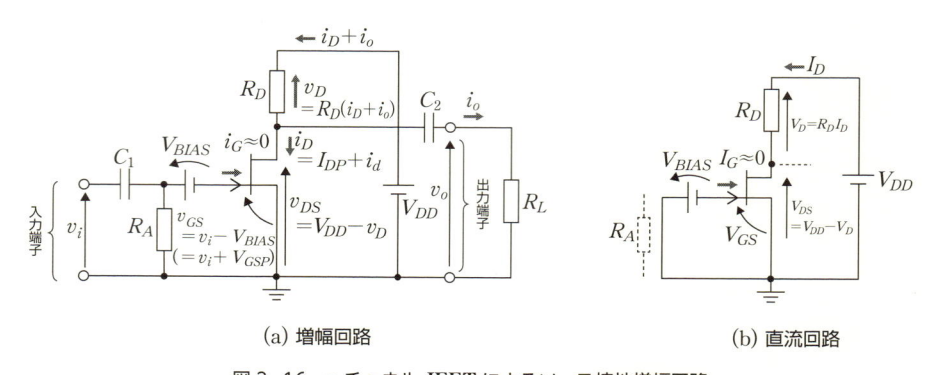

(a) 増幅回路　　　　　　　　　　(b) 直流回路

図3-16　n チャネル JFET によるソース接地増幅回路

動作点

【22】抵抗 R_A は，通常，高抵抗とする。R_A は一見不要にも思えるが，これがないと直流時にコンデンサ C_1 のインピーダンスが無限大となり，電圧源 V_{BIAS} の端子電位が定まらず，ゲート電位 V_{GS} も定まらない。

まず，直流における動作を知るために結合コンデンサ C_1 および C_2 を取り除き，開放とした図3-16(b)の回路を考える。なお，FET のゲート電流 I_G は極微小であるため，ゼロとみなしている。そのため，R_A の電圧降下もゼロとなるので，同図では R_A を短絡線で置き換えている[22]。このとき $V_{GS} = -V_{BIAS}$ となり，図3-17の FET の V_{GS}-I_D 特性から，$I_D = I_{DP}$ と読み取ることができる。つまり，回路の状態が，図3-17の点 P にあることがわかる。したが

って，図 3-16 (a) において $v_i = 0\,\mathrm{V}$（無入力）としたときは，回路状態は点 P で静止する。また，v_i に交流電圧信号を入力すると C_1 は通過するので，点 P におけるゲート電圧 $V_{GSP}(= -V_{BIAS})$ に v_i が加算され，ゲート電圧は，

$$v_{GS} = V_{GSP} + v_i \tag{3-15}$$

と表される。このため，ドレイン電流にも v_i に対応した交流成分 i_d が加わり，

$$i_D = I_{DP} + i_d \tag{3-16}$$

となる。いうまでもなく v_{GS} および i_D は，図 3-17 の V_{GS}-I_D 特性曲線上で変動し，変動の中心は点 P$(V_{GSP},\ I_{DP})$ である。このように，無入力時における回路状態の静止点（安定点）や回路動作の中心点を**動作点**（operating point）という。この回路では，V_{BIAS} を調整することで動作点の位置を選ぶことができる。動作点を選ぶことは，**3-2-1** で述べたバイアスを決定することと同義であり，増幅回路の設計においては性能を左右する重要なポイントの 1 つである。

図 3-16 (a) の回路では，図 3-17 の特性によって v_i が i_d に変換されていることが理解できる。つまり，FET が V-I 変換の機能をはたしている。

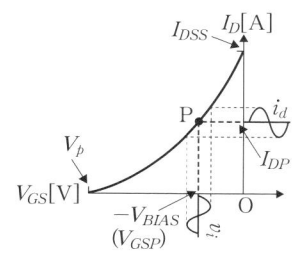

図 3-17 　V_{GS}-I_D 特性と動作点

負荷線　まず，直流における動作を知るために，ここでも図 3-16 (b) の回路を用いる。図において V_{DD} と R_D が定まると，V_{DS} と I_D の関係を次式のように表すことができる。

$$I_D = \frac{V_D}{R_D} = \frac{V_{DD} - V_{DS}}{R_D} = -\frac{1}{R_D} V_{DS} + \frac{V_{DD}}{R_D} \tag{3-17}$$

式 3-17 を図 3-18 の V_{DS}-I_D 特性図上に描くと，実線のように $(V_{DS},\ I_D) = (V_{DD},\ 0)$ および $(0,\ V_{DD}/R_D)$ を通る傾き $-1/R_D$ の直線になる。この直線は**負荷線**（load line）とよばれ，とくに，直流における解析から得られた負荷線であるため**直流負荷線**とよばれている。また，同図より，$V_{GS} = V_{GSP}(= -V_{BIAS})$ の特性曲線（太線）上で交点 P を得る。これは，図 3-16 (a) の増幅回路の無入力時の回路状態の静止点であり，動作点を意味する。

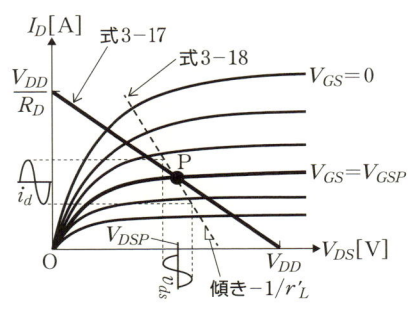

図3-18　V_{DS}-I_D 特性と動作点および負荷線

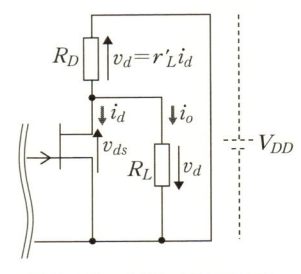

図3-19　交流における回路

　直流である V_{DS} や I_D が変化すれば，動作点Pは直流負荷線上を移動するが，図3-16(a)の増幅回路では，交流入力電圧 v_i によって回路状態が変化することになる。

　次に，交流に対する動作を考える。コンデンサ C_2 は交流信号を通過させるため，これを短絡線で置き換えた図3-19を用いて解析する。なお，直流電圧源である V_{DD} は 0 V として扱う[23]。図において，R_D と R_L が並列接続になるため，この合成抵抗を r'_L とすると，v_{ds} と i_d の関係式は，

$$i_d = \frac{v_d}{r'_L} = -\frac{1}{r'_L}v_{ds} \quad \left(r'_L = \frac{R_D R_L}{R_D + R_L}\right) \tag{3-18}$$

となる。つまり，図3-18に示す傾きが $-1/r'_L$ の直線となり，交流信号に対して回路状態はこの直線上を移動することを意味する。これは，あくまで交流成分だけを観測した場合であり，直流と交流を合わせた回路状態は，図3-18の破線で示した直線上で動作点Pを中心として移動する。この直線を**交流負荷線**という。

　動作点におけるドレイン－ソース電圧を V_{DSP} とすれば，直流と交流を合わせたドレイン－ソース電圧 v_{DS} は，

$$v_{DS} = V_{DSP} + v_{ds} \tag{3-19}$$

となり，V_{DSP}，すなわち動作点Pを中心に変動することがわかる。したがって，図3-18の交流負荷線によって，i_d が v_{ds} に変換されることが理解できる。つまり，この回路においては，R_D と R_L の合成抵抗である r'_L がI－V変換の機能をはたしている。

　以上より，図3-16の増幅回路では，入力電圧信号がV－I変換およびI－V変換の過程を経て増幅されることがわかる。なお，C_2 によって v_{DS} の直流成分（V_{DSP}）が除去されるため，出力 v_o には交流成分である v_{ds} のみが現れる。

　図3-16(a)は交流電圧増幅回路であり，信号経路にコンデンサが用いられている。一方，コンデンサやインダクタのように，インピーダンスが周波数に依存する素子を信号経路に一切用いない，いわゆる直流増幅回路では，直流と交流で動作を区別する必要がない。つまり，直流増

【23】 交流解析においては，すべての直流成分をゼロと置く。電圧源は，内部インピーダンスがゼロであるため，交流信号をバイパス（短絡）する。よって，交流解析における直流電圧源は，短絡線に置き換えて考える。なお，直流電流源は，開放して考える。

幅回路では，直流負荷線と交流負荷線は一致する。

電流帰還バイアス回路を用いた電圧増幅回路の動作点と負荷線【アドバンスト】

図 3-20（a）は，電流帰還バイアス回路を用いた JFET による電圧増幅回路である。C_S は，**バイパスコンデンサ**[24] とよばれ，交流に対して R_S をバイパス（短絡）する[21]。この回路では，電圧源（V_{BIAS}）で直接的にバイアスを与えるのではなく，ソース抵抗 R_S の電圧降下により与えている。図 3-20（b）はコンデンサをすべて取り去った直流解析用の回路である[21]。

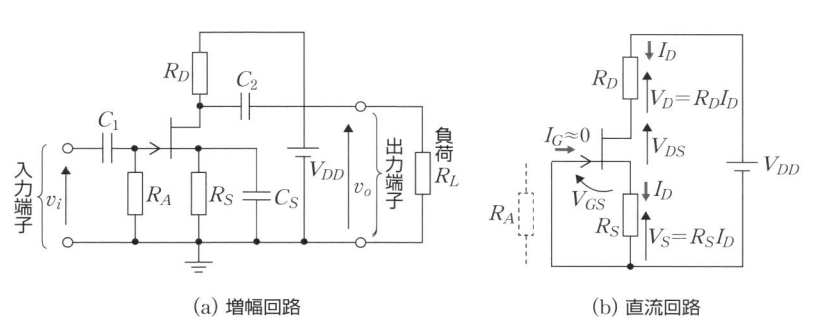

(a) 増幅回路　　　　　　　(b) 直流回路

図 3-20　電流帰還バイアス回路を用いた n チャネル JFET によるソース接地増幅回路

図 3-20（b）において，$I_G \approx 0$ なので R_A を短絡とみなすと，$V_{GS} = -V_S = -R_S I_D$ となり，

$$I_D = -\frac{1}{R_S} V_{GS} \tag{3-20}$$

と表せる。式 3-20 の直線を図 3-21 の V_{GS}-I_D 特性上に描くと，交点 P が得られ，この点が動作点となる。

また，直流負荷線は，図 3-20（b）より，

$$I_D = \frac{V_{DD} - V_{DS}}{R_D + R_S} = -\frac{1}{R_D + R_S} V_{DS} + \frac{V_{DD}}{R_D + R_S} \tag{3-21}$$

と表される。これは，V_{DS}-I_D 特性上では，$(V_{DS}, I_D) = (V_{DD}, 0)$，$(0, V_{DD}/(R_D + R_S))$ を通り，傾き $-1/(R_D + R_S)$ の直線になる。

一方，交流においては C_S が R_S を短絡するので，交流解析用の回路は，図 3-19 と同じとなる。よって，交流負荷線には式 3-18 が適用でき，動作点を通るように傾き $-1/r_L'$ の直線を描けばよいことになる。

図 3-22 のバイアス回路は，図 3-15 と同じ構成のブリーダ抵抗を用いた電流

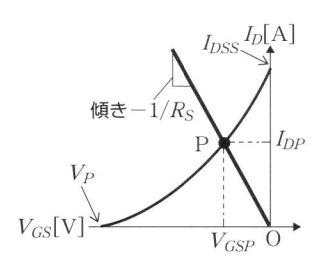

図 3-21　V_{GS}-I_D 特性と動作点

【24】図 3-20（a）の R_S は，図 3-14 の R_E と同様，温度変化によるバイアスドレイン電流（バイアスコレクタ電流）の変化だけでなく，入力信号に対するドレイン電流（コレクタ電流）の変化を低減する。しかし，バイパスコンデンサ C_S を付加すると，交流信号がバイパスされ等価的に $R_S = 0$ とみなせる。つまり，交流入力信号に対する低減効果をキャンセルでき，増幅度の低下を回避できる。

帰還型バイアス回路である。この回路では，$V_{GS} = V_A - V_S = V_A - R_S I_D$ となるので，

$$I_D = -\frac{1}{R_S} V_{GS} + \frac{V_A}{R_S} \tag{3-22}$$

と表される。V_A は，V_{DD} の R_A と R_B による分圧電圧なので，$V_A = V_{DD} R_A / (R_A + R_B)$ で定まり，R_A および R_B により式 3-20 の直線の切片を変えられるようになる。動作点は，図 3-21 と同様，式 3-22 と $V_{GS} - I_D$ 特性の交点で定まる。この回路では R_S のみならず R_A および R_B によってもバイアスを調整できるため，図 3-20 (a) より設計の自由度が高く，MOSFET にも使用できる[25]。

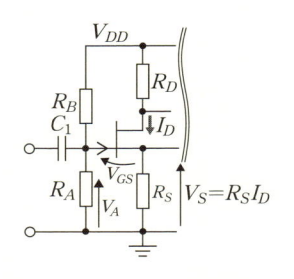

図 3-22　ブリーダ抵抗を用いた電流帰還バイアス回路

【25】 図 3-22 の JFET を MOSFET に替えることも可能である。このとき，V_{GS} はデプレション型では正または負，エンハンスメント型では正となるが，切片が調整できるのでどちらにも対応できる。動作点は，MOSFET の $V_{GS} - I_D$ 特性と式 3-22 の交点で求まる。

例題　3-6　動作点，負荷線を用いた増幅回路の設計に関する問題

図 3-20 において動作点を $V_{GSP} = -0.4\,\mathrm{V}$ および $I_{DP} = 1.5\,\mathrm{mA}$ に選びたい。FET の特性は，図 3-23 で与えられるものとし，$V_{DD} = 6\,\mathrm{V}$ として次の問に答えなさい。

(1) R_S を定めなさい。また，$V_{GS} - I_D$ 特性図上に式 3-20 の直線を描きなさい。

(2) 動作点を $V_{DSP} = 3.0\,\mathrm{V}$ に選びたい。直流負荷線を $V_{DS} - I_D$ 特性上に描きなさい。

(3) R_D を求めなさい。

(4) 負荷抵抗 $R_L = 2.4\,\mathrm{k\Omega}$ として交流負荷線を $V_{DS} - I_D$ 特性上に描き，入力振幅 $0.2\,\mathrm{V}\,(0.4\,\mathrm{V_{P-P}})$ の交流入力電圧に対するおおよその増幅度を求めなさい。

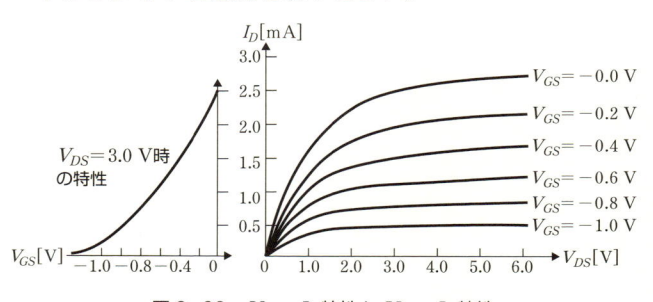

図 3-23　$V_{GS} - I_D$ 特性と $V_{DS} - I_D$ 特性

●略解———解答例

作図結果については，図 3-24 に示す。

(1) 式 3-20 より，$R_S = -V_{GS}/I_D = -V_{GSP}/I_{DP} =$

$-(-0.4) / (1.5 \times 10^{-3}) = 266.7\,\Omega$ に な る。 直 線 は,
$(-0.4\,\mathrm{V}, 1.5\,\mathrm{mA})$ と原点を通る (図 3-24 左図)。

(2) 動 作 点 $(V_{DSP}, I_{DP}) = (3.0\,\mathrm{V}, 1.5\,\mathrm{mA})$ お よ び $(V_{DD},\ 0)$
$= (6\,\mathrm{V}, 0\,\mathrm{mA})$ を通る直線になる (図 3-24 右図)。

(3) 式 3-21 より, $(6.0\,\mathrm{V} - 3.0\,\mathrm{V})/(R_D + R_S) = 1.5\,\mathrm{mA}$ に
なる。よって, $R_D + R_S = 2.00\,\mathrm{k\Omega}$ なので, $R_D = 1.73\,\mathrm{k\Omega}$
になる。なお, この結果を再度式 3-21 に代入すると, $(0,$
$V_{DD}/(R_D + R_S)) = (0\,\mathrm{V}, 3.0\,\mathrm{mA})$ を通ることがわかるが,
(2) の作図からも読み取れる。

(4) 式 3-18 より, 傾き $-(1/r_L')$ の直線が, 動作点 $(3.0\,\mathrm{V},$
$1.5\,\mathrm{mA})$ を通るように描く (図 3-24 右図)。r_L' は R_D と
R_L の並列なので, $1.01\,\mathrm{k\Omega}$ になり, 傾きはおおよそ
$-1\,\mathrm{mS}$ になる。この直線と $V_{GS} = -0.2\,\mathrm{V}$ の特性曲線との
交点の V_{DS} は, 約 $2.6\,\mathrm{V}$ と読める。また, $V_{GS} = -0.6\,\mathrm{V}$
の特性曲線との交点では, V_{DS} は約 $3.4\,\mathrm{V}$ と読める。つま
り, 入力信号によって V_{GS} が $0.4\,\mathrm{V}$ 振られると, V_{DS} は
$0.8\,\mathrm{V}$ ほど変化する。すなわち, 出力電圧は, およそ 2 倍
に増幅される。増幅度は 2 倍となるが, V_{GS} の増減に対し
て V_{DS} の増減が逆 (反転) なので, -2 倍としてもよい。

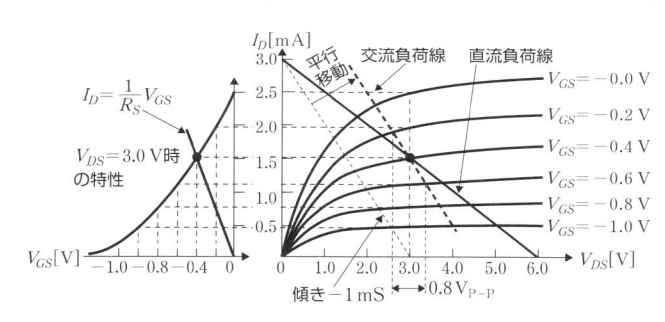

図 3-24　例題 3-6 の作図例 (解答例)

FET の小信号等価回路

　前項では, FET 増幅回路の基本的な解析法を学び, 増幅される過程
をたどりながら, 作図によって増幅作用を説明できるようになった。本
項では, 数式で解析できる簡易な手法を学ぶ。

　トランジスタの諸特性は非線形であり, 数式化しようとすると取り扱
いが難しい[26]。そこで, 増幅回路の電流や電圧の状態が, 動作点を中
心に微小に動く場合に限定して考える。この場合, 特性が曲線であって
も変化が微小であるので, 直線で近似できる (線形近似)。この近似が
成り立つような, 変化が微小な信号を**小信号**という。

【26】10 章で取り扱う回路
シミュレータを用いれば, 数
値的ではあるが非線形モデル
のまま回路解析が可能である。

図 3-25 (a) および (b) の P 点は動作点であり，増幅回路に交流電圧が入力されると，動作点を中心に回路状態が微小に変動する。図 3-25 (a) において，動作点付近で FET の特性を直線とみなすと，その傾きは，

$$g_m = \frac{\Delta I_D}{\Delta V_{GS}} \ [\text{S}] \qquad ただし, \ V_{DS} = 一定 (= V_{DSP}) \quad (3\text{-}23)$$

と表される。式 3-23 の g_m は，ゲートとドレインという異なる端子間の関係を表す係数であり（単位 [S]），小信号に対する**相互コンダクタンス**とよばれている。g_m は，ゲートに加わる小信号電圧をドレイン電流の変化に変換する係数でもあり，

$$i_d = g_m v_{gs} \qquad\qquad\qquad\qquad (3\text{-}24)$$

と表され，V–I 変換の係数といえる。

一方，図 3-25 (b) において，傾き（傾きの逆数）を求めると

$$r_d = \frac{\Delta V_{DS}}{\Delta I_D} \ [\Omega] \qquad ただし, \ V_{GS} = 一定 (= V_{GSP}) \quad (3\text{-}25)$$

と表される。傾きの逆数なので r_d の単位は [Ω] である。r_d は，ドレイン–ソース間の抵抗を意味するので小信号に対する**ドレイン抵抗**とよばれている。動作点が図 3-25 の場合には，ΔI_D が小さくなり，r_d は大きな値になる。このため簡易な解析では，$r_d \to \infty$ としてとして扱う場合がある。

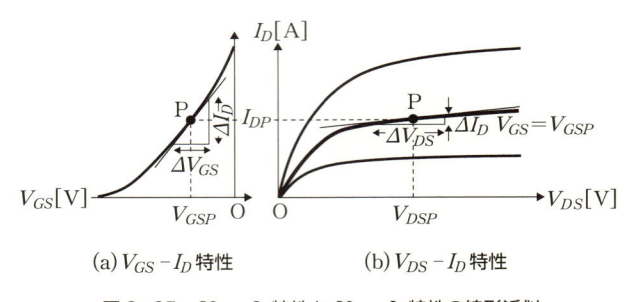

(a) $V_{GS} - I_D$ 特性 　　(b) $V_{DS} - I_D$ 特性

図 3-25　$V_{GS} - I_D$ 特性と $V_{DS} - I_D$ 特性の線形近似

式 3-24 では，r_d による i_d の変化が考慮されていないが，これを考慮すると，

$$i_d = g_m v_{gs} + \frac{v_{ds}}{r_d} \qquad\qquad\qquad (3\text{-}26)$$

と表される。これにより，v_{ds} の変化による i_d の変化もあわせて表現される。

したがって，式 3-26 を用いると，動作点において小信号を扱う FET は図 3-26 のように表現することができる。これを FET の**小信号等価回路**という。r_g は，動作点におけるゲート–ソース間の抵抗であるが，FET に v_{gs} を加えてもゲート電流 i_g はほとんど流れないため，通常は，$r_g \to \infty$（開放）と考えてよい。電流源は，端子 $g-s$ 間に加わ

った交流電圧 v_{gs} に比例した電流，すなわち式 3–24 の電流を流すものとする[27]。

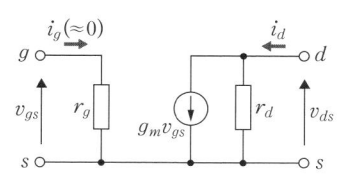

図 3–26　FET の小信号等価回路

【27】普通，回路図での電流源が流す電流値は，抵抗 r_g の両端の電圧とは互いに無関係であるが，FET の等価回路では関連性をもつため，電流源記号の脇に「$g_m v_{gs}$」と記載している。この表記がないと等価回路の意味をなさない。

図 3–26 の小信号等価回路では，端子 d–s 間の電圧 v_{ds} が変化しても電流源の電流値は変化しないが，r_d には v_{ds}/r_d なる電流が流れるので，i_d はその分変化する。これが，図 3–25 (b) の動作点における V_{DS}–I_D 特性の傾きを表現しており，もし，$r_d \to \infty$ とすれば V_{DS}–I_D 特性が V_{DS} 軸（横軸）と平行になる特性を示すことになる。

3-3-3　小信号等価回路を用いた FET 増幅回路の解析

図 3–26 を使って図 3–16 (a) の増幅回路を小信号等価回路で表すと，図 3–27 になる。小信号等価回路では，信号の小信号成分，すなわち交流成分だけを考えるため，図 3–16 (a) のすべてのコンデンサおよび直流電圧源を短絡線に，FET を図 3–26 の等価回路に置き換えている。

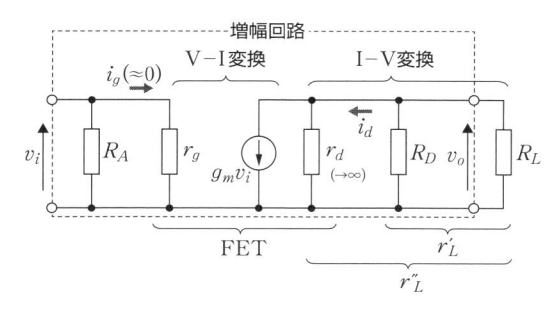

図 3–27　ソース接地増幅回路 (図 3–16 (a)) の小信号等価回路

図 3–27 に示すように，交流信号 v_i が入力されると，FET の小信号等価回路内の電流源によって V–I 変換され，その電流が r_d，R_D および R_L の 3 並列の合成抵抗によって I–V 変換され，出力電圧 v_o が得られるという過程が理解できる。3 並列の合成抵抗は，

$$r_L'' = r_d // R_D // R_L = \cfrac{1}{\cfrac{1}{r_d} + \cfrac{1}{R_D} + \cfrac{1}{R_L}} \tag{3-27}$$

と表され，r_L'' は I–V 変換の係数に相当する。

よって，入出力電圧の関係は，

$$v_o = -r_L'' g_m v_i = -A_v v_i \quad (A_v = r_L'' g_m) \tag{3-28}$$

と表される。ここで，A_v は電圧増幅度を表す。$-A_v v_i$ のマイナス符号は，v_i に対して v_o が反転された出力を意味する。このように，反転出力となる増幅回路を**反転増幅回路**という。出力波形が反転することは，**3-1-3** で述べたように増幅度の符号を用いて，$A_v = -r_L'' g_m$ と表現してもよい。

3-3-2 で述べたように，実質的に $r_g \to \infty$ であり，ドレイン抵抗についても $r_d \to \infty$ のように開放として扱う場合がある。この場合，図3-27 から，抵抗 r_g と r_d が取り除かれるため，等価回路がいっそう簡略化され，増幅度は，

$$A_v \approx r_L' g_m = g_m \frac{R_D R_L}{R_D + R_L} \quad (r_L' = R_D // R_L) \tag{3-29}$$

と表される。一方，入力端子から見たこの増幅回路の内部抵抗である**入力インピーダンス**[28] は，

$$Z_i = R_A // r_g = \frac{R_A r_g}{R_A + r_g} \approx R_A \tag{3-30}$$

【28】入力インピーダンスの定義は，**3-1-3** を参照されたい。

と表される。また，出力端子からみた増幅回路の内部抵抗である**出力インピーダンス**[29] は，

$$Z_o = R_D // r_d = \frac{R_D r_d}{R_D + r_d} \approx R_D \tag{3-31}$$

【29】出力インピーダンスの定義は，**3-1-3** を参照されたい。

と表される。

また，図3-20 (a) の電流帰還バイアス JFET 増幅回路の交流に対する動作を解析するときは，本項と同様に，すべてのコンデンサおよび直流電圧源を短絡線で置き換える。すると，図3-16 (a) の増幅回路の解析と同じく小信号等価回路は図3-27 と表され，同様に解析できる。

一方，図3-22 のブリーダ抵抗によるバイアス回路を用いた場合は，抵抗 R_B が付加されるため，小信号等価回路の入力部は，図3-28 のようになる。この回路の入力インピーダンスは，

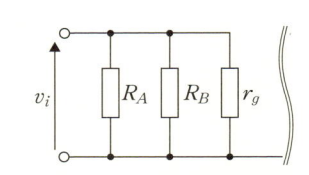

図3-28　図3-22 入力部の等価回路

$$Z_i = R_A // R_B // r_g = \frac{1}{\dfrac{1}{R_A} + \dfrac{1}{R_B} + \dfrac{1}{r_g}} \approx \frac{R_A R_B}{R_A + R_B} \tag{3-32}$$

と表される。

例題 3-7 小信号等価回路による解析に関する問題

図 3–20 の増幅回路において，動作点を $V_{GS} = -0.4\ \text{V}$，$I_D = 1.5\ \text{mA}$ および $V_{DS} = 3.0\ \text{V}$ に選んだ。FET の特性は図 3–23 で与えられ，$V_{DD} = 6\ \text{V}$ としたとき，以下の問に答えなさい。

(1) FET の小信号等価回路のパラメータである，g_m および r_d の値を求めなさい。

(2) $R_D = 1.73\ \text{k}\Omega$ および $R_L = 2.4\ \text{k}\Omega$ として，電圧増幅度を求めなさい。

(3) この増幅回路の利得 (dB 表記) を求めなさい。

(4) $R_A = 47\ \text{k}\Omega$ として，入力インピーダンスおよび出力インピーダンスを求めなさい。

●略解――解答例

(1) 式 3–23 および式 3–25 に従い，図 3–23 の動作点での傾きを求めると $g_m \approx 2.5\ \text{mS}$ および $r_d \approx 10\ \text{k}\Omega$ 程度になる。

(2) 式 3–27 を用いて図 3–27 の出力側の抵抗 r_L'' を求めると，913.5 Ω となる。よって，式 3–28 より，$A_v = 2.28$ 倍となる。この結果は，例題 3–6 の作図で求めた値 (2 倍) に近いことが確認できる。また，$r_d \to \infty$ (開放) とみなした場合，式 3–29 より，$A_v = 2.51$ 倍になる。(ただし，これらの結果は，(1) の傾きの読み方によって若干のちがいが生じることに注意をする。)

(3) $A_v = 2.28$ 倍とすれば，式 3–5 より 7.16 dB となる。なお，反転増幅回路であるため，$A_v = -2.28$ 倍としてもよい。この場合は，絶対値 (2.28 倍) を式 3–5 に代入する。

(4) 式 3–30 および式 3–31 より，$Z_i \approx R_A = 47\ \text{k}\Omega$ および $Z_o \approx R_D = 1.73\ \text{k}\Omega$ となる。(近似がないと，$Z_o = (R_D\, r_d)/(R_D + r_d) = 1.47\ \text{k}\Omega$ になる。)

例題 3-8 小信号等価回路による解析に関する問題【アドバンスト】

図 3–20 (a) に示す増幅回路おいて，バイパスコンデンサ C_S を取り去った場合について，以下の問に答えなさい。

(1) 小信号等価回路を描きなさい。(C_S がないためバイパス効果がなくなり，等価回路上に R_S が出現することに注意をする。)

(2) v_{gs} と v_i の関係式を導きなさい。ただし，$r_g \to \infty$ および $r_d \to \infty$ とする。

(3) (2) を利用して v_i と v_o の関係式を導き，増幅度を表す式を求めなさい。

(4) 例題 3-7 で求めた g_m を用い，$R_D = 1.73\,\text{k}\Omega$，$R_L = 2.4\,\text{k}\Omega$ および $R_S = 266.7\,\Omega$ として増幅度を求めなさい。

●**略解**───解答例

(1) C_S によるバイパス作用がなくなるので，小信号等価回路は図 3-27 とは異なり，図 3-29 のようになる。

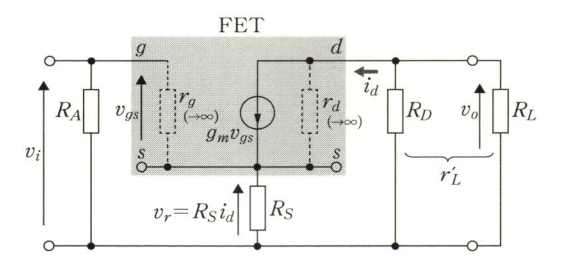

図 3-29　図 3-20 (a) の C_S を取り去った場合の小信号等価回路

(2) i_d が流れると，R_S の両端に電圧 $v_r = R_S i_d$ が発生する。このため入力電圧 v_i がそのまま v_{gs} として FET に印加されず，v_r が減じられて印加される。つまり，$v_{gs} = v_i - R_S i_d = v_i - R_S g_m v_{gs}$ となり，

$$v_{gs} = \frac{1}{(1 + R_S g_m)} v_i \tag{3-33}$$

(3) 図 3-29 の等価回路から，

$$v_o = -r_L' i_d = -r_L' g_m v_{gs} = -\frac{R_D R_L}{R_D + R_L} g_m v_{gs}$$

$$= -\frac{R_D R_L}{R_D + R_L} g_m \frac{1}{(1 + R_S g_m)} v_i \tag{3-34}$$

となり（$r_L' = R_D // R_L$），増幅度は次式で表される。

$$A_v = g_m \frac{R_D R_L}{(R_D + R_L)} \frac{1}{(1 + R_S g_m)} \tag{3-35}$$

(4) 式 3-35 に数値を代入すると，$A_v = 1.51$ 倍が求まる。なお，この結果を例題 3-7 と比較をすると，増幅度が低下している。これは，出力側の電流 i_d が v_r として入力側に戻されて，入力信号（v_{gs}）を減少させる動作による。この動作を**負帰還**[30] という。

【30】負帰還については 4 章で学ぶ。

3-3-**4** その他の接地回路【アドバンスト】

　ここまで，ソース接地増幅回路を対象としてきた。本節では，他の回路形式について述べる。

ドレイン接地回路　　　図 3-30 (a) に示す増幅回路は，図 3-16 (a) とは異なり，出力をドレイン端子ではなくソース端子から取り出している。この増幅回路は，出力電圧がソース電圧にしたがうことから**ソースフォロア**，または，ドレイン側の電位が固定されていることから**ドレイン接地増幅回路**とよばれている。

　小信号等価回路は，図 3-30 (b) で表され，以降では r_g および r_d を無視（開放）して考える。

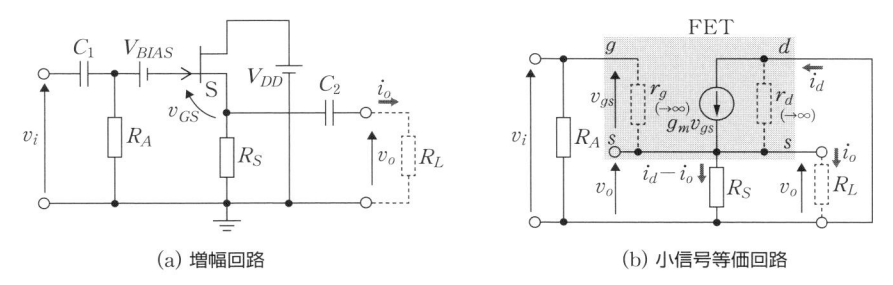

(a) 増幅回路　　　　　　　　　　(b) 小信号等価回路

図 3-30　ソースフォロア増幅回路

　負荷 R_L に流れる電流（出力電流）を i_o とすると，

$$v_i = v_{gs} + R_S(i_d - i_o) = (1 + R_S g_m)v_{gs} - R_S i_o \qquad (3\text{-}36)$$

と表され，$v_{gs} = (v_i + R_S i_o)/(1 + R_S g_m)$ なる関係を得る。また，$v_o = v_i - v_{gs}$ なので，増幅回路の入出力関係は，

$$v_o = v_i - \frac{v_i + R_S i_o}{1 + R_S g_m} = \left(1 - \frac{1}{1 + R_S g_m}\right)v_i - \frac{R_S}{1 + R_S g_m}i_o$$

$$(3\text{-}37)$$

と表される。負荷 R_L を接続しないとき（無負荷）を考えると，$i_o = 0$ となるので，式 3-37 の右辺第 2 項はゼロとなる。よって，増幅度は次式で表される。

$$A_v = 1 - \frac{1}{1 + R_S g_m} \qquad (3\text{-}38)$$

　式 3-38 で表される A_v の符号はプラスになるので，波形は反転しない。入出力信号が同相となる増幅回路は，**非反転増幅回路**ともよばれている。ただし，ソースフォロア回路の増幅度は，式 3-38 より 1 未満となる。しかし，$R_S g_m \gg 1$ を満たすと

$$A_v \to 1 \qquad (3\text{-}39)$$

となる。一方，i_o が流れた場合，式 3-37 より v_o は，右辺第 2 項分だけ電圧降下が起こる。よって，出力インピーダンスは，

$$Z_o = \frac{R_S}{1 + R_S g_m} \tag{3-40}$$

と表される。

　式 3-31 の Z_o とは異なり，出力部分の抵抗（式 3-31 では R_D）そのものではなく，抵抗値 R_S が $1/(1 + R_S g_m)$ 倍されていることがわかる。このように，この増幅回路は，入力電圧の増幅効果は期待できないが，出力インピーダンスを低くすることが可能である[31]。つまり，負荷に電流を供給する能力が高い（電流を供給しても電圧が低下しにくい）。電圧増幅をしないでそのまま出力（伝達）する増幅回路は，**緩衝回路（バッファ回路）** とよばれている。バッファ回路は，信号源の電圧を負荷に供給したいが，負荷電流を信号源に流したくないときに利用され，センサ回路[32] などでよく使われている。

【31】ソースフォロアでは，通常 g_m が大きい FET を用いて $A_v \to 1$ および $Z_o \to 0$ の状態に近づけて利用する。

　電力用の MOSFET を用いると，Z_o を数 Ω 程度まで小さくすることができる。

【32】センサ回路については 8 章で学ぶ。

ゲート接地回路　　図 3-31 (a) は，ゲート電位を固定した上で，ソース端子から信号を入力してドレイン端子から出力を得る増幅回路である。この増幅回路は，ゲート電位が固定されていることから**ゲート接地増幅回路**とよばれている。なお，インダクタ L_S は，コンデンサとは逆に直流を通過させ（短絡），交流を遮断する（開放）役割をもつ。ここでは，L_S によってバイアスドレイン電流を流す経路を確保している。

　図 3-31 (b) は，小信号等価回路を表している。交流のみを考えるので，L_S は開放する（取り去る）。図 3-31 (b) より，入出力関係は，

$$v_o = -r'_L i_d = -r'_L g_m v_{gs} = r'_L g_m v_i = A_v v_i \quad \left(A_v = g_m \frac{R_D R_L}{R_D + R_L} \right) \tag{3-41}$$

と表される。

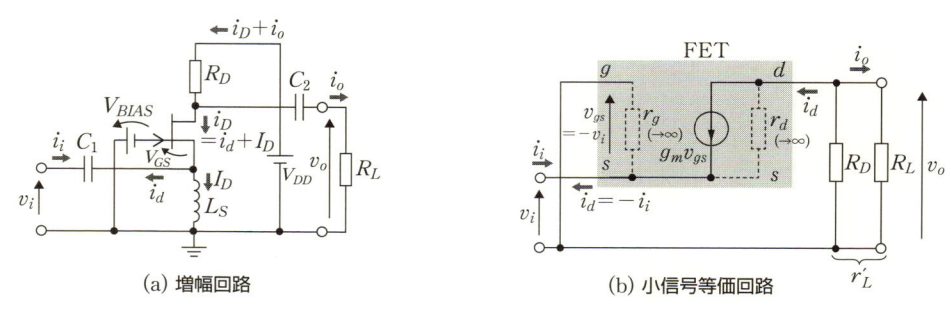

(a) 増幅回路　　　　　　　　　　(b) 小信号等価回路

図 3-31　ゲート接地増幅回路

　式 3-41 より，入出力信号の符号は同一なので非反転増幅回路である。また，増幅度は，ソースフォロアとは異なり，1 より大きくすることが可能である。つまり，電圧増幅が期待できる。しかしながら，図 3-31 (b) からわかるように，入力電流 i_i とドレイン電流 i_d の大きさは等しく，

電流増幅能力はない。とくに，この回路では，負荷電流 i_o は i_d の一部（i_d が R_D と R_L に分流）であるため，むしろ $i_o < i_i$ になる。

各接地方式の特徴

FET の端子間には，物理的な構造に起因するコンデンサが存在する。これは，意図して配置したわけではないので**寄生容量**（stray capacity）[33] とよばれている。寄生容量は，ゲートに入力される交流電圧をバイパスして，ゲート電圧の変化を低減してしまう効果がある。とくにソース接地回路では，前述したように入出力が反転，すなわちゲート電圧とドレイン電圧が互いに逆位相で変化するため，ゲート–ドレイン間の寄生容量に加わる電圧変化が大きくなる。これによりゲート端子とグラウンド（接地）間に等価的に寄生容量よりも大きな容量が入っているかのごとく振る舞う。この現象を**ミラー効果**（Miller effect）[34] という。ソース接地回路では周波数が高くなると，ミラー効果により，増加された寄生容量によって，ゲート電圧の変化が抑えられて増幅度が低下しやすい。よって，高周波増幅では不利となる。

一方，他の接地回路では，ドレイン電位が固定されているか，ゲート電位が固定されているので，ミラー効果による寄生容量の増加は起こらない。よって，高周波でも増幅度が低下しにくく，高周波増幅に適している。接地方式による増幅回路の特徴をまとめると表 3-3 のようになる[35]。

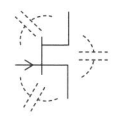

【33】寄生容量は，下図のように端子間に存在する。

【34】ミラー効果では，下図 (a) のように A 倍の反転増幅回路の入出力間に寄生容量 C が存在すると，C の両端には入力電圧 v_i の変化の $1 + A$ 倍の電圧の変化が現れる。これにより，単純に C の両端に同じ電圧変化を加えた場合と比べて，$1 + A$ 倍の電荷が流れることになる。これは，下図 (b) のように C の静電容量が $1 + A$ 倍になったことと等価である。

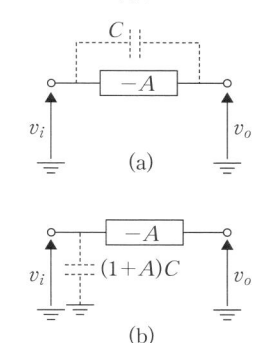

【35】FET のソース接地およびドレイン接地の入力インピーダンスは，表 3-4 に示す BJT のエミッタ接地およびコレクタ接地の入力インピーダンスより大きい。ゲート端子への入力電流が流れないため，∞ になる。

表 3-3　各接地方式による増幅回路の特徴

接地方式	ソース接地	ドレイン接地（ソースフォロワ）	ゲート接地
入出力の関係	反転	非反転	非反転
電圧増幅能力	○	×	○
電流増幅能力	○	○	×
高周波増幅	×	○	○
入力インピーダンス	大	大	小
出力インピーダンス	中	小	中

3-4 | バイポーラトランジスタ増幅回路

3-2では，バイポーラトランジスタを用いた各種バイアス回路について学んだ。また，バイアスベース電流を設定すれば，図3-10のI_B-I_C特性によりバイアスコレクタ電流を任意に設定できるので，動作点を自由に選べることが理解できる。加えて，図3-15の電流帰還バイアス回路を用いると，実質的にI_B-I_C特性によらず回路定数のみでバイアスコレクタ電流が設定できることを学んだ。

本節では，図3-15の電流帰還バイアス回路を用いた図3-32(a)の電圧増幅回路を解析する。

3-4-1 エミッタ接地回路の動作点と負荷線

図3-32の増幅回路は，バイパスコンデンサC_Sでエミッタの電位を交流信号に対して固定しているため，**エミッタ接地増幅回路**とよばれている。

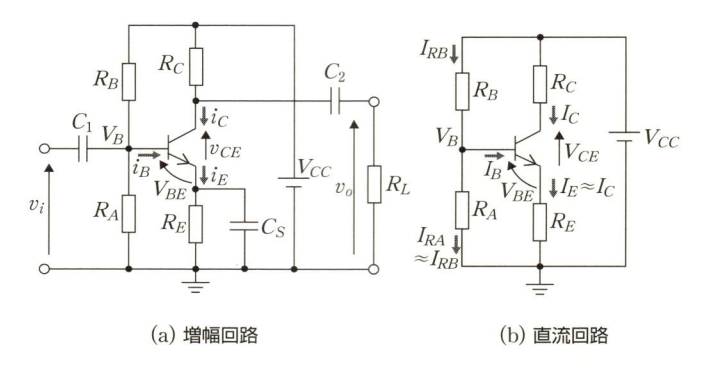

(a) 増幅回路　　　　　　(b) 直流回路

図3-32　npn型バイポーラトランジスタによるエミッタ接地増幅回路

まず，直流に対する動作を解析するために，図3-32(b)の直流回路を考える。FET増幅回路のときと同様，直流に対しては，すべてのコンデンサを取り去ればよい。ここで，$I_B \ll I_C$とみなせば，$I_E \approx I_C$となるので，I_CとV_{CE}の関係式は，式3-21と同様に，次式で表される。

$$I_C \approx \frac{V_{CC} - V_{CE}}{R_C + R_E} = -\frac{1}{R_C + R_E}V_{CE} + \frac{V_{CC}}{R_C + R_E} \quad (3\text{-}42)$$

式3-42は，図3-33のV_{CE}-I_C特性上の$(V_{CE}, I_C) = (V_{CC}, 0)$および$(0, V_{CC}/(R_C + R_E))$を通り，傾き$-1/(R_C + R_E)$の**直流負荷線**である。動作点は，直流負荷線上に存在するが，V_{BE}の変動が小さく一定とみなすと，V_{CC}, R_A, R_BおよびR_Eを定めれば，作図によらず動作点のコレクタ電流I_{CP}が定まる。つまり，

$$I_{CP} \approx I_E = \frac{V_B - V_{BE}}{R_E} \approx \frac{\dfrac{R_A}{R_A + R_B} V_{CC} - V_{BE}}{R_E} \qquad (3\text{-}43)$$

と表される（式 3–14 の再掲）。ただし，$I_{RA} \approx I_{RB}\,(I_{RB} \gg I_B)$ としている。

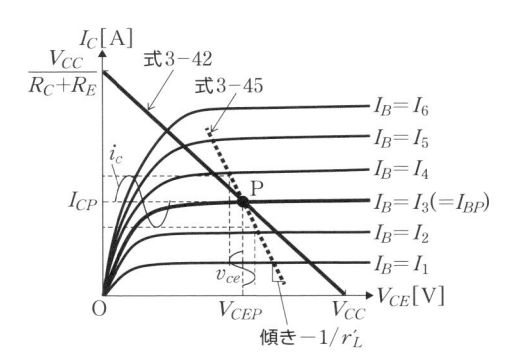

図 3–33　V_{CE}–I_C 特性と動作点および負荷線

また，式 3–42 より動作点 $(I_C = I_{CP})$ における $V_{CE}(= V_{CEP})$ は，

$$V_{CEP} \approx V_{CC} - (R_C + R_E)I_{CP} \qquad (3\text{-}44)$$

と表される。式 3–44 より，動作点 $\mathrm{P}(V_{CEP}, I_{CP})$ が求められる。この動作点を V_{CE}–I_C 特性上に記したとき[36]，図 3–33 のように $I_B = I_3$ の特性曲線（太線）にあるならば，バイアスベース電流 I_{BP} は，I_3 になる[37]。なお，I_B–I_C 特性が示されていれば，図 3–34 のように I_{CP} の値を使って I_{BP} の値を読み取り，求めることもできる。

　一方，交流に対しては，すべてのコンデンサと電圧源を短絡線に置き換えた図 3–35 の回路図を用いる。図 3–19 の FET 増幅回路の場合と同様に，R_C と R_L の合成抵抗を r'_L と表すと次式が成り立つ。

$$i_c = \frac{v_c}{r'_L} = -\frac{1}{r'_L} v_{ce} \quad \left(r'_L = R_C // R_L = \frac{R_C R_L}{R_C + R_L} \right) \qquad (3\text{-}45)$$

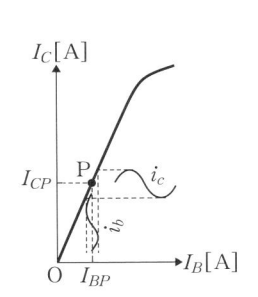

図 3–34　I_B–I_C 特性と動作点

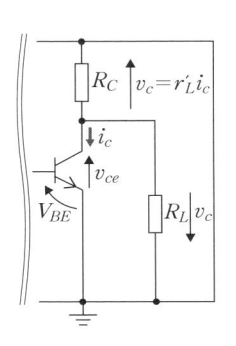

図 3–35　交流における回路

【36】V_{CE}–I_C 特性曲線は，通常 I_B の値に応じて，適当な間隔で数本描かれている。しかし，I_B は連続値なので，特性曲線は無数に描ける。$I_C = I_{CP}$ となる負荷線上の点は，このうちのいずれかの特性曲線上に存在する。

【37】図 3–32（a）の増幅回路では，I_B を明示的に決めているのではなく，I_C が式 3–43 で定まる I_{CP} になるよう，I_B が自動調整されると解釈する。これは，バイアス回路によるバイアスコレクタ電流の安定化機能といえる。

式 3-45 より，i_c と v_{ce} の関係は，傾きが $-1/r_L'$ の直線となる。交流成分は，この直線上を移動することになるが，直流と交流を合わせた回路状態は動作点 P を中心として移動する。つまり，図 3-18 の FET 増幅回路の場合と同様に，点 P を通り傾き $-1/r_L'$ の直線が**交流負荷線**となる。交流負荷線を図 3-33 に破線で図示する。この増幅回路の入力端子に交流信号が入力されると，それに応じて回路状態は点 P を中心に交流負荷線上で変動する。r_L' は，i_c を v_{ce} に変換する I－V 変換の機能をはたしており，得られた v_{ce} は，C_2 を介して v_o として出力される。

また，$I_{BP} = I_3$ のように動作点におけるベース電流が読み取れると，図 3-36 の V_{BE}－I_B 特性より，V_{BE} の動作点 V_{BEP} が求まる。交流信号の入力に対して，回路状態は図 3-36 の点 P を中心に特性曲線上で変動する。図 3-32 (a) の増幅回路は，交流に対して，C_S によりエミッタ電位が固定され，かつ，入力端子がベースに直結されるため，v_{be} は v_i と一致する。よって，図 3-36 の特性によって，$v_i (= v_{be})$ が i_b に変換されることがわかる。

以上のように，この増幅回路では，ベース－エミッタ間の特性を利用した V－I 変換がなされ，得られた i_b が図 3-34 の I_B－I_C 特性により増幅された i_c となり，式 3-45 の r_L' による I－V 変換を経て，電圧出力を得ている。つまり，V－I 変換→電流増幅→I－V 変換の過程を経て，電圧増幅を実現していることがわかる。

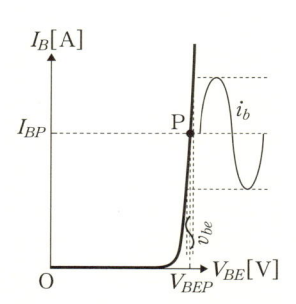

図 3-36　V_{BE}－I_B 特性と動作点

例題 3-9 動作点，負荷線を用いた増幅回路の設計に関する問題

図 3-32 (a) の npn 型バイポーラトランジスタによる増幅回路において，$R_E = 300\,\Omega$ とし，動作点のコレクタ電流（バイアスコレクタ電流）を $2\,\mathrm{mA}$ に設定した。なお，$V_{CC} = 5\,\mathrm{V}$，$V_{BE} = 0.6\,\mathrm{V}$ および $R_A = 2.4\,\mathrm{k\Omega}$ とする。以下の問に答えなさい。

(1) ベース電位 V_B を求めなさい。次いで，R_B を求めなさい。

(2) 動作点におけるコレクタ－エミッタ間電圧を $2\,\mathrm{V}$ にしたい。R_C を求めなさい。

(3) V_{CE}－I_C 特性図上の直流負荷線において，$I_C = 0$ となる点および $V_{CE} = 0$ となる点の各座標 (V_{CE}, I_C) を求めなさい。

(4) 負荷抵抗を $R_L = 6\,\mathrm{k\Omega}$ としたとき，交流負荷線の傾きを求めなさい。

(1) 式 3-43 より，$V_B \approx R_E I_{CP} + V_{BE} = 1.2\,\mathrm{V}$ となる。R_A には 1.2 V が印加されているので，R_B には $V_{CC} - 1.2\,\mathrm{V} = 3.8\,\mathrm{V}$ が加わればよい。ベース電流を無視すると，$1.2\,\mathrm{V} : 3.8\,\mathrm{V} = 2.4\,\mathrm{k\Omega} : R_B$ より，$R_B = 7.6\,\mathrm{k\Omega}$ となる。

(2) 動作点は負荷線上にあるので，式 3-42 より，$R_C \approx (V_{CC} - V_{CE})/I_C - R_E = 1.2\,\mathrm{k\Omega}$ となる。

(3) 式 3-42 より，$(V_{CE},\ I_C) = (5\,\mathrm{V},\ 0\,\mathrm{mA})$ および $(0\,\mathrm{V},\ 3.33\,\mathrm{mA})$ になる。

(4) 図 3-35 および 式 3-45 より，$r_L' = R_C R_L/(R_C + R_L) = 1\,\mathrm{k\Omega}$ になる。よって，傾きは，$-1/r_L' = -1\,\mathrm{mS}$ と求まる。

3-4-2 h パラメータと小信号等価回路

前項では，バイポーラトランジスタを用いた増幅回路の増幅動作について説明した。本項では，小信号等価回路を用いて，図 3-32 (a) の増幅回路を解析する。

小信号入力（交流成分）を前提にして，バイポーラトランジスタの各特性を直線で近似することを考える。図 3-37 は，ベースおよびコレクタにバイアス電流を与えて，動作点 $(I_{BP},\ I_{CP},\ V_{BEP},\ V_{CEP})$ が定められている npn 型バイポーラトランジスタを表している。トランジスタは動作点を中心に動作するが，入出力端子の電圧および電流は，小信号交流成分のみが表記されている。この場合の入出力関係を解析する。

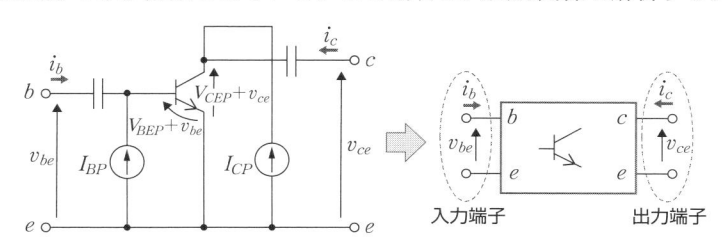

図 3-37 小信号に対するバイポーラトランジスタと入出力関係

動作点 P を中心とした入力電流 i_b は，$I_B - I_C$ 特性により，出力電流 i_c として増幅される。動作点での傾きは，増幅度を表す。動作点において，I_B に微小変化 ΔI_B を与えたときの I_C の微小変化を ΔI_C とし，

$$h_{fe} = \frac{\Delta I_C}{\Delta I_B} \quad [-] \qquad \text{ただし，} V_{CE} = \text{一定} \qquad (3\text{-}46)$$

を定義する。h_{fe} は，h パラメータの**小信号電流増幅率**[38] とよばれている。

【38】h_{fe} の添え字「f」は，forward current gain を意味する頭文字である。もう 1 つの添え字「e」は，エミッタ（emitter）接地を表す頭文字である。

下図のように h_{fe} は，動作点での傾き（接線）を表す。一方，直流に対する増幅度として，原点と動作点を結んだ直線の傾きが定義されている。これを h_{FE} と表し，直流電流増幅度という。

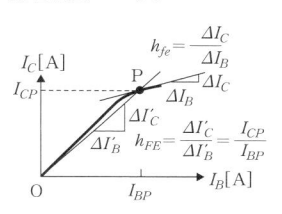

一方，入力電圧 v_{be} を加えると電流 i_b が流れる。両者の関係は，$V_{BE}-I_B$ 特性で表される。v_{be} と i_b は，動作点における傾き（または，傾きの逆数）によって対応づけられる。動作点における I_B の微小変化 ΔI_B に対する V_{BE} の微小変化を ΔV_{BE} とし，

$$h_{ie} = \frac{\Delta V_{BE}}{\Delta I_B} \quad [\Omega] \qquad ただし，V_{CE} = 一定 \qquad (3-47)$$

を定義する。h_{ie} は，h パラメータの**入力インピーダンス**[39] とよばれている。

さらに，出力電圧 v_{ce} が変化すると，$V_{CE}-I_C$ 特性により，i_b に変化を与えなくても出力電流 i_c が変化する。v_{ce} と i_c は，動作点における傾きによって関係づけられている。動作点における V_{CE} の微小変化 ΔV_{CE} に対する I_C の微小変化を ΔI_C とし，

$$h_{oe} = \frac{\Delta I_C}{\Delta V_{CE}} \quad [S] \qquad ただし，I_B = 一定 \qquad (3-48)$$

を定義する。h_{oe} は，h パラメータの**出力アドミタンス**[40] とよばれている。なお，単位はジーメンス（S）である。h_{oe} は小さく，$h_{oe} \to 0$ とみなす場合が多い。

ところで，バイポーラトランジスタは，図3-38 に示すように V_{CE} が増えると，V_{BE} がわずかに増加する性質をもつ。このため，出力電圧 v_{ce} が，わずかながら入力電圧 v_{be} に影響を与える。動作点における V_{CE} の微小変化 ΔV_{CE} に対する V_{BE} の微小変化を ΔV_{BE} とし，

$$h_{re} = \frac{\Delta V_{BE}}{\Delta V_{CE}} \quad [—] \qquad ただし，I_B = 一定 \qquad (3-49)$$

を定義する。h_{re} は，h パラメータの**電圧帰還率**とよばれている[41]。ただし，h_{re} は，h_{oe} と同じく，通常，値は極めて小さく，$h_{re} \to 0$ としてよいことが多い。

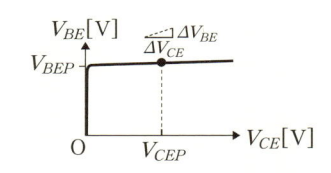

図3-38　$V_{CE}-V_{BE}$ 特性と動作点

以上のように，式3-46 ～式3-49 で表される 4つの定数は，**h パラメータ**[42] とよばれている。h パラメータを用いることで，図3-37 のバイポーラトランジスタの入出力関係は，

$$\begin{pmatrix} v_{be} \\ i_c \end{pmatrix} = \begin{pmatrix} h_{re} & h_{ie} \\ h_{oe} & h_{fe} \end{pmatrix} \begin{pmatrix} v_{ce} \\ i_b \end{pmatrix} \qquad (3-50)$$

と表すことができる。すなわち，動作点を設定したバイポーラトランジスタの小信号入力に対する動作が，数式で記述できることになる。h パラメータを用いて，バイポーラトランジスタの小信号等価回路を表すと，特性図をもとにするよりも数式で扱えるので，解析が行いやすくなる。

FET 増幅回路の場合と同様に，式3-50 を小信号等価回路で表現す

ると，図3-39(a)のように表せる。図において，h_{oe} [S] はコンダクタンスであるが，$1/h_{oe}$ [Ω] として抵抗で表している。$h_{fe}i_b$ を記した電流源は，i_b を電流増幅して出力側に電流を流す機能を有する。また，$h_{re}v_{ce}$ を記した電圧源は，v_{ce} が入力側の電圧 v_{be} にわずかに影響を与える性質を示している。

なお，h_{re} は多くの場合極めて小さいため，図3-39(b)として解析する場合が多い。また，動作点における h_{oe} が小さいトランジスタでは，図3-39(c)のように $1/h_{oe}$ で表した抵抗を取り去り，さらに簡略化することがある。

等価回路を用いることで，**3-3-3**で学んだFET増幅回路と同様に，バイポーラトランジスタによる増幅回路の解析が容易に行える。

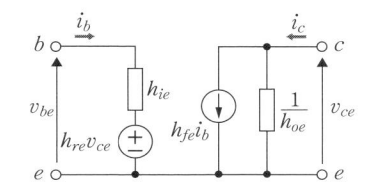 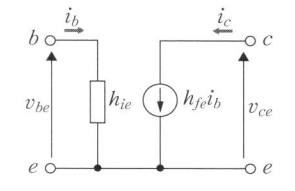

(a) すべてのパラメータを反映した場合 　　(b) $h_{re} \to 0$ とした場合 　　(c) $h_{re} \to 0$ および $h_{oe} \to 0$ とした場合

（簡略化 h パラメータ等価回路）

図3-39　h パラメータによるバイポーラトランジスタの小信号等価回路

3-4-3 小信号等価回路を用いた解析

本項では，図3-32(a)のバイポーラトランジスタ増幅回路を，h パラメータ等価回路を用いて解析する。FET増幅回路と同様，小信号等価回路では小信号成分，すなわち交流成分だけを考えるため，すべてのコンデンサおよび直流電圧源を短絡線で置き換える。次いで，トランジスタを図3-39の小信号等価回路で置き換えると，図3-40に示す小信号等価回路を得る。なお，バイポーラトランジスタの小信号等価回路には，図3-39(b)を用いている。

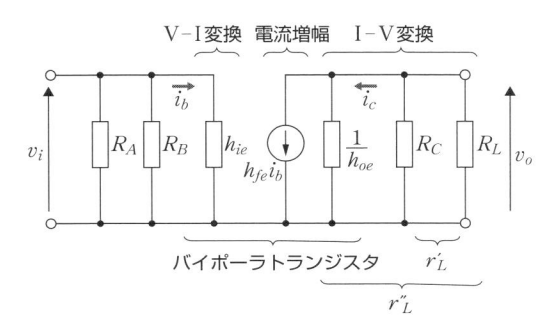

図3-40　エミッタ接地増幅回路(図3-32(a))の小信号等価回路

図3-40において，交流信号 v_i が入力されると，まず，h_{ie} を介したV-I変換により，i_b が得られる。次に，電流 i_b が電流源により，$h_{fe}i_b$ とし

て電流増幅される。最後に，$1/h_{oe}$，R_C および R_L の並列の合成抵抗 r''_L で電流源の電流を I − V 変換して出力 v_o を得ている。なお，合成抵抗 r''_L は，

$$r''_L = \frac{1}{h_{oe}} // R_C // R_L = \frac{1}{h_{oe} + \dfrac{1}{R_C} + \dfrac{1}{R_L}} \tag{3-51}$$

で与えられる。以上より，入出力関係は，

$$v_o = -r''_L h_{fe} i_b = -r''_L \frac{h_{fe}}{h_{ie}} v_i = -A_v v_i \quad \left(A_v = r''_L \frac{h_{fe}}{h_{ie}} \right) \tag{3-52}$$

と表される。$A_v v_i$ に付いた符号がマイナスなので，反転増幅回路である。なお，$h_{oe} \to 0$ とみなせる場合は，

$$A_v \approx r'_L \frac{h_{fe}}{h_{ie}} = \frac{R_C R_L}{(R_C + R_L)} \frac{h_{fe}}{h_{ie}} \quad (r'_L = R_C // R_L) \tag{3-53}$$

となり，簡略化表現になる。一方，入力端子からみたこの増幅回路の入力インピーダンスは，次式で表される。

$$Z_i = h_{ie} // R_A // R_B = \frac{1}{\dfrac{1}{h_{ie}} + \dfrac{1}{R_A} + \dfrac{1}{R_B}} \tag{3-54}$$

また，出力端子からみたこの増幅回路の出力インピーダンスは，

$$Z_o = \frac{1}{h_{oe}} // R_C = \frac{1}{h_{oe} + \dfrac{1}{R_C}} \tag{3-55}$$

と表される。したがって，$h_{oe} \to 0$ であれば，$Z_o \approx R_C$ となる。

例題 **3-10** h パラメータと小信号等価回路に関する問題

　図 3-41 に示す $V_{CE} - I_C$ 特性をもつバイポーラトランジスタを用いて，図 3-32 (a) の増幅回路を構成した。回路定数は，$V_{CC} = 5\,\text{V}$，$R_A = 3\,\text{k}\Omega$，$R_B = 7\,\text{k}\Omega$，$R_E = 225\,\Omega$ および $R_C = 400\,\Omega$ とする。また，$V_{BE} = 0.6\,\text{V}$ とみなす。以下の問に答えなさい。

(1) ベース電位 V_B を求め，次いで，バイアスコレクタ電流 I_{CP} を求めなさい。ただし，ベース電流 I_B は十分小さく，無視してよいものとする。

(2) 直流負荷線と動作点を図 3-41 の特性図上に作図し，動作点における $V_{CE} (= V_{CEP})$ を読み取りなさい。

(3) 動作点における h_{oe} と h_{fe} を読み取りなさい。

(4) 電圧増幅度 A_v を求めなさい。ただし，$R_L = 3.6\,\text{k}\Omega$ とし，動作点において $h_{ie} = 2\,\text{k}\Omega$ とする。

(5) 入力インピーダンスおよび出力インピーダンスを求めなさい。

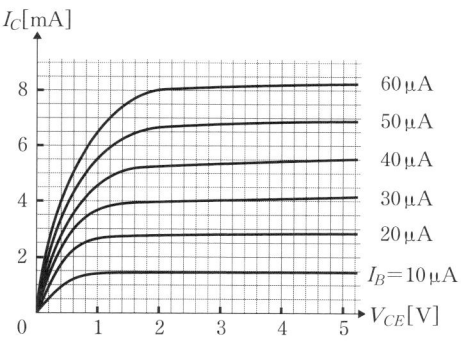

図3-41　V_{CE}-I_C 特性

●**略解**────解答例

(1) R_A および R_B による分圧により，$V_B = 1.5\,\text{V}$ となる。よって，R_E には $1.5\,\text{V} - 0.6\,\text{V} = 0.9\,\text{V}$ が加わるため，エミッタ電流は，$0.9\,\text{V} / 225\,\Omega = 4\,\text{mA}$ となり，これを I_{CP} とみなす。

(2) 直流負荷線は，$(V_{CE}, I_C) = (5\,\text{V}, 0\,\text{mA})$ および $(0\,\text{V}, 8\,\text{mA})$ を通る直線で表される。図3-41で，$I_C = 4\,\text{mA}$ において，$I_B = 30\,\mu\text{A}$ の特性曲線と負荷線の交点が動作点となる。このときの $V_{CE}(= V_{CEP})$ は，$2.4\,\text{V}$ と求まる。

(3) 動作点において，$I_B = 30\,\mu\text{A}$ の特性曲線の接線を引くと，傾き (h_{oe}) は，およそ $80\,\mu\text{S}$ と読み取れる。h_{fe} は，I_B-I_C 特性が示されていないため，図3-41 から読み取る。$V_{CE} = 2.4\,\text{V}$ において，$I_B = 20\,\mu\text{A}$ のとき $I_C \approx 2.8\,\text{mA}$，$I_B = 40\,\mu\text{A}$ のとき $I_C \approx 5.3\,\text{mA}$ と読み取ると，傾きから h_{fe} は，およそ 125 と求まる。

(4) 式3-41 より，I-V 変換機能をはたす r_L'' は，約 $350\,\Omega$ となる。よって，式3-52 より $A_v = 21.9$ 倍となる。

(5) R_A，R_B および h_{ie} の並列合成抵抗より，$Z_i = 1.02\,\text{k}\Omega$ となる。$1/h_{oe}$ と R_C の並列合成抵抗より，$Z_o = 387.6\,\Omega$ となる。

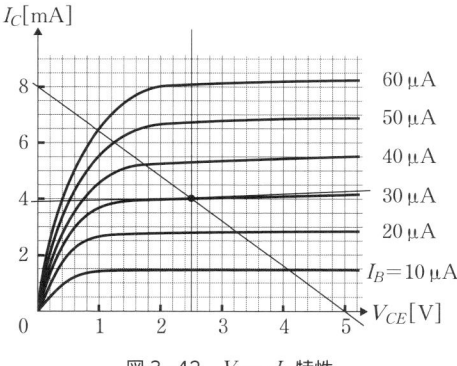

図3-42　V_{CE}-I_C 特性

例題 3-11 小信号等価回路に関する問題【アドバンスト】

図 3-32 (a) において，バイパスコンデンサ C_S を取り去った増幅回路について，以下の問に答えなさい。

(1) 増幅回路の小信号等価回路を描きなさい。

(2) i_b と v_i の関係式を求め，ベース端子の入力インピーダンス $Z'(= v_i/i_b)$ を求めなさい。ただし，$h_{oe} \to 0$ とする。

(3) (2) で求めた Z' を利用し，増幅回路の入力インピーダンス Z_i を表す式を求めなさい。

(4) 入力部の V–I 変換が，(2) で求めた Z' で行われることに注意しながら，電圧増幅度 A_v を表す式を求めなさい。

(5) 例題 3-10 の数値（$V_{CC} = 5\,\mathrm{V}$，$R_A = 3\,\mathrm{k\Omega}$，$R_B = 7\,\mathrm{k\Omega}$，$R_E = 225\,\Omega$，$R_C = 400\,\Omega$，$R_L = 3.6\,\mathrm{k\Omega}$，$h_{fe} = 125$，$h_{ie} = 2\,\mathrm{k\Omega}$）を用いて，この増幅回路の入力インピーダンス Z_i と電圧増幅度 A_v を数値として求めなさい。

●**略解**───解答例

(1) C_S のバイパス効果がなくなったため，小信号等価回路は，図 3-40 と比べ，図 3-43 のように，エミッタ端子とグラウンド間に抵抗 R_E が付加される。

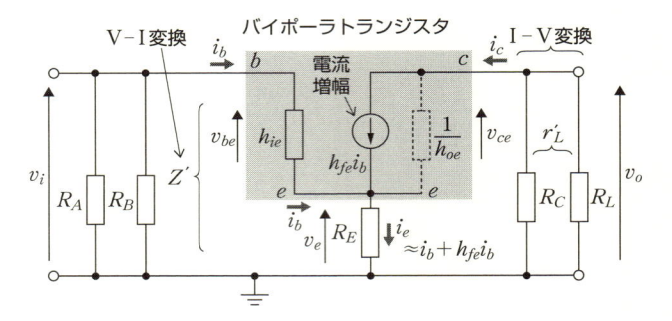

図 3-43 C_S を取り去った場合の小信号等価回路

(2) 図 3-43 において，h_{ie} に加わる電圧 v_{be} は，
$$v_{be} = h_{ie}i_b = v_i - v_e = v_i - R_E i_e \approx v_i - R_E(1 + h_{fe})i_b$$
となる。$h_{ie}i_b \approx v_i - R_E(1 + h_{fe})\,i_b$ より，$v_i \approx \{h_{ie} + R_E (1 + h_{fe})\}\,i_b$ の関係が得られる。よって，基準電位から見たベース端子の入力インピーダンス（図中の Z'）は，

$$Z' = \frac{v_i}{i_b} = h_{ie} + R_E(1 + h_{fe}) \tag{3-56}$$

と表される。

(3) R_A，R_B および Z' の並列なので，$Z_i = R_A \,//\, R_B \,//\, Z' =$

$$\frac{R_A R_B Z'}{R_A R_B + R_B Z' + Z' R_A} \quad となる。$$

(4) 図 3–40 と図 3–43 を比べると，V–I 変換を行う素子が h_{ie} から Z' に置き換わっている。$h_{oe} \to 0$ としたため，I–V 変換を行う素子は，R_C と R_L の並列抵抗 r'_L となる。このため，h_{ie} の代わりに Z' を式 3–53 に代入すると，電圧増幅度は次式で求められる。

$$A_v \approx r'_L h_{fe}/Z' = \frac{R_C R_L}{(R_C + R_L)} \frac{h_{fe}}{Z'} \quad (r'_L = R_C // R_L)$$

$$(3\text{–}57)$$

(5) (3) の解より $Z_i \approx 1.96\ \mathrm{k\Omega}$，式 3–57 より $A_v \approx 1.48$ 倍となる。

C_S がない場合は，出力側の電流が R_E によって電圧 v_e に変換され，この電圧が入力側のベース電圧 v_{be} を減少させるように働く。この作用は**負帰還**とよばれている。等価回路上は，h_{ie} と R_E が直列になっているが，式 3–56 をみると，Z' は $h_{ie} + R_E$ より大きな値になることがわかる。つまり，入力インピーダンスが増大する効果がある。また，$h_{ie} \ll R_E(1 + h_{fe})$ とすると $A_v \approx r'_L/R_E$ となり，トランジスタの h パラメータにほとんど影響されることなく電圧増幅度が決まることになる。これらは負帰還の効果である。

3–4–**4**　その他の接地回路【アドバンスト】

本項では，エミッタ接地回路以外のバイポーラトランジスタの接地回路の解析について簡単に説明する。

コレクタ接地回路　　図 3–44 (a) は，コレクタの電位が固定されていることから**コレクタ接地増幅回路**とよばれている。また，エミッタから出力を取り出しており，出力がエミッタ電圧に従うことから**エミッタフォロア**ともよばれている。

図 3–43 (b) は，エミッタフォロアの小信号等価回路であり，次式が成り立つ。

$$v_i = v_{be} + v_e = v_{be} + v_o \qquad (3\text{–}58)$$

v_{BE} を一定とみなせば，交流成分である v_{be} は 0 であるため，等価回路を用いるまでもなく，$v_o \approx v_i$ となる。つまり，電圧増幅は，期待できない。また，入力と出力は同相であることから非反転増幅回路である。

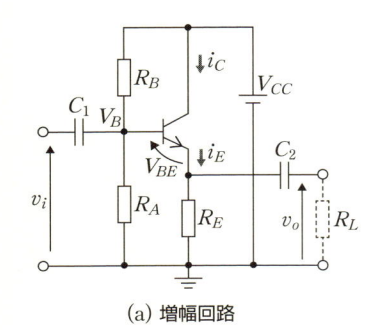

(a) 増幅回路

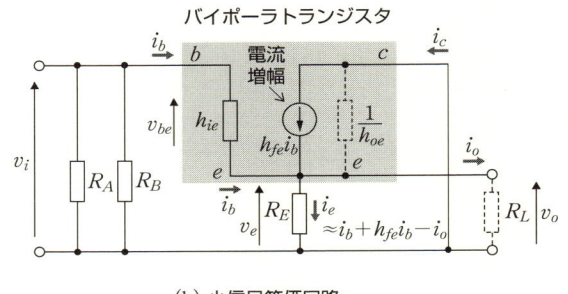

(b) 小信号等価回路

図 3-44　エミッタフォロア増幅回路

小信号等価回路による解析

一方, 図 3-44 (b) を用いると,

$$v_o = R_E i_e \approx R_E(i_b + h_{fe} i_b - i_o) = R_E\left\{(1 + h_{fe})\frac{v_{be}}{h_{ie}} - i_o\right\}$$

$$= R_E\left\{(1 + h_{fe})\frac{v_i - v_o}{h_{ie}} - i_o\right\} \tag{3-59}$$

が得られる。式 3-59 を v_o について整理すると

$$v_o = \left(1 - \frac{1}{1 + A}\right)v_i - \frac{R_E}{1 + A}i_o \quad \text{ただし, } A = R_E\frac{1 + h_{fe}}{h_{ie}} \tag{3-60}$$

となる。

　負荷 R_L を接続しない状態（無負荷）を考えると, $i_o = 0$ なので, 式 3
-60 の右辺第 2 項はゼロとなる。よって, 増幅度は,

$$A_v = 1 - \frac{1}{1 + A} = 1 - \frac{h_{ie}}{h_{ie} + R_E(1 + h_{fe})} \tag{3-61}$$

と表される。式 3-60 において, $A \gg 1$ となるように R_E を選べば, 式
3-61 は, $A_v \to 1$ となる。

　また, 入力インピーダンスは,

$$Z_i = (1 + A)h_{ie} = h_{ie} + R_E(1 + h_{fe}) \tag{3-62}$$

と表される。

　一方, i_o が流れた場合 $(i_o \neq 0)$ には, v_o は, 式 3-60 の右辺第 2 項
分の電圧降下が起こる。よって, 増幅回路の出力インピーダンスは

$$Z_o = \frac{R_E}{1 + A} = \frac{h_{ie} R_E}{h_{ie} + R_E(1 + h_{fe})} \tag{3-63}$$

となる。

　式 3-63 より, 出力インピーダンスは, 出力部の抵抗 R_E そのもので
はなく $1/(1 + A)$ 倍されていることがわかる。通常, $A \gg 1$ となるた
め, 増幅回路の出力インピーダンスはかなり小さくなる。つまり, i_o を

大きくしても出力電圧はあまり低下しない。よって，電圧増幅能力は期待できないが，負荷に供給する電流を増幅する能力をもつことになる。なお，入力部については，例題 3-11 の回路と同じく，式 3-56 で表されるように h_{ie} を大きくするので，入力インピーダンスが高くなる効果がある。

電圧を増幅させないで通過させる増幅回路は，**緩衝回路（バッファ回路）**とよばれている。バッファ回路は，信号源の電圧を負荷に供給する際，負荷電流を信号源に流したくないセンサ回路などでよく利用されている。

ベース接地回路 図 3-45 (a) は，ベース電位を V_B に固定した上で，エミッタから信号を入力して，コレクタから出力を得る増幅回路である。ベース電位が固定されていることから**ベース接地増幅回路**とよばれている。なお，インダクタ L_E は，コンデンサとは異なり直流を通過させ，交流を遮断する役割をもつ。ベース接地増幅回路では，L_E によってバイアスコレクタ電流を流す経路を確保している。

図 3-45 (b) は，小信号等価回路であるが，交流に対して L_E は開放として扱うので，等価回路上には記されていない。また，ブリーダ抵抗 R_A および R_B に加わる電圧は，入力信号によって変動するこれまでの回路とは異なり，電位は固定されている。このため，ブリーダ抵抗 R_A および R_B は，交流分のみを扱う小信号等価回路上では表されない。

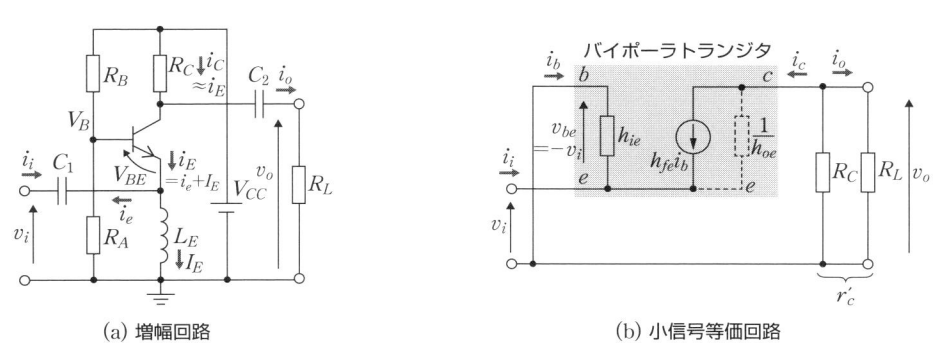

(a) 増幅回路　　　　　　　　(b) 小信号等価回路

図 3-45　ベース接地増幅回路

小信号等価回路の入出力関係は，

$$v_o = -r'_c i_c = -r'_c h_{fe} i_b = r'_c \frac{h_{fe}}{h_{ie}} v_i$$

$$= A_v v_i \quad \left(A_v = \frac{R_C R_L}{(R_C + R_L)} \frac{h_{fe}}{h_{ie}} \right) \tag{3-64}$$

と表される（$r'_c = R_C // R_L$）。式 3-64 より，入出力電圧の符号は同じ（入出力波形が同位相）なので，非反転増幅回路である。また，電圧増幅度 A_v は，エミッタフォロア回路とは異なり，1 より大きな値とする

ことが可能である。つまり，電圧増幅が期待できる。しかし，図3–45 (b) から，入力電流 i_i のほうが，h_{ie} に流れる電流分 (i_b) だけ，出力側の電流 i_c よりわずかに大きい。つまり，電流増幅能力はない。とくに，この回路の負荷電流 i_o は，i_c の一部 (i_c が R_C と R_L に分流する) であるため，i_o がさらに小さくなる。

【43】BJT のエミッタ接地およびコレクタ接地の入力インピーダンスは，ベース端子に入力電流が流れるため，表3–3 に示す FET のソース接地およびドレイン接地の入力インピーダンスほど大きくはない。

各接地方式の特徴 以上のように，各接地方式のちがいによる電圧増幅回路の特徴は，**3–3–4** で学んだ FET 増幅回路と類似していることがわかる。また，**3–3–4** で述べたミラー効果による高周波における増幅度の低下も同様のことである。

接地方式のちがいによる増幅回路の特徴をまとめると，表3–4 のようになるが，表3–3 と同様の傾向がみられる[43]。

表3–4 各接地方式による増幅回路の特徴

接地方式	エミッタ接地	コレクタ接地（エミッタフォロワ）	ベース接地
入出力の関係	反転	非反転	非反転
電圧増幅能力	○	×	○
電流増幅能力	○	○	×
高周波増幅	×	○	○
入力インピーダンス	大	大	小
出力インピーダンス	中	小	中

第3章 演習問題

1. 次の空欄に適切な語句を記入しなさい。

(1) 電気信号を振幅方向に拡大することを（ ア ）という。信号を（ ア ）することを目的とした（ ア ）器を（ イ ），負荷に電力を供給することを目的としたそれを（ ウ ）という。

(2) 電圧や電流の適度なかさ上げを（ エ ）という。これを施すことにより，たとえば単極（正または負）しか扱えないトランジスタ1つでも（ オ ）信号が扱えるようになる。また，トランジスタの特性の直線性がよい部分を利用することで（ カ ）を低減できる。（ エ ）は，（ ア ）器の性能を決める重要な要素といえる。

(3) （ エ ）回路には，（ エ ）を与える基本的な機能のほかに（ エ ）を安定させる能力が期待される。適切な回路設計が行われておらず，かつ，この能力が十分でない場合は（ キ ）を引き起こし，トランジスタ素子を破壊する可能性がある。

(4) 電圧を（ ア ）する過程においては，電圧を電流に変換する（ ク ）や電流を電圧に変換する（ ケ ）の機能部分があり，この機能に着目すると，（ ア ）回路の信号の流

れと動作が理解しやすい。

(5) 電圧，電流および電力を振幅方向に拡大する比率を（　コ　）という。これらは入出力波形の（　サ　）値，（　シ　）値，（　ス　）値などから求めることができる。また，（　コ　）は対数を用いて表現でき，これを（　セ　）という。（　セ　）の単位は，（　ソ　）を用いる。

2. 次の空欄に適切な語句を記入しなさい。

(1) FET のソースの電位が固定された回路を（　ア　），バイポーラトランジスタのエミッタの電位が固定された回路を（　イ　）という。コンデンサやインダクタのように，周波数に依存してインピーダンスが変わる素子が，回路の信号経路に用いられていると，直流と交流の入力では回路の応答が異なる。直流での動作を解析する場合は，回路図上のコンデンサは，（　ウ　）して考える。一方，交流での動作を解析する場合は，コンデンサは（　エ　），電圧源は（　オ　）して考える。

(2) 交流の入力信号が加えられていない場合，増幅回路の各部の電圧および電流は，ある値で安定する。この安定点を（　カ　）という。入力信号が入力されると，各部の電圧および電流は，交流の入力に応じて（　カ　）を中心に変動する。増幅回路の負荷側においては，回路の状態は（　カ　）を中心に（　キ　）上で変動する。（　キ　）について，とくに，直流における動作を示したものを（　ク　）といい，交流における動作を示したものを（　ケ　）という。（　ク　）とトランジスタの特性曲線との交点から，作図的に（　カ　）を求めることができる。なお，コンデンサやインダクタのように，インピーダンスが周波数に依存する素子を用いない増幅回路においては，（　ク　）と（　ケ　）は，（　コ　）する。

(3) トランジスタなど，非線形な特性をもつ素子を用いた回路において，信号の変動が小さければ，非線形な特性を直線近似しても計算上差し支えない。このような信号を（　サ　）とよぶ。また，このような信号を扱うことを前提とする，特性計算に用いられる回路（図）のことを（　シ　）という。

3. 次の空欄に適切な語句を記入しなさい。

(1) バイポーラトランジスタに対して，各種特性を計算するために用いられる定数は，（　ア　）とよばれており，それらは，（　イ　），（　ウ　），（　エ　），（　オ　）の文字で表される。

(2) エミッタ接地増幅回路のほかに，エミッタフォロアとよばれている（　カ　）接地増幅回路があり，（　キ　）増幅は期待できないが，（　ク　）増幅する能力がある。もう１つに，（　ケ　）接地増幅回路があり，（　コ　）増幅は期待できないが，（　サ　）増幅する能力がある。

4. 図 1 の固定バイアス回路を用いた増幅回路において，$V_{CC} = 10\,\mathrm{V}$，$R_B = 370\,\mathrm{k\Omega}$，$R_C = 1.43\,\mathrm{k\Omega}$ および $R_L = 3.33\,\mathrm{k\Omega}$ とした。トランジスタの V_{CE}-I_C 特性は図 2 とし，$V_{BE} = 0.7\,\mathrm{V}$ とみなせるとする。C_1 および C_2 は，十分大きいとして，以下の問に答えなさい。

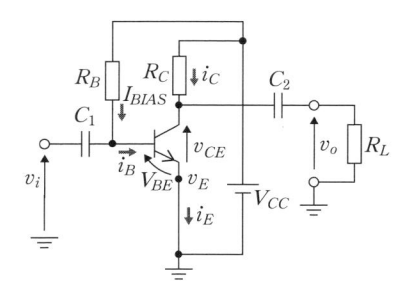

図1　固定バイアス増幅回路

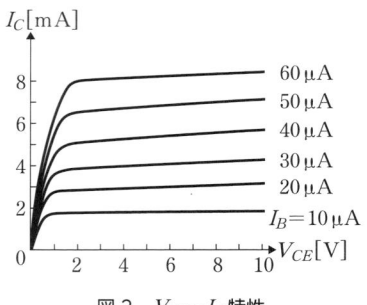

図2　V_{CE}-I_C 特性

(1)　バイアスベース電流 I_{BIAS} を求めなさい。

(2)　直流負荷線を与える式を示し，図2に直流負荷線を描きなさい。

(3)　図2に動作点を示し，そのときのバイアスコレクタ電流 I_{CP} を読み取りなさい。

(4)　V_{CE} の動作点において，$I_B = I_{BIAS}$ の特性曲線を挟む上下の特性曲線を使って h_{fe} を求めなさい。

(5)　$h_{ie} = 4\,\text{k}\Omega$，$h_{oe} \to 0$ および $h_{re} \to 0$ として，この増幅回路の小信号等価回路を描きなさい。

(6)　(5) で描いた小信号等価回路を用いて，電圧増幅度 A_v を求めなさい。

(7)　さらに，利得 G_v を求めなさい。

(8)　入力インピーダンス Z_i および出力インピーダンス Z_o を求めなさい。

演算増幅器は，トランジスタ増幅回路を1つのICに集積化した電子部品であり，オペアンプ[1] ともよばれている。通常，オペアンプには入力端子が2つあり，2つの入力電圧の差を増幅して出力する。オペアンプは電圧増幅度が極めて大きく，負帰還と組み合わせることで各種のアナログ信号処理 (演算) が可能となる。オペアンプは利便性が高く，センサなど身近な機器の中に多用されている。

本章では，オペアンプを用いた回路について学び，以下の項目を目標とする。

① オペアンプの基本的な動作と等価回路を理解する。

② 負帰還とオペアンプのバーチャルショートの概念を理解する。

③ 負帰還のあるオペアンプ回路について，電圧増幅度や入出力インピーダンスを導出できるようになる。

④ オペアンプを用いた加算回路や積分回路など，応用回路の動作について理解する。また，周波数特性を理解する。

4–1 オペアンプの基礎

4–1–1 回路記号と基本動作

オペアンプ (operational amplifier) を表す際には，図4–1の回路記号が使用される[2]。2つの入力端子には極性があり，プラス記号の端子1を非反転入力端子，マイナス記号の端子2を反転入力端子という[3]。端子3は出力端子である。

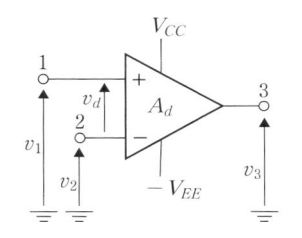

図4–1 オペアンプの回路記号

各端子の電圧を v_1，v_2 および v_3 とすると，式4–1の関係が成り立つ。

$$v_3 = A_d v_d = A_d (v_1 - v_2) \tag{4-1}$$

すなわち，オペアンプは入力電圧の差 v_d を A_d 倍して出力する。電圧 v_d を差動入力電圧，A_d を**差動利得**，あるいは**開放電圧利得**という[4]。オペアンプは差動入力電圧を増幅することから，**差動増幅回路**の一種といえる。差動増幅回路については9章で詳しく説明する。

オペアンプは能動素子を用いた電子部品であるため，動作には電源を必要とする。正負の入出力電圧も扱えるよう，正と負の両電源 V_{CC} および $-V_{EE}$ を供給することが基本である[5]。なお，回路図では電源を省略して表すことが多い。

【1】 オペアンプは，「Op Amp」「OPアンプ」のようにも記す。

【2】 JIS (JIS C 0617) では，オペアンプを下記の記号で規定している。本書では，図4–1の記号を使用する。

【3】 端子1を正相入力端子，端子2を逆相入力端子とよぶこともある。

【4】 ここでの差動利得と開放電圧利得の「利得」とは，デシベルではなく，電圧増幅度のことを意味する。

【5】 単電源で動作することが可能なオペアンプも存在する。詳細については8章で述べる。

オペアンプ単体は，図4-2に示す等価回路で表すことができる。なお，図4-2では，入力側と出力側を別個にして表している。まず，図4-2(a)の入力側に注目すると，入力端子1および2は，グラウンドとの間に，独立した入力インピーダンス Z_1 および Z_2 をもつ。入力端子からオペアンプ内部へ電流が流れ込まないように，入力インピーダンスは非常に大きくなるよう設計される[6]。入力インピーダンス Z_1 および Z_2 とは別に，端子1および2の間には，図4-2(a)に示す端子間インピーダンス Z_d が存在する。

【6】 通常，回路では kΩ オーダの抵抗素子を使用することが多いが，オペアンプの入力インピーダンスは，GΩ や TΩ と非常に大きい。

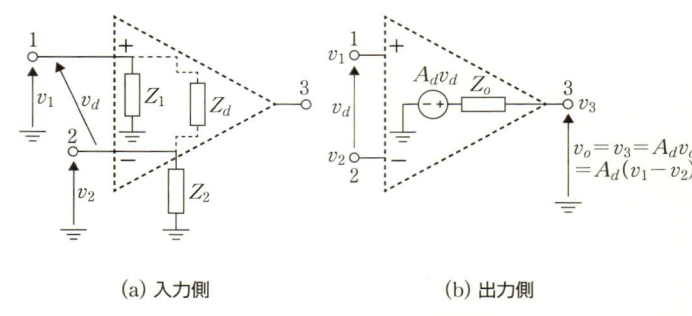

(a) 入力側   (b) 出力側

図4-2 オペアンプの等価回路

次に，図4-2(b)の出力側に注目する。出力側は，出力インピーダンス Z_o をもった電圧制御電圧源とみなせる。電圧源は，差動入力 v_d の A_d 倍の電圧を出力する。出力インピーダンス Z_o は極めて小さく，後段に負荷抵抗を接続した際にも，出力インピーダンスでの電圧降下はないと考えてよい。一方，差動利得 A_d は極めて大きく，典型的なオペアンプでは $10^4 \sim 10^5$ 倍のオーダとなる。そのため，差動入力 v_d が微小であっても，増幅後の出力電圧が電源電圧の範囲を超えようとすることがある[7]。

【7】 この現象をクリップ (clip) という。

【8】 表4-1に示す理想的な諸特性を持つオペアンプを理想オペアンプという。近年の製造技術の進歩により，市販のオペアンプの特性は，理想特性とみなして問題がない水準に達している。

オペアンプ特性

表4-1に，オペアンプの基礎特性例と**理想オペアンプ**[8] の特性を示す。理想オペアンプでは，上述した入出力インピーダンスおよび差動利得を理想化する。すなわち，Z_1 と Z_2 はともに極めて大きく ∞ Ω とし，Z_d も ∞ Ω とする。また，Z_o は極めて小さく 0 Ω とする。さらに，差動利得は極めて大きく ∞ 倍とする。

表4-1に条件が記載されているように，諸特性は温度や電源電圧に依存して大きく変動する。そこで，通常の用途では変動を抑えるために，次節で説明する負帰還を導入し，回路特性を安定化させて使用する。負帰還には，安定化以外にも，ひずみや雑音の低減効果などの利点がある。

表 4-1　オペアンプの基礎特性例と理想特性

特性	オペアンプ LF356 の場合	理想オペアンプ
入力インピーダンス $Z_1,\ Z_2$ （入力抵抗 [9]）	$1 \times 10^{12}\ \Omega\ (= 1\ T\Omega)$	$\infty\ \Omega$
出力インピーダンス Z_o	$10\ \Omega$ $(f = 100\ kHz,\ A_v = 10\ 倍)$	$0\ \Omega$
開放電圧利得 A_d	$7.0 \times 10^5\ 倍$ $(T = 25\ ℃,\ V_{CC} = +15\ V,\ -V_{EE} = -15\ V)$	$\infty 倍$

【9】正確には，オペアンプの入力インピーダンスは，入力抵抗 R_{in} と入力容量（寄生容量の存在）C_{in} の並列接続で構成される。データシートには，$R_{in}//C_{in}$ と記載されている場合が多い。

4-2 | オペアンプと負帰還

4-2-1 負帰還回路の動作と効果

　図4-3のように，出力の一部を入力側に戻すことを**帰還**とよぶ。図において，点線の三角記号は理想オペアンプを表す。出力を戻す際に，入力から減算するように戻す場合は**負帰還**（negative feedback）とよばれている[10]。

　図4-3において[11]，出力端子上のノード（引き出し点）から下側に分岐した①の電圧は出力電圧 v_o である。分岐先のブロック（β と記された四角いボックス）は，受動素子などで構成される帰還回路を表し，定数 β は帰還の割合（**帰還率**）である。β は通常，$0 < \beta \leq 1$ の範囲に設定される。帰還回路の出力②は帰還電圧であり，βv_o と表される。帰還電圧の出力先に示す丸記号は信号の加え合わせの点を表し，矢印の脇に「－」符号が描かれているので，－1倍されて加算される。よって，負帰還を意味する。加え合わせ点の上方向から入力される③の v_i の矢印の脇には「＋」符号が描かれているので，v_i はそのまま加算される。したがって，加え合わせ点の出力である④は，$v_i - \beta v_o$ と表される。ここで，A_d が記入された実線の三角記号は増幅器を表しており，④の入力を A_d 倍に増幅する。よって，増幅回路の出力電圧⑤は $A_d(v_i - \beta v_o)$ と表される。

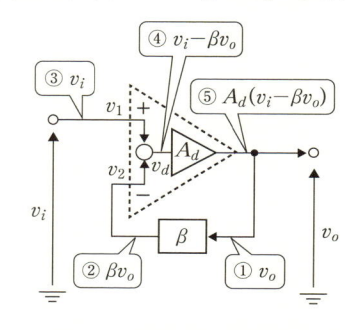

図4-3　負帰還回路のブロック線図

一巡して，⑤は回路全体の出力電圧 v_o に等しいことから，式4-2の関係式が得られる。

$$v_o = A_d(v_i - \beta v_o) \tag{4-2}$$

式4-2より，入出力電圧の関係は次式で表される[12]。

$$v_o = \frac{A_d}{1 + A_d \beta} v_i \tag{4-3}$$

ここで，$A_d \gg 1$ が成り立つときは，次式の近似が成り立つ。

$$v_o \approx \lim_{\substack{A_d \to \infty \\ (1/A_d \to 0)}} \left(\frac{1}{1/A_d + \beta} v_i \right) = \frac{1}{\beta} v_i = A_v v_i \tag{4-4}$$

$$A_v = \frac{1}{\beta} \tag{4-5}$$

　つまり，$A_d \gg 1$ が成り立つ場合，オペアンプに負帰還をかけると，出力電圧 v_o は，A_d の変動によらず，帰還率の逆数 $1/\beta$ のみで増幅度

【10】入力から出力を減算することは，出力を反転して戻すことに相当する。反転しないで，そのまま戻す場合を正帰還という。正帰還は6章の発振回路で用いられる。

【11】図4-3を下図のようにブロック図で描くことがある。

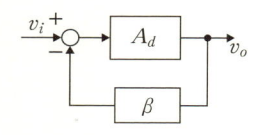

【12】負帰還がない場合（$\beta = 0$），式4-2より $v_o = A_d v_i$ なので利得は A_d と表される。一方，負帰還がある場合は，式4-3のように表され，利得は $1/(1 + A_d \beta)$ 倍となり，低下する。

が決定される。A_d は，オペアンプの個体ごとに異なるうえ，温度や電源電圧にも依存するが，帰還をかけることで，これらの影響をほぼ排除できる。

4-2-2 オペアンプの負帰還作用

オペアンプには，加え合わせ点に相当する差動機能と，図 4-3 の実線の三角記号に相当する増幅機能が包含されており，差動利得 A_d は十分大きい。したがって，オペアンプを用いると，理想的な負帰還回路を容易に構成できる。また，帰還回路に半導体を使わないで，抵抗など受動素子からなる分圧回路とすれば，分圧比が帰還率 β となり，任意の増幅度を設定できる。分圧回路は温度や電源電圧の影響を受けにくく，出力電圧も温度や電源電圧の影響を受けにくい。

他の負帰還の効果は，オペアンプ内で発生する出力信号に対するひずみや雑音が，帰還回路を通してキャンセルされ，低減化される。増幅度は低下するものの[12]，増幅する信号の帯域幅を広帯域化できる[13]。入力インピーダンスや出力インピーダンスを変えること[14] ができるなどがある。

【13】負帰還と周波数帯域の関係の例は 4-5-4 で説明する。

【14】負帰還により，入出力インピーダンスが変わる例は 4-3-1 で説明する。

4-2-3 負帰還オペアンプ回路とバーチャルショート

図 4-4 のように，負帰還を導入したオペアンプ回路 (以下，**負帰還オペアンプ回路**とよぶ) の端子 2 の電圧 v_2 を考える。まず，v_2 は帰還電圧なので，

$$v_2 = \beta v_3 \tag{4-6}$$

と表される。一方，式 4-3 より，v_3 と v_1 の関係は，

$$v_3 = \frac{A_d}{1 + A_d\beta} v_1 \tag{4-7}$$

と表される。式 4-7 を式 4-6 に代入すると，次式が得られる。

$$v_2 = \frac{A_d\beta}{1 + A_d\beta} v_1 \tag{4-8}$$

オペアンプは開放電圧利得が大きく，$A_d \gg 1$ が成り立つことから，式 4-8 の v_2 は次式のように近似できる。

$$v_2 \approx \lim_{\substack{A_d \to \infty \\ (1/A_d \to 0)}} \left(\frac{\beta}{1/A_d + \beta} v_1 \right) = v_1 \tag{4-9}$$

すなわち，開放電圧利得 A_d が大きいオペアンプに負帰還を導入すると，端子 2 の電圧 v_2 は，端子 1 の電圧 v_1 とほぼ等しくなるように追従する。この現象は，あたかも端子 1 と 2 の間が電気的に短絡しているかのように見える。これを**バーチャルショート** (virtual short)[15] とい

【15】バーチャルショートは，**仮想短絡**，**仮想接地**，imaginary short とよばれることもある。

う。実際には，図4-2(a)に示したように，端子1と2の間には非常に大きなインピーダンス Z_d が存在するため，端子1と2の間に電流はほとんど流れない。この現象は短絡（ショート）とは明らかに異なる。以降で説明するが，負帰還オペアンプ回路を利用した信号処理回路のほとんどは，バーチャルショートを適用することで，容易に入出力関係を導出することができる。

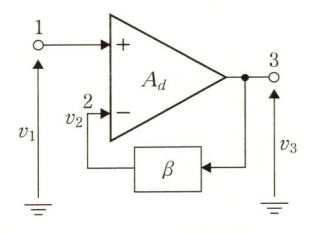

図4-4　負帰還オペアンプ回路

4-3 | 負帰還オペアンプ回路による増幅と変換

【16】非反転増幅回路は，正相増幅回路ともよばれている。

> **例題 4-1** 非反転増幅回路の電圧増幅度に関する問題
>
> 図4-4の負帰還オペアンプ回路の帰還部に，直列抵抗による分圧回路を用いると，図4-5の**非反転増幅回路**を得る。この増幅回路の電圧増幅度を求めなさい。
>
>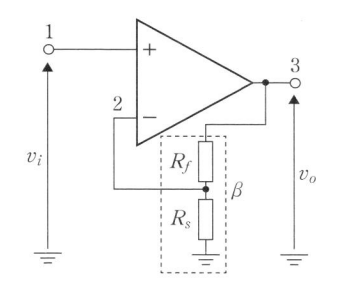
>
> 図4-5 非反転増幅回路
>
> ●**略解**——解答例
>
> 帰還率 β は，v_3 の分圧比なので次式となる。
>
> $$\beta = \frac{v_2}{v_3} = \frac{v_2}{v_o} = \frac{R_s}{R_f + R_s} \tag{4-10}$$
>
> よって，式4-5より，図4-5の非反転増幅回路の電圧増幅度 A_v は，
>
> $$A_v = \frac{1}{\beta} = \frac{R_f}{R_s} + 1 \tag{4-11}$$
>
> となる。式4-11より，この非反転増幅回路では2つの抵抗の比（帰還率 β）のみで増幅度を決定できることがわかる。
>
> 一方，図4-5に対してバーチャルショートの概念を適用し，電圧増幅度を求めることもできる。式4-10より
>
> $$v_2 = \frac{R_s}{R_f + R_s} v_3 = \frac{R_s}{R_f + R_s} v_o \tag{4-12}$$
>
> なので，バーチャルショートより，$v_2 = v_1 = v_i$ となり，式4-12は，
>
> $$v_2 = \frac{R_s}{R_f + R_s} v_o = v_i \tag{4-13}$$
>
> となる。式4-13を変形すると式4-11が得られる。

非反転増幅回路の入出力インピーダンス　負帰還後の入力インピーダンス $Z_i' = v_i / i_i$ について，図4-6(a)を用いて考える。抵抗 R_s には，端子1と2の間を流れる電流 i_d だけでなく帰還電流 i_{Rf} も流れるため，入力インピーダンスは，オペアンプの端子間インピーダンス Z_d と R_s の単純な和にはならない。入力電流 i_i がすべて Z_d を流れ，

端子間電流 i_d を仮定し，入力インピーダンスを求める。i_d は，端子 1 と 2 の電圧 v_1 および v_2 の電位差と Z_d より，次式で表せる。

$$i_d = i_i = \frac{v_1 - v_2}{Z_d} \tag{4-14}$$

式 4-14 を入力インピーダンスの定義に代入すると，

$$Z_i' = \frac{v_i}{i_i} = \frac{Z_d v_1}{v_1 - v_2} \tag{4-15}$$

となる。また，式 4-8 の v_1 と v_2 の関係より，電位差は，

$$v_1 - v_2 = \left(1 - \frac{A_d \beta}{1 + A_d \beta}\right) v_1 = \frac{1}{1 + A_d \beta} v_1 \tag{4-16}$$

【17】図 4-2 (a) において，オペアンプの入力インピーダンス Z_1 および Z_2 は，極めて大きいとすると，差動入力 $v_1 - v_2$ に対する入力インピーダンスは，端子間インピーダンスと等しく，$Z_i = Z_d$ と表される。

となるので，式 4-16 を式 4-15 の分母に代入すると，次式を得る[17]。

$$Z_i' = Z_d(1 + A_d \beta) = Z_i(1 + A_d \beta) \tag{4-17}$$

式 4-17 より，負帰還後のオペアンプの入力インピーダンス Z_i' は，端子間インピーダンス $Z_d = Z_i$ の $(1 + A_d \beta)$ 倍になることがわかる。

次に，負帰還後の出力インピーダンス $Z_o' = v_o / -i_o$ ($v_i = 0$) について，図 4-6 (b) を用いて考える。オペアンプの出力インピーダンス Z_o の電圧は，

$$v_o - v_o' = \left(1 + \frac{A_d R_s}{R_s + R_f}\right) v_o = (1 + A_d \beta) v_o = -i_o Z_o' \tag{4-18}$$

と表される。したがって，

$$Z_o' = \frac{v_o}{-i_o} = \frac{Z_o}{1 + A_d \beta} \tag{4-19}$$

となる。式 4-19 より，負帰還後のオペアンプの出力インピーダンスは，オペアンプの出力インピーダンス Z_o の $1/(1 + A_d \beta)$ 倍になることがわかる。

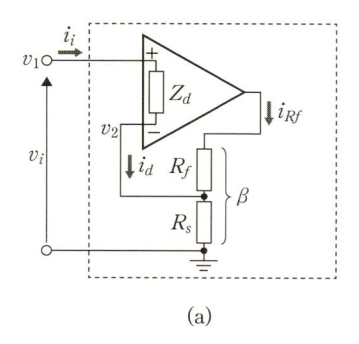 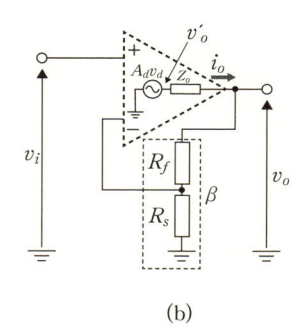

(a)　　　　　　　　　　　(b)

図 4-6　非反転増幅回路のオペアンプの入出力インピーダンスを求める回路

一般的な負帰還オペアンプ回路では，式 4-17 および式 4-19 において，$A_d \beta \gg 1$ となることから，非反転増幅回路の入力インピーダンスは非常に大きく，出力インピーダンスは小さくなることがわかる。

理想オペアンプでは $A_d = \infty$ であるから，負帰還オペアンプ回路の

入力インピーダンスも $Z_i = \infty\,\Omega$ となる。一方，式4–19において，理想オペアンプ内部の出力インピーダンスは $Z_o = 0\,\Omega$ のため，オペアンプの出力に並列にインピーダンスが加わった負帰還オペアンプ回路の出力インピーダンスも $Z_o' = 0\,\Omega$ となる。

4-3-2 負帰還オペアンプの電圧−電流変換

　各種の負帰還オペアンプ回路の動作を考える際に，電圧−電流変換（V−I変換）に留意すると，理解が容易になる。図4–7のように，負帰還オペアンプ回路の反転入力端子に抵抗を接続した回路は，$v_2 - v_1$ と i_f との間でV−I変換機能をもつ。バーチャルショートより，反転入力端子のノードの電位は v_1 であるため，抵抗 R にかかる電圧は $v_2 - v_1$ である。よって，電流 i_R は

$$i_R = \frac{v_2 - v_1}{R} \tag{4-20}$$

と表される。ここで，オペアンプの入力端子のインピーダンスは高く，両入力端子からオペアンプ内には電流が流れ込まないため，i_R はすべて帰還電流 i_f となる。帰還電流は，出力端子からオペアンプ内部に入る。以上のように，負帰還オペアンプ回路の反転入力端子に，抵抗を接続した図4–7の回路は，電圧を電流に変換する機能をもつ。

4-3-3 負帰還オペアンプの電流−電圧変換

　次に，図4–8のように，負帰還オペアンプ回路の帰還部に抵抗を挿入すると，i_2 と v_3 の間で電流−電圧変換（I−V変換）機能をもつことになる。オペアンプの入力端子のインピーダンスは高く，両入力端子からオペアンプ内には電流が流れ込まないので，i_2 はすべて帰還電流となる。バーチャルショートより，反転入力端子のノードの電位は v_1 であるため，v_1 から抵抗 R での電圧降下 v_R を引いた電位が出力電圧 v_3 となり，次式で表される。

$$v_3 = v_1 - v_R = v_1 - i_2 R \tag{4-21}$$

以上のように，図4–8の回路は，電流を電圧に変換する機能をもつ。

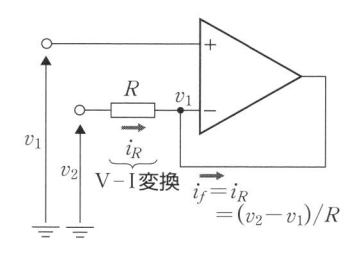

図4-7　電圧−電流変換回路

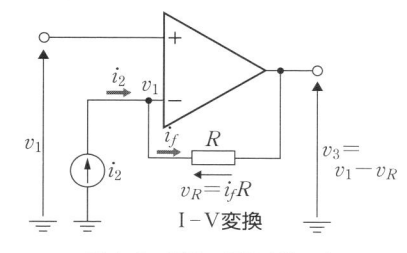

図4-8　電流−電圧変換回路

4-3-**4** 反転増幅回路[18]

図4-7の電圧－電流変換回路と，図4-8の電流－電圧変換回路を組み合わせ，非反転入力端子を接地すると，図4-9の**反転増幅回路**になる。

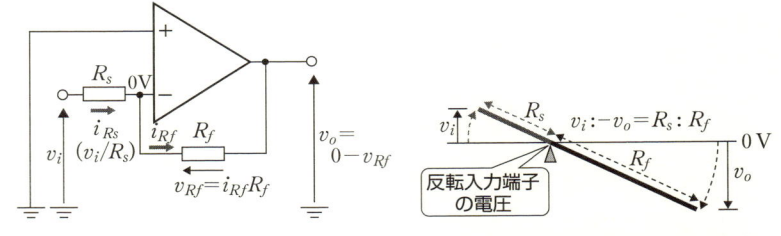

図4-9 反転増幅回路　　　　　図4-10 反転増幅回路とテコの類比

図4-9において，抵抗R_sによって電圧v_iから変換された電流i_{Rs}は，すべて帰還電流i_{Rf}となり，帰還抵抗R_fに流れる。バーチャルショートより，反転入力端子のノードの電位は0Vであることから，出力電圧は次式で表される。

$$v_o = 0 - v_{Rf} = -i_{Rf}R_f = -\frac{R_f}{R_s}v_i \tag{4-22}$$

したがって，回路の電圧増幅度A_vは，

$$A_v = \frac{v_o}{v_i} = -\frac{R_f}{R_s} \tag{4-23}$$

と表される。式4-23より，反転増幅回路では，非反転増幅回路と同様に，抵抗の比のみで電圧増幅度を決定できる。

反転増幅回路の電圧増幅度は，図4-10に示すテコと類比の関係からも直感的に理解できる。非反転入力端子がグラウンドに接地されているため，バーチャルショートにより反転入力端子の電位も0Vになっている。そこで，反転入力端子は0Vに固定されたテコの支点と考えると，2つの抵抗は長さが$R_s : R_f$のテコの腕に相当する。

入力電圧v_iが正方向に振れると，支点を中心に逆側の腕が下がり，出力v_oは負となる。また，入力電圧v_iと出力電圧v_oの比は$R_s : R_f$になる。これより次式の関係が導出でき，式4-23を得る。

$$v_i : -v_o = R_s : R_f \tag{4-24}$$

次に，入力インピーダンスについて，図4-11(a)を用いて考える。バーチャルショートより，反転入力端子の電位は0Vであるから，入力電圧v_iは，抵抗R_sでの電圧降下に等しく

$$v_i = v_{Rs} = i_i R_s \tag{4-25}$$

と表される。式4-25と入力インピーダンスの定義より，

$$Z_i' = \frac{v_i}{i_i} = R_s \tag{4-26}$$

が得られる。反転増幅回路の入力インピーダンスは，式 4–17 の非反転増幅回路の入力インピーダンスと比べると，抵抗 R_s に等しくなるため，相対的に小さいことがわかる。

　次に，反転増幅回路の出力インピーダンス Z_o'' を考える。図 4–11（b）のオペアンプの出力インピーダンス Z_o' は，非反転増幅回路のそれと同じく式 4–19 で表すことができる。反転増幅回路としての出力インピーダンスは，オペアンプの入力インピーダンスを無視すれば

$$Z_o'' = Z_o' \,/\!/\, (R_s + R_f) \tag{4–27}$$

となるが，そもそも A_d が十分大きければ $Z_o' \to 0$ となり，$Z_o'' \to 0$ となる。つまり理想オペアンプを用いれば非反転増幅回路と同じく，出力インピーダンスは 0 とみなせる。

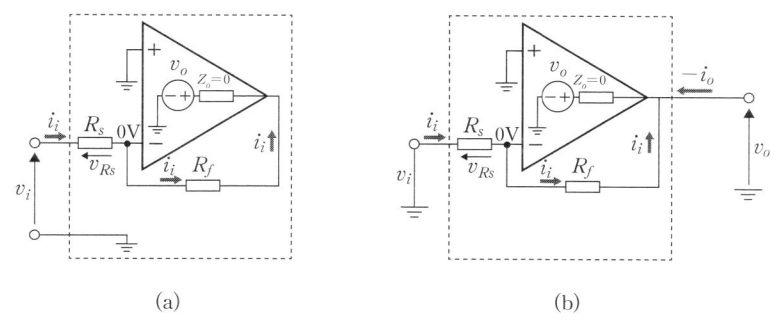

(a)　　　　　　　　　　　　(b)

図 4–11　入出力インピーダンスを考えるための反転増幅回路

4-4 | オペアンプの応用回路

4-4-1 加算回路

　反転増幅回路を応用した回路に**加算回路**がある。入力数が3の加算回路を図4-12に示す。電圧 $v_1 \sim v_3$ を入力する各端子から電流加算点までの部分は，抵抗 $R_1 \sim R_3$ 各々でV-I変換を行う。バーチャルショートにより，電流加算点の電位は0Vであるから，n 番目の抵抗 R_n により変換される電流 i_n は，次式で表される。

$$i_n = \frac{v_n - 0}{R_n} = \frac{v_n}{R_n} \tag{4-28}$$

　電流加算点では，キルヒホッフの電流則により，総和電流 $i_s = i_1 + i_2 + i_3$ が，図のように流れる。オペアンプの内部には，電流が流れ込まないことから，i_s はすべて帰還電流 i_{Rf} として抵抗 R_f を流れる。帰還部では，I-V変換を行うことから，出力電圧は次式のように表される。

$$v_o = -i_{Rf} R_f = -\sum_{n=1}^{3} i_n R_f = \sum_{n=1}^{3} \left(\frac{v_n}{R_n} \right)(-R_f) \tag{4-29}$$

すなわち，入力電圧が抵抗でV-I変換されて加算され，$-R_f$ 倍された出力電圧となる。また，$R_1 \sim R_3$ がすべて等しく R_s とすると，出力電圧は次式のように単純に入力電圧が加算され，$-R_f/R_s$ 倍される。

$$v_o = -\sum_{n=1}^{3} v_n \left(\frac{R_f}{R_s} \right) = -\frac{R_f}{R_s}(v_1 + v_2 + v_3) \tag{4-30}$$

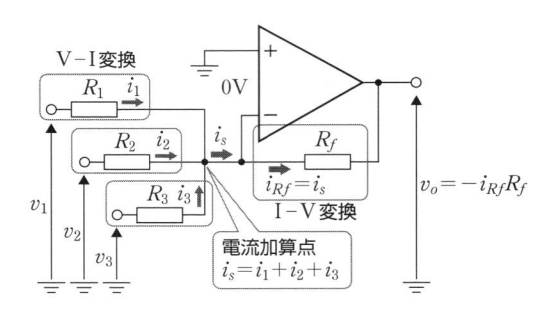

図4-12　加算回路

4-4-2 ボルテージフォロワ

例題 4-2 ボルテージフォロワに関する問題

図 4-5 の非反転増幅回路の R_s を開放し，R_f を短絡線に置き換えた図 4-13 の回路は，**ボルテージフォロワ**とよばれている。この回路の電圧増幅度，入力インピーダンスおよび出力インピーダンスを求めなさい。

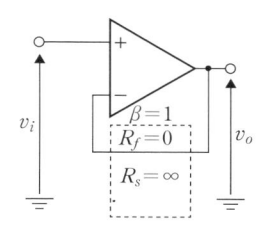

図 4-13　ボルテージフォロワ

●**略解**────解答例

式 4-11 より，次式のように出力電圧 v_o と入力電圧 v_i は等しくなる。

$$v_o = \lim_{\substack{R_f \to 0 \\ R_s \to \infty}} \left(\frac{R_f}{R_s} + 1 \right) v_i = v_i \tag{4-31}$$

よって，電圧増幅度 A_v は，次式で表される。

$$A_v = \frac{v_o}{v_i} = 1 \tag{4-32}$$

なお，出力電圧を減衰させずに帰還しており，$\beta = 1$，および $A_d = \infty$ から，式 4-32 を導くこともできる。さらには，バーチャルショートからも端子 2 の電位 v_i と出力端子が短絡していることから，$v_o = v_i$ がわかる。

ボルテージフォロワの入力インピーダンスは，式 4-17 で $\beta = 1$ を代入すると，次式で表される。

$$Z_i' = Z_d(1 + A_d\beta) = Z_d(1 + A_d) \approx Z_d A_d \tag{4-33}$$

式 4-33 より，理想オペアンプ（$A_d = \infty$）を用いたボルテージフォロワでは，$Z_i' = \infty\,\Omega$ となることがわかる。

一方，出力インピーダンスは，式 4-19 で $\beta = 1$ を代入し，

$$Z_o' = \frac{Z_o}{1 + A_d} \approx \frac{Z_o}{A_d} \tag{4-34}$$

と表される。理想オペアンプ（$A_d = \infty$）を用いた場合は，$Z_o' = 0\,\Omega$ となる。

以上のような，ボルテージフォロワの入出力インピーダンス特性は，図 4-14 に示すように 2 つの回路を接続するときに，前段の出力を減衰させず，後段に伝える際に挿入すると有用である。

図 4-14（a）は，一般的な増幅回路を挿入した場合である。前段回路に接続した際の入力電圧 v_i は次式で表される。

$$v_i = \frac{Z_i}{Z_x + Z_i} e_x \tag{4-35}$$

よって，増幅回路の後段に回路がつながっていない場合の出力電圧 v_o は，

$$v_o = A_v v_i = A_v e_x \frac{Z_i}{Z_x + Z_i} \tag{4-36}$$

と表される。

後段に，入力インピーダンスが Z_y の回路を接続した場合，出力電圧 v_y は次式のように表される。

$$v_y = \frac{Z_y}{Z_o + Z_y} v_o = A_v e_x \frac{Z_i Z_y}{(Z_x + Z_i)(Z_o + Z_y)} \tag{4-37}$$

すなわち，信号源電圧 e_x は A_v 倍に増幅されるとともに，入出力インピーダンスの影響を受け，$\dfrac{Z_i Z_y}{(Z_x + Z_i)(Z_o + Z_y)}$ 倍に減衰する。

一方，ボルテージフォロワを挿入した場合には，入力インピーダンス $Z_i = \infty$，出力インピーダンス $Z_o = 0$ および電圧増幅度 $A_v = 1$ を式4-37 に代入して Z_i で分母分子を割ると，次式となる。

$$v_y = \lim_{\substack{Z_i \to \infty \\ Z_o \to 0}} A_v e_x \frac{1 \cdot Z_y}{(Z_x/Z_i + 1)(Z_o + Z_y)} = A_v e_x = e_x \tag{4-38}$$

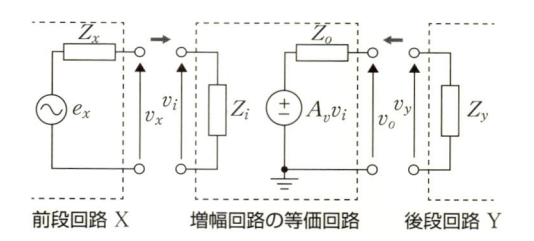

前段回路 X　　　増幅回路の等価回路　　　後段回路 Y

(a) 一般的な増幅回路を挿入した場合

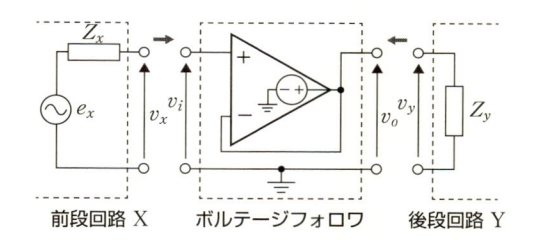

前段回路 X　　　ボルテージフォロワ　　　後段回路 Y

(b) ボルテージフォロワを挿入した場合

図 4-14　増幅回路の挿入に伴う出力電圧の変化

つまり，前段回路の出力インピーダンス Z_x や後段回路の入力インピーダンス Z_y の影響を受けずに $v_y = v_o = e_x$ となる。

　たとえば，半導体センサの出力インピーダンスは大きい場合もあり，後段にボルテージフォロワを挿入して，センサの出力電圧の減衰を抑える場合が多い。ボルテージフォロワは，**緩衝回路**（バッファ回路）ともよばれている。また，AD 変換回路のサンプルホールド回路でも利用されている。

4-4-3 減算回路

例題 4-3 減算回路に関する問題

　図 4-15 に反転増幅回路を応用した**減算回路**を示す。減算回路の入力電圧と出力電圧の関係を求めなさい。

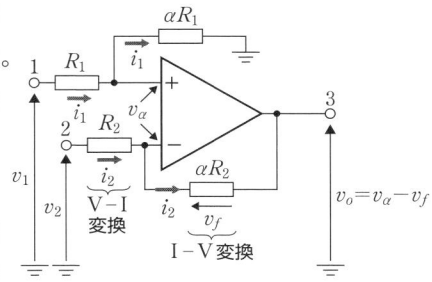

図 4-15　減算回路

●略解――解答例

　減算回路では，反転増幅回路と同様，抵抗 R_2 で V–I 変換を行い，抵抗 αR_2 で I–V 変換を行う。非反転入力端子は，反転増幅回路のみならず，抵抗 R_1 および αR_1 が接続されている。そのため，入力電圧 v_1 は抵抗 R_1 と αR_1 で分圧され，次式のように表される。

$$v_1 = \frac{R_1 + \alpha R_1}{\alpha R_1} v_\alpha = \frac{1 + \alpha}{\alpha} v_\alpha \tag{4-39}$$

　また，バーチャルショートより，反転入力端子のノード電圧も v_α であることから，電流 i_2 は，v_α を用いて

$$i_2 = \frac{v_2 - v_\alpha}{R_2} \tag{4-40}$$

のように表される。抵抗 αR_2 による I–V 変換により，電圧 v_f は以下のように表される。

$$v_f = i_2 \alpha R_2 = \alpha (v_2 - v_\alpha) \tag{4-41}$$

　出力電圧は，

$$v_o = v_\alpha - v_f = (1 + \alpha) v_\alpha - \alpha v_2 \tag{4-42}$$

と表される。式 4-39 を式 4-42 に代入すると，

$$v_o = \alpha (v_1 - v_2) \tag{4-43}$$

と表される。つまり，図 4-15 の減算回路は，v_1 から v_2 が減算され，α 倍された出力電圧となる。

式 4-43 と式 4-1 を比べると，図 4-15 は，差動増幅回路で，抵抗比 α のみで増幅度を決定していることがわかる。そのため，図 4-15 の回路は，差動増幅回路ともよばれている [19]。

【19】差動増幅回路については 9 章で詳しく学ぶ。

4-4-4 コンデンサを用いた微分・積分回路

図 4-7 の負帰還オペアンプの反転入力端子に挿入した抵抗は，$i = v / R$ の関係式に基づき V-I 変換する。一方，コンデンサは，微分演算により電圧を電流に変換する機能をもつので [20]，

$$i = \frac{dQ}{dt} = C\frac{dv}{dt} \qquad (4\text{-}44)$$

【20】コンデンサに流れ込む電流を i としたとき，コンデンサ電圧 v は，電流が流れ込んだ側を正極，反対側を負極とした場合の電位差である。

と表される。式 4-44 より，コンデンサに流れ込む電流 i_C は，コンデンサの両端の電位差の微分に比例する。したがって，図 4-7 の抵抗をコンデンサに置き換えた図 4-16 (a) の回路は，微分を伴う V-I 変換を行う。

また，バーチャルショートにより，反転入力端子のノード電圧は v_1 となることから，次式が得られる。

$$i_C = C\frac{d}{dt}(v_2 - v_1) \qquad (4\text{-}45)$$

つまり，端子 1 および 2 の入力電圧の差 $v_2 - v_1$ の微分量に容量値を掛けたものが，コンデンサに流れ込む電流 i_C となる。しかし，オペアンプの内部に電流は流れ込まないことから，i_C はすべて帰還部を流れる。

図 4-16 (a) の V-I 変換回路の帰還部に抵抗を挿入して，I-V 変換を行うと，図 4-16 (b) のコンデンサを用いた**微分回路**になる。非反転入力端子はグラウンドに接地されている。バーチャルショートにより，反転入力端子のノードも 0 V になる。よって，コンデンサの微分作用で電圧から変換された電流 i_C は次式で表される。

$$i_C = C\frac{dv_i}{dt} \qquad (4\text{-}46)$$

また，0 V から抵抗 R_f で降下した電圧が出力となることから，v_o は，

$$v_o = 0 - i_C R_f = -CR_f\frac{dv_i}{dt} \qquad (4\text{-}47)$$

と表される。

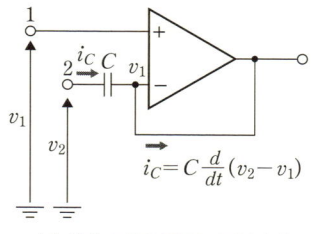

$$i_C = C\frac{d}{dt}(v_2 - v_1)$$

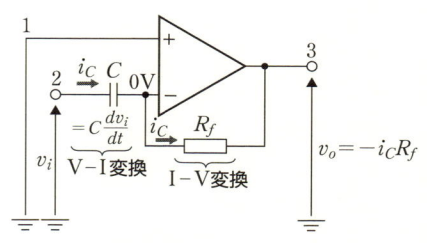

(a) 微分を伴う電圧－電流変換　　　　　(b) 微分回路

図 4-16　コンデンサを用いた微分回路

次に，式 4-44 の両辺を積分すると，次式になる。

$$v = \frac{1}{C} \int i \, dt \tag{4-48}$$

すなわち，コンデンサは，電流の積分演算により電圧に変換する機能（I-V 変換）をもつ。そのため，図 4-8 の帰還抵抗をコンデンサに置き換えた図 4-17 (a) の回路は，積分を伴う I-V 変換を行う。

また，バーチャルショートにより，反転入力端子の電圧 v_1 は 0 V となることから，出力 v_3 は，v_1 からコンデンサでの電圧降下 v_C を引いた次式で表される。

$$v_3 = v_1 - v_C = -\frac{1}{C} \int i_2 \, dt \tag{4-49}$$

図 4-17 (a) の回路の反転入力端子の前段に抵抗を挿入し，V-I 変換を行うと，図 4-17 (b) のコンデンサを用いた**積分回路**になる。非反転入力端子は，グラウンドに接地されると，バーチャルショートにより，反転入力端子のノードも 0 V になる。よって，抵抗により電圧から変換された電流 i_R は次式で表される。

$$i_R = \frac{v_i}{R} \tag{4-50}$$

また，コンデンサの積分作用で電流は電圧 v_C に変換され，次式を得る。

$$v_C = \frac{1}{C_f} \int i_R \, dt = \frac{1}{C_f R} \int v_i \, dt \tag{4-51}$$

よって，出力電圧は次式で表される。

$$v_o = 0 - v_C = -\frac{1}{C_f R} \int v_i \, dt \tag{4-52}$$

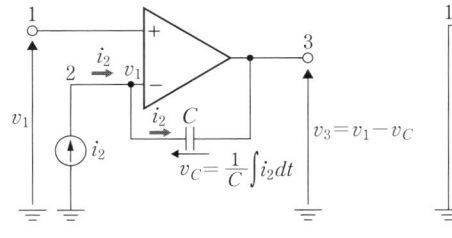

(a) 積分を伴う電流-電圧回路

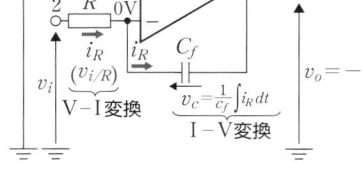

(b) 積分回路

図 4-17　コンデンサを用いた積分回路

　図4-9の反転増幅回路は，抵抗を用いたV-I変換とI-V変換を組み合わせて動作することを説明した。これらの変換は，複素数表示でも成り立つ。すなわち，抵抗を一般的な複素インピーダンス[21] に置き換え，電圧と電流を$\dot{V}$と$\dot{I}$のように複素表示することで，複素$\dot{V}$-$\dot{I}$変換に拡張することができる。複素インピーダンス表現は，抵抗のみならずコンデンサやインダクタも，積分や微分を用いないで代数的に扱え，入出力信号間の位相差や周波数特性を表すことができる。

　図4-18は，図4-9の反転増幅回路を複素表示した回路図である。抵抗R_sとR_fが，複素インピーダンス$\dot{Z}_s$と$\dot{Z}_f$に置き換わり，電圧と電流も複素表示されている。

【21】複素インピーダンスは，実部と虚部をもつ。変数には，「・（ドット）」つけることで区別する。受動素子の複素インピーダンス表現については，1-1-2を参照されたい。

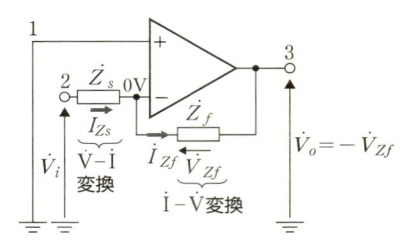

図4-18　複素インピーダンス表現による電圧-電流変換と電流-電圧変換を行うオペアンプ回路

　バーチャルショートより，反転入力端子のノードの電位は0Vであるから，複素インピーダンス$\dot{Z}_s$に流れる電流$\dot{I}_{Zs}$は，

$$\dot{I}_{Zs} = \frac{\dot{V}_i - 0}{\dot{Z}_s} = \frac{\dot{V}_i}{\dot{Z}_s} \tag{4-53}$$

と表される。また，オペアンプ内に電流は流れ込まないため，$\dot{I}_{Zs} = \dot{I}_{Zf}$となる。よって，複素インンピーダンス$\dot{Z}_f$での電圧降下$\dot{V}_{Zf}$は次式で表される。

$$\dot{V}_{Zf} = \dot{I}_{Zf}\dot{Z}_f = \frac{\dot{V}_i}{\dot{Z}_s}\dot{Z}_f \tag{4-54}$$

　出力電圧$\dot{V}_o$は，反転入力端子の電圧0Vから$\dot{V}_{Zf}$を引いたものになることから，

$$\dot{V}_o = -\dot{V}_{Zf} = -\frac{\dot{Z}_f}{\dot{Z}_s}\dot{V}_i \tag{4-55}$$

と表される。したがって，電圧増幅度$\dot{A}_v$は次式のように複素表現で表される。

$$\dot{A}_v = \frac{\dot{V}_o}{\dot{V}_i} = -\frac{\dot{Z}_f}{\dot{Z}_s} \qquad (4\text{-}56)$$

式 4-56 の $\dot{A}_v$ を**複素電圧増幅度**とよぶことにする[22]。

微分回路の複素表示

前項で示した図 4-16 (b) の微分回路について，複素表示を適用する。$\dot{Z}_s$ と $\dot{Z}_f$ は，

$$\dot{Z}_s = \frac{1}{j\omega C} \qquad (4\text{-}57)$$

$$\dot{Z}_f = R_f \qquad (4\text{-}58)$$

と表される。$\omega\,[\mathrm{rad/s}]$ は，入力交流電圧の角周波数を表す。式 4-57 および式 4-58 を式 4-56 に代入すると，複素電圧増幅度は次式で表される。

$$\dot{A}_v = -\frac{\dot{Z}_f}{\dot{Z}_s} = -j\omega CR_f \qquad (4\text{-}59)$$

ここで，式 4-59 と微分回路の出力電圧式 4-47 との対応関係について考える。角周波数 $\omega\,[\mathrm{rad/s}]$，振幅 1 V の正弦波交流電圧 $v_i(t) = \sin\omega t\,[\mathrm{V}]$ を図 4-17 (a) の微分回路に入力すると，式 4-47 より出力電圧は次式のように表される[23]。

$$v_o(t) = -CR_f\frac{d}{dt}\sin\omega t = \omega CR_f\sin\left(\omega t - \frac{\pi}{2}\right) \qquad (4\text{-}60)$$

式 4-60 より，入力正弦波交流電圧は ωCR_f 倍に増幅され，位相が $\pi/2\,\mathrm{rad}$ 遅れることがわかる。通常の微分回路では位相が $\pi/2\,\mathrm{rad}$ 進むが，図 4-17 (a) の微分回路は反転増幅回路の中に微分機能が組み込まれているため，反転による $\pi\,\mathrm{rad}$ の位相遅れ（あるいは位相進み）が加わり，結果的に位相が $\pi/2\,\mathrm{rad}$ 遅れる。

上述のことは，式 4-59 の複素電圧増幅度の $-j\left(=e^{-j\frac{\pi}{2}}\right)$ が，$\pi/2\,\mathrm{rad}$ の位相遅れを意味し，ωCR_f が電圧増幅度に対応する。

積分回路の複素表示

図 4-17 (b) の積分回路について，複素表示を適用する。$\dot{Z}_s$ と $\dot{Z}_f$ は，

$$\dot{Z}_s = R \qquad (4\text{-}61)$$

$$\dot{Z}_f = \frac{1}{j\omega C_f} \qquad (4\text{-}62)$$

と表され，式 4-61 と式 4-62 を式 4-56 に代入すると，複素電圧増幅度は次式で表される。

$$\dot{A}_v = -\frac{\dot{Z}_f}{\dot{Z}_s} = j\frac{1}{\omega C_f R} \qquad (4\text{-}63)$$

ここで，式 4-63 と積分回路の出力電圧式 4-52 との対応関係について考える。角周波数 $\omega\,[\mathrm{rad/s}]$，振幅 1 V の正弦波交流電圧 $v_i(t) = \sin\omega t\,[\mathrm{V}]$ を図 4-17 (b) の積分回路に入力すると，式 4-52

【22】一般的な複素電圧増幅度 $\dot{G}$ は，複素インピーダンスで表されるので，虚数単位 j と角周波数 $\omega\,[\mathrm{rad/s}]$ の積の関数になる。$\dot{G}$ は，**伝達関数**と関係が深い。ラプラス変換領域で表された伝達関数を $G(s)$ とすると，$s = j\omega$ を代入した $G(j\omega)$ を**周波数伝達関数**というが，複素電圧増幅度と同じものである。

【23】三角関数の性質から，式 4-60 において，
$\cos\omega t = -\sin\left(\omega t - \frac{\pi}{2}\right)$ が成り立つ。

【24】三角関数の性質から，式 4-64 において，

$$\cos \omega t = \sin\left(\omega t + \frac{\pi}{2}\right)$$

が成り立つ。

より出力電圧は積分定数 K を用いて次式のように表される[24]。

$$v_o(t) = -\frac{1}{C_f R}\int \sin\omega t\,dt = \frac{1}{\omega C_f R}\sin\left(\omega t + \frac{\pi}{2}\right) - \frac{K}{C_f R}$$

$$(4\text{-}64)$$

式 4-64 より，入力正弦波交流電圧は，$1/(\omega CR_f)$ 倍に減衰され，位相が $\pi/2\,\mathrm{rad}$ 進むことがわかる。通常の積分回路では位相が $\pi/2\,\mathrm{rad}$ 遅れるが，反転による $\pi\,\mathrm{rad}$ の位相進みが加わり，結果的に位相が $\pi/2\,\mathrm{rad}$ 進む。

上述のことは，式 4-63 の複素電圧増幅度の $j\left(=e^{j\frac{\pi}{2}}\right)$ が，$\pi/2\,\mathrm{rad}$ の位相進みを意味し，$1/(\omega CR_f)$ が電圧増幅度に対応する。

4-5-2 電圧増幅度の周波数特性

式 4-59 や式 4-63 の例からわかるように，複素電圧増幅度 $\dot{A}_v$ は，複素数と角周波数の積 $j\omega$ の関数であり，$\dot{A}_v = A_v(j\omega)$ と表すと，そのことが明確になる[25]。複素電圧増幅度の大きさ（振幅）$|A_v(j\omega)|$ や利得に変換した $20\log|A_v(j\omega)|\,[\mathrm{dB}]$ および位相 $\angle A_v(j\omega)$ は，周波数 $f = \omega/2\pi$ に依存して変化するため，グラフ化して特徴を捉えられる。横軸を対数軸で表現した周波数とし，縦軸を電圧利得としたグラフを**周波数 - 電圧利得特性**とよび，縦軸を位相としたグラフを**周波数 - 位相特性**とよぶ[26]。利得と位相の周波数に対する特性を単に**周波数特性**ということが多い。

【25】複素電圧増幅度 $A(j\omega)$ は複素関数であるが，絶対値 $|A(j\omega)| = \sqrt{(\mathrm{Re}(A(j\omega)))^2 + (\mathrm{Im}(A(j\omega)))^2}$ と偏角 $\angle A(j\omega) = \tan^{-1}\dfrac{\mathrm{Im}(A(j\omega))}{\mathrm{Re}(A(j\omega))}$（極座標表現）を用いて，

$$A(\omega) = |A(j\omega)|\,e^{j\angle A(j\omega)}$$

のように表すことができる。$\mathrm{Re}(x)$ および $\mathrm{Im}(x)$ は，複素関数 x の実数部および虚数部を表す。

【26】電圧増幅度を周波数軸上で表したグラフは，ボード線図（Bode diagram）という。周波数 - 電圧利得特性と周波数 - 位相特性は，各々ゲイン線図および位相線図とよばれている。

微分回路の周波数特性　式 4-59 の微分回路の電圧利得と位相は次式で表される。

$$20\log|A_v(j\omega)| = 20\log(2\pi f CR_f)$$

$$= 20\log f - 20\log\frac{1}{2\pi CR_f} \qquad (4\text{-}65)$$

$$\angle A_v(j\omega) = -\frac{\pi}{2} \qquad (4\text{-}66)$$

これらの特性を重ねてグラフ表示すると，図 4-19（a）になる。周波数 - 電圧利得特性は，$f = 1/(2\pi CR_f)$ のときに 0 dB を通り，20 dB/decade の正の傾きをもつ。したがって，周波数が 10 倍になると，利得は 20 dB 増加する。一方，$A_v(j\omega)$ に実部は存在しないため，位相は周波数によらず，$-\pi/2\,\mathrm{rad}$ で一定となる。

積分回路の周波数特性　式 4-63 の積分回路の電圧利得と位相は，次式で表される。

$$20 \log |A_v(j\omega)| = 20 \log \frac{1}{2\pi f C R_f}$$

$$= -20 \log f + 20 \log \frac{1}{2\pi C R_f} \qquad (4\text{-}67)$$

$$\angle A_v(j\omega) = \frac{\pi}{2} \qquad (4\text{-}68)$$

これらの特性を重ねてグラフ表示すると、図4-19(b)になる。周波数 − 電圧利得特性は、$f = 1/(2\pi C R_f)$ のときに0dBを通り、−20dB/decade の負の傾きをもつ。したがって、周波数が10倍になると、利得は −20dB 減少する。一方、$A_v(j\omega)$ に実部は存在しないため、位相は周波数によらず、$\pi/2\,\text{rad}$ で一定となる。

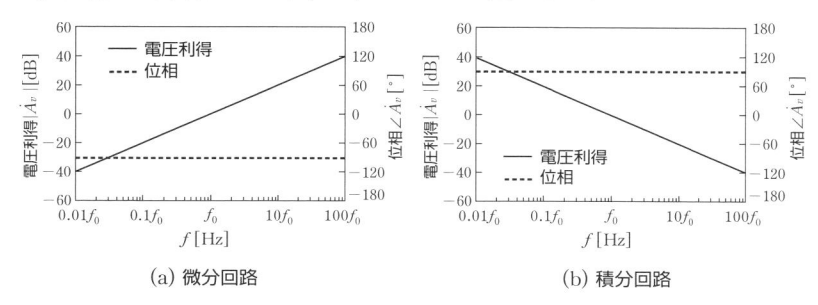

(a) 微分回路　　　　　　　　　　(b) 積分回路

図4-19　微分回路と積分回路の周波数特性 $(f_0 = 1/(2\pi C R_f))$

4-5-3　実用的な微分および積分回路とフィルタ

実用的な微分回路　　図4-16(b)の微分回路の周波数特性(図4-19(a))は、周波数に比例して電圧利得が単調に増加する。そのため、入力電圧に含まれる高周波雑音などは増幅され、発振現象[27] を生じる可能性もあり、必ずしも実用的でない。そこで、図4-20(a)に示すように、コンデンサ C_s に抵抗 R_s を直列に挿入することで、実用的な微分回路を構成する。

　ここで、実用微分回路の複素電圧増幅度を求める。図4-20(a)の複素インピーダンス $\dot{Z}_s$ と $\dot{Z}_f$ は次式で表される。

$$\dot{Z}_s = R_s + \frac{1}{j\omega C_s} \qquad (4\text{-}69)$$

$$\dot{Z}_f = R_f \qquad (4\text{-}70)$$

したがって、式4-56より、複素電圧増幅度は次式で表される。

$$\dot{A}_v = -\frac{\dot{Z}_f}{\dot{Z}_s} = -\frac{R_f}{R_s}\frac{1}{1 + \dfrac{1}{j\omega C_s R_s}} \qquad (4\text{-}71)$$

【27】帰還に基づく発振現象については6章で説明する。

また，電圧利得と位相は次式で表される。

$$20 \log | A_v(j\omega) | = 20 \log \frac{R_f}{R_s} - 20 \log \sqrt{1 + \left(\frac{1}{2\pi f C_s R_s}\right)^2}$$

$$(4\text{-}72)$$

$$\angle A_v(j\omega) = -\frac{\pi}{2} - \tan^{-1}(2\pi f C_s R_s) \qquad (4\text{-}73)$$

式 4-72 をグラフ表示する際，平方根に着目し，以下の 3 つの周波数領域に分けて近似するとわかりやすい。

(i) $\dfrac{1}{2\pi f C_s R_s} \gg 1$ （すなわち $f \ll \dfrac{1}{2\pi C_s R_s}$）の場合

$$20 \log | A_v(j\omega) | \approx 20 \log \frac{R_f}{R_s} + 20 \log f - 20 \log \frac{1}{2\pi C_s R_s}$$

$$(4\text{-}74)$$

式 4-74 は，$f = 1/(2\pi C_s R_s)$ のとき $20 \log R_f/R_s$ [dB] を通り，傾き 20 dB/decade の直線となる。

(ii) $\dfrac{1}{2\pi f C_s R_s} = 1$ （すなわち $f = \dfrac{1}{2\pi C_s R_s}$）の場合

$$20 \log | A_v(j\omega) | \approx 20 \log \frac{R_f}{R_s} - 20 \log \sqrt{2} \qquad (4\text{-}75)$$

式 4-75 は，$f = 1/(2\pi C_s R_s)$ のとき $20 \log R_f/R_s - 3.0$ [dB] を通ることを意味する。

(iii) $\dfrac{1}{2\pi f C_s R_s} \ll 1$ （すなわち $f \gg \dfrac{1}{2\pi C_s R_s}$）の場合

$$20 \log | A_v(j\omega) | \approx 20 \log \frac{R_f}{R_s} \qquad (4\text{-}76)$$

式 4-76 は定数なので，電圧利得は周波数によらず一定となる。

上記 (i)〜(iii) をもとに，$f_0 = 1/(2\pi C_s R_s)$，$G_0 = 20 \log R_f/R_s$ とおくと，周波数 - 電圧利得特性は，図 4-20 (b) の実線になる。

$f \ll f_0$ では，式 4-74 の傾き正の直線に漸近し，微分が行える領域となる。$f \gg f_0$ では，一定値 G_0 に漸近し，電圧利得が制限されることで回路が安定化する。また，2 つの領域の境界にあたる $f = f_0$ では，電圧利得が G_0 より 3.0（正確には $10 \log 2$）dB 減衰する。

次に，式 4-73 で表される位相 $\angle A_v(j\omega)$ についても，(i)〜(iii) に場合分けして概形を考える。$\tan^{-1} x$ は $x \ll 1$ で 0 rad（すなわち 0°）に漸近するため，$f \ll f_0$ のとき $\angle A_v(j\omega)$ は，$-\pi/2$ rad（すなわち $-90°$）に漸近する。また，$\tan^{-1} x$ は $x = 1$ で $\pi/4$ rad となるため，$f = f_0$ のとき $\angle A_v(j\omega)$ は，$-3\pi/4$ rad（すなわち $-135°$）となる。さらに，$\tan^{-1} x$ は $x \gg 1$ で $\pi/2$ rad となるため，$f \gg f_0$ のとき $\angle A_v$

$(j\omega)$ は，$-\pi\,\mathrm{rad}$（すなわち $-180°$）に漸近する。以上より，周波数 – 位相特性は図 4-20 (b) の破線になる。

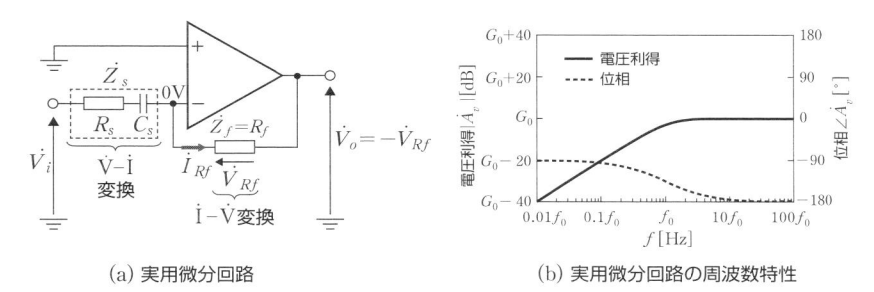

(a) 実用微分回路　　　　　　　(b) 実用微分回路の周波数特性

図 4-20　実用的な微分回路と周波数特性

実用的な積分回路

次に，実用積分回路について説明する。
図 4-17 (b) の積分回路の周波数特性（図 4-19 (b)）は，周波数が減少するにしたがって電圧利得が単調に増加する。そのため，入力電圧に含まれる直流バイアス成分の変動が大きく増幅されて出力され，オペアンプの出力可能電圧に達する（飽和）可能性がある。そこで，図 4-21 (a) に示すように，コンデンサ C_f と並列に抵抗 R_f を挿入することで，実用的な積分回路を構成する。

ここで，実用積分回路の複素電圧増幅度を求める。図 4-21 (a) の複素インピーダンス $\dot{Z}_s$ と $\dot{Z}_f$ は次式で表される。

$$\dot{Z}_s = R_s \tag{4-77}$$

$$\dot{Z}_f = R_f \,//\, \dot{Z}_{C_f} = \frac{R_f}{j\omega C_f R_f + 1} \tag{4-78}$$

したがって，式 4-56 より，複素電圧増幅度は次式で表される。

$$\dot{A}_v = -\frac{\dot{Z}_f}{\dot{Z}_s} = -\frac{R_f}{R_s}\frac{1}{1 + j\omega C_f R_f} \tag{4-79}$$

また，電圧利得と位相は次式で表される。

$$20\log|A_v(j\omega)| = 20\log\frac{R_f}{R_s} - 20\log\sqrt{1 + (2\pi f C_f R_f)^2} \tag{4-80}$$

$$\angle A_v(j\omega) = \pi - \tan^{-1}(2\pi f C_f R_f) \tag{4-81}$$

式 4-80 をグラフ表示する際，平方根に着目し，以下の 3 つの周波数領域に分けて近似するとわかりやすい。

(i)　$2\pi f C_f R_f \ll 1$　（すなわち $f \ll \dfrac{1}{2\pi C_f R_f}$）の場合

$$20\log|A_v(j\omega)| \approx 20\log\frac{R_f}{R_s} \tag{4-82}$$

式 4-82 は定数なので，電圧利得周波数によらず一定となる。

(ii)　$2\pi f C_f R_f = 1$　（すなわち $f = \dfrac{1}{2\pi C_f R_f}$）の場合

$$20\log|A_v(j\omega)| \approx 20\log\frac{R_f}{R_s} - 20\log\sqrt{2} \tag{4-83}$$

式4-83 は，$f = 1/(2\pi C_f R_f)$ のとき $20\log R_f/R_s - 3.0\,[\mathrm{dB}]$ を通ることを意味する。

(iii)　$2\pi f C_f R_f \gg 1$　（すなわち $f \gg \dfrac{1}{2\pi C_f R_f}$）の場合

$$20\log|A_v(j\omega)| \approx 20\log\frac{R_f}{R_s} - 20\log f + 20\log\frac{1}{2\pi C_f R_f}$$

$$(4\text{-}84)$$

式4-84 は，$f = 1/(2\pi C_f R_f)$ のとき $20\log R_f/R_s\,[\mathrm{dB}]$ を通り，傾き $-20\,\mathrm{dB/decade}$ の直線となる。

上記 (i)〜(iii) をもとに，$f_0 = 1/(2\pi C_f R_f)$，$G_0 = 20\log R_f/R_s$ とおくと，周波数−電圧利得特性は図4-21(b) の実線になる。

$f \ll f_0$ では，一定値 G_0 に漸近し，電圧利得が制限されることで回路が安定化する。$f \gg f_0$ では，式4-84 の傾き負の直線に漸近し，積分が行える領域となる。また，2つの領域の境界にあたる $f = f_0$ では，電圧利得が G_0 よりも $3.0\,\mathrm{dB}$ 減衰する。

最後に，式4-81 の位相 $\angle A_v(j\omega)$ についても，(i)〜(iii) に場合分けして概形を考える。$\tan^{-1}x$ は $x \ll 1$ で $0\,\mathrm{rad}$（すなわち $0°$）に漸近するため，$f \ll f_0$ のとき，$\angle A_v(j\omega)$ は $\pi\,\mathrm{rad}$（すなわち $180°$）に漸近する。また，$\tan^{-1}x$ は $x = 1$ で $\pi/4\,\mathrm{rad}$ となるため，$f = f_0$ のとき $\angle A_v(j\omega)$ は $3\pi/4\,\mathrm{rad}$（すなわち $135°$）となる。さらに，$\tan^{-1}x$ は $x \gg 1$ で $\pi/2\,\mathrm{rad}$ となるため，$f \gg f_0$ のとき $\angle A_v(j\omega)$ は $\pi/2\,\mathrm{rad}$（すなわち $90°$）に漸近する。以上より，周波数−位相特性は図4-21(b) の破線になる。

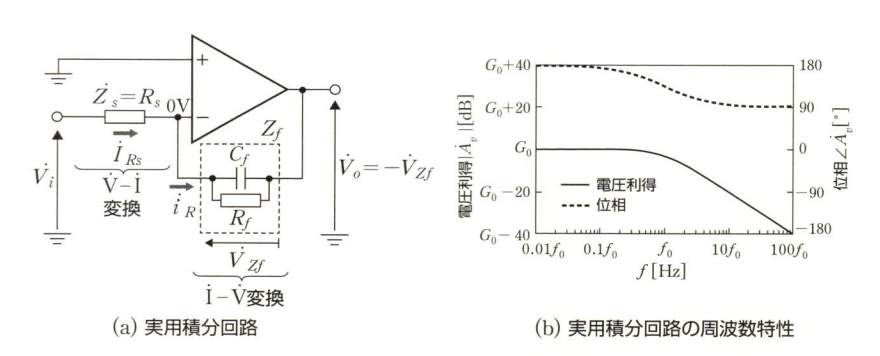

(a) 実用積分回路　　　　　(b) 実用積分回路の周波数特性

図4-21　実用的な積分回路と周波数特性

【28】Sallen-Key 型 の LPF 回路のように能動素子を用いたフィルタをアクティブフィルタとよぶ。
　一方，受動素子だけで構成されるフィルタをパッシブフィルタとよぶ。

4-5-4　オペアンプを用いたフィルタ回路

低域通過フィルタ（LPF：low pass filter）

次に，オペアンプを用いた Sallen-Key 型の LPF 回路[28] を図4-22(a) に示す。図より，次式が成立する。

$$\dot{V}_i = R_1\left(j\omega C_1 + \frac{1}{R_2}\right)\left(\dot{V}_{n1} - \dot{V}_o\right) + \dot{V}_{n1} \tag{4-85}$$

$$\dot{V}_{n1} = (1 + j\omega C_2 R_2)\,\dot{V}_o \tag{4-86}$$

したがって，入出力電圧の関係は，

$$\dot{V}_o = \frac{1}{(j\omega)^2 C_1 C_2 R_1 R_2 + j\omega C_2 (R_1 + R_2) + 1}\,\dot{V}_i \tag{4-87}$$

と表され，複素電圧増幅度は次式で表される[29]。

$$\dot{A}_v = \frac{1}{(j\omega)^2 C_1 C_2 R_1 R_2 + j\omega C_2 (R_1 + R_2) + 1} \tag{4-88}$$

また，LPF の**遮断周波数**[30] は次式で表される。

$$\omega_c = \frac{1}{\sqrt{R_1 R_2 C_1 C_2}} \quad \left(f_c = \frac{1}{2\pi\sqrt{R_1 R_2 C_1 C_2}}\right) \tag{4-89}$$

図 4-22 (b) に LPF の周波数特性例を示す。$R_1 = R_2 = 1\,\mathrm{k\Omega}$ および $C_1 = 2\,\mu\mathrm{F}$，$C_2 = 1\,\mu\mathrm{F}$ とすると[31]，$\omega_c = 1000/\sqrt{2} = 707.11\,\mathrm{rad/s}$ となる。

【29】ラプラス変換（$s = j\omega$）を用いた式 4-88 の LPF の複素電圧増幅度は，伝達関数といわれ，次式で表される。

$$A_v(s) = \frac{1}{C_1 C_2 R_1 R_2 s^2 + C_2 (R_1 + R_2)s + 1}$$

【30】電圧増幅度の大きさが，周波数に対して低下して，$1/\sqrt{2}$ 倍（3 dB の利得の低下）になるときの周波数を遮断周波数という。

【31】素子値の比を $R_1 = R_2$ および $C_1 = 2C_2$ となるように選ぶとき，図 4-22 (b) のようなバターワース特性の LPF となる。バターワースフィルタの通過域は，最大平坦特性となる。

また，図 4-23 (b) は，HPF のバターワース特性である。

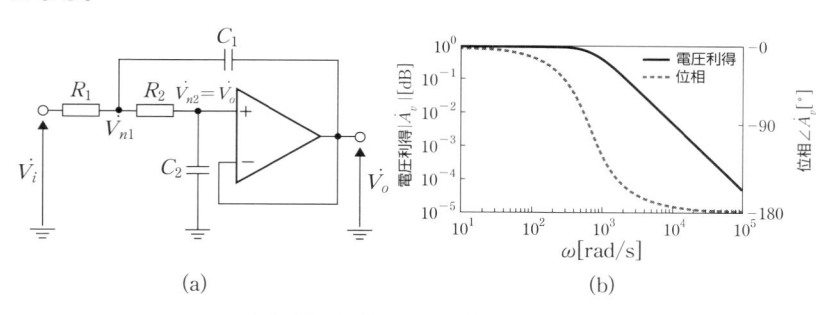

図 4-22　**Sallen-Key 型の LPF 回路**

高域通過フィルタ
（HPF : high pass filter）

次に，オペアンプを用いた Sallen-Key 型の HPF 回路を図 4-23 (a) に示す。図より，次式が成立する

$$\dot{V}_{n1} = \left(\frac{1}{j\omega C_2 R_2} + 1\right)\dot{V}_o \tag{4-90}$$

$$\dot{V}_i = \frac{1}{j\omega C_1}\left(\frac{1}{R_1} + j\omega C_2\right)\left(\dot{V}_{n1} - \dot{V}_o\right) + \dot{V}_{n1} \tag{4-91}$$

したがって，入出力電圧の関係は，

$$\dot{V}_o = \frac{(j\omega)^2 C_1 C_2 R_1 R_2}{(j\omega)^2 C_1 C_2 R_1 R_2 + j\omega R_1 (C_1 + C_2) + 1}\,\dot{V}_i \tag{4-92}$$

と表され，複素電圧増幅度は次式で表される[32]。

$$\dot{A}_v = \frac{(j\omega)^2 C_1 C_2 R_1 R_2}{(j\omega)^2 C_1 C_2 R_1 R_2 + j\omega R_1 (C_1 + C_2) + 1} \tag{4-93}$$

また，HPF の遮断周波数は次式で表される。

【32】ラプラス変換（$s = j\omega$）を用いた式 4-93 の HPF の複素電圧増幅度は，伝達関数といわれ，次式で表される。

$$A_v(s) = \frac{C_1 C_2 R_1 R_2 s^2}{C_1 C_2 R_1 R_2 s^2 + R_1 (C_1 + C_2)s + 1}$$

$$\omega_c = \frac{1}{\sqrt{R_1 R_2 C_1 C_2}} \quad \left(f_c = \frac{1}{2\pi\sqrt{R_1 R_2 C_1 C_2}} \right) \tag{4-94}$$

図4-23(b) に HPF の周波数特性例を示す。$R_1 = 2\,\mathrm{k\Omega}$, $R_2 = 1\,\mathrm{k\Omega}$ および $C_1 = C_2 = 1\,\mathrm{F}$ とすると[31], $\omega_c = 1000/\sqrt{2} = 707.11\,\mathrm{rad/s}$ となる。

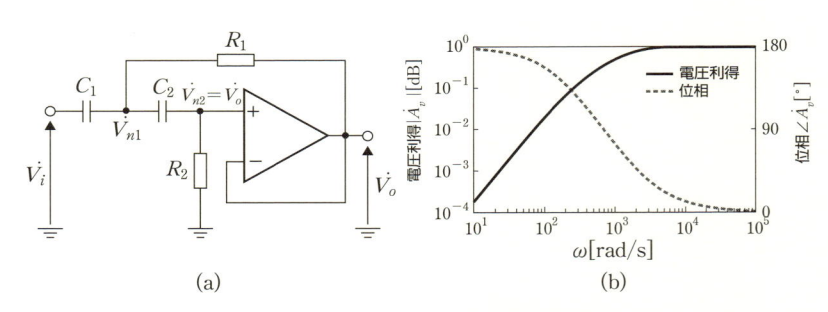

(a)   (b)

図4-23 Sallen-Key 型の HPF 回路

負帰還と周波数特性

おわりに，次式で表される複素電圧増幅度 $\dot{A}_d$ を周波数特性にもつフィルタについて考察する。

$$\dot{A}_d = \frac{A_0}{1 + j\left(\dfrac{\omega}{\omega_L}\right)} \tag{4-95}$$

ここで，A_0 は，$\omega = 0\,\mathrm{rad/s}$ のときの，ある増幅回路の正の電圧増幅度を表し，ω_L は遮断周波数とする[33]。このフィルタに負帰還をかけると，式4-3 より，複素電圧増幅度 $\dot{A}_d'$ は次式で表される。

【33】 $\omega = \omega_L$ のとき，式4-95 の電圧増幅度の大きさは，A_0 の $1/\sqrt{2}$ 倍（3 dB の利得の低下）になるので，ω_L は遮断周波数となる。

$$\dot{A}_d' = \frac{\dot{A}_d}{1 + \dot{A}_d \beta} = \frac{\dfrac{A_0}{1 + A_0 \beta}}{1 + j\left\{\dfrac{\omega}{\omega_L(1 + A_0 \beta)}\right\}} \tag{4-96}$$

式4-95 および式4-96 の複素電圧増幅度の大きさの周波数－電圧利得特性の概念図を図4-24 に示す。破線の特性が負帰還なし，実線の特性が負帰還ありの特性である。負帰還の効果により，通過帯域の増幅度は，$1/(1 + A_0\beta)$ 倍に低下する。しかし，帯域幅は，$(1 + A_0\beta)$ 倍に広がることがわかる[34]。

【34】 負帰還をかける前の特性の利得 A_0 と帯域幅（ω_L に相当）の積を $A_0\omega_L$ と表す。負帰還後の利得と帯域幅の積は，次式で表される。

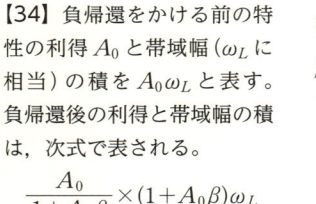

$\dfrac{A_0}{1 + A_0\beta} \times (1 + A_0\beta)\omega_L$

$= A_0\omega_L$

利得（gain）と帯域幅（band-width）の積（**GB 積**）は一定値となるので，両者はトレードオフの関係にある。

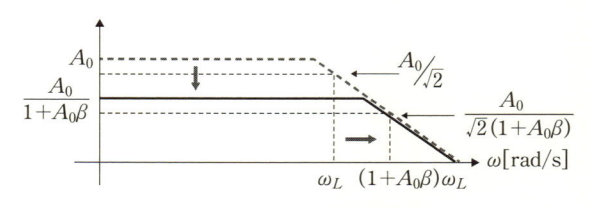

図4-24 負帰還の周波数特性

1. 図1のオペアンプ回路について，以下の問に答えな
さい。ただし，$R_1 = 5.0\,\text{k}\Omega$，$R_f = 80\,\text{k}\Omega$ および
$V_{CC} = V_{EE} = 15\,\text{V}$ とし，オペアンプは理想的な
特性をもつものとする。

(1) 回路方程式を立て，電圧増幅度 A_v を求めなさい。

(2) 周波数 $f = 100\,\text{Hz}$，振幅 $0.5\,\text{V}$ の正弦波交流電
圧を入力したとき，出力電圧波形 $v_o(t)$ を描きな
さい。

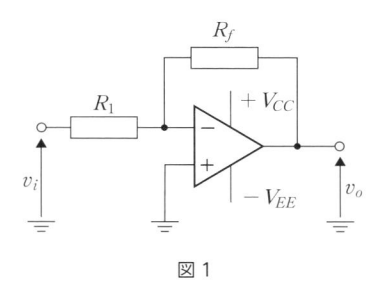

図1

2. 図2のオペアンプ回路について，以下の問に答えな
さい。ただし，$R_1 = 20\,\text{k}\Omega$，$R_f = 100\,\text{k}\Omega$ および
$V_{CC} = V_{EE} = 15\,\text{V}$ とし，オペアンプは理想的な
特性をもつものとする。

(1) 回路方程式を立て，電圧増幅度 A_v を求なさい。

(2) 周波数 $f = 1\,\text{kHz}$，振幅 $2\,\text{V}$ の正弦波交流電圧を
入力したとき，出力電圧波形 $v_o(t)$ を描きなさい。

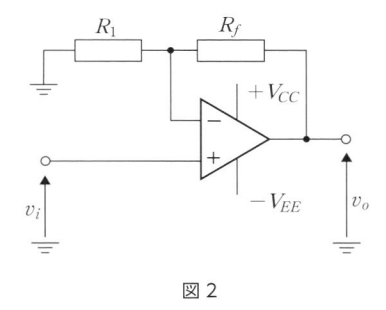

図2

3. 図3のオペアンプ回路について，以下の問
に答えなさい。ただし，$V_{CC} = V_{EE} = 15\,\text{V}$
とし，オペアンプは理想的な特性をもつも
のとする。

(1) 回路方程式を立て，V_o を V_1 と V_2 を用い
て表しなさい。

(2) $V_1 = 1\,\text{V}$ および $V_2 = 0.5\,\text{V}$ としたとき
の出力電圧を求めなさい。

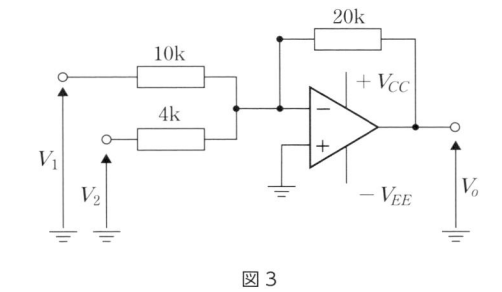

図3

(3) $V_o = -(3V_1 + 2V_2 + V_3)$ を実現する回路を設計して，回路図を描きなさい。なお，
回路図には現実的な値の抵抗値を記しなさい。

4. 理想オペアンプを用いた図4の回路について，複素電圧増幅度 $A_v(j\omega) = \dot{V}_o / \dot{V}_i$ を求めな
さい。ただし，$R_s = 2.4\,\text{k}\Omega$，$R_f = 24\,\text{k}\Omega$，$C_f = 330\,\mu\text{F}$ および $V_{CC} = V_{EE} = 15\,\text{V}$ とする。
また，周波数特性を描きなさい。

5. 次式を求めなさい。

(1) 式 4−71 より，式 4−72 および式 4−73

(2) 式 4−79 より，式 4−80 および式 4−81

(3) 式 4−85 および式 4−86

(4) 式 4−85 と式 4−86 より，式 4−87

(5) 式 4−90 および式 4−91

(6) 式 4−90 と式 4−91 より，式 4−92

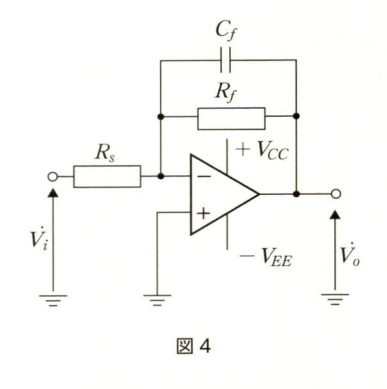

図 4

AD/DA 変換回路

この章のポイント ▶

前章までは，電気信号を増幅する回路について学んできた。増幅回路には，FET やバイポーラトランジスタが使われている。対象とした電圧や電流はアナログ信号である。本章では，デジタル信号を扱う電子回路について学ぶ。主に，アナログ信号をデジタル信号へ変換 (AD 変換) する回路と，デジタル信号をアナログ信号へ変換 (DA 変換) する回路について説明する。以下の項目を目標とする。

① デジタル信号とは，いかなる信号かを理解する。

② デジタル信号をアナログ信号へ変換する回路の動作を理解する。

③ アナログ信号をデジタル信号に変換する回路の動作を理解する。

5-1 | AD/DA 変換の基礎

本節では，電子回路で扱うデジタル信号とはいかなるものかを理解するとともに，アナログ信号をデジタル信号に変換する意義を知る。また，デジタル信号とアナログ信号の相互変換の方法についても理解する。

5-1-1 デジタル信号

これまで扱ってきた電気信号は，物理量 (電圧や電流) が任意に変化する波形 (信号) であるが，連続的に物理量が変化する信号を**アナログ信号** (analog signal) という。一方，物理量の変化に制約があり，不連続な値で変化する信号のことを**デジタル信号** (digital signal) という。不連続な変化とは飛び飛びの値をとることをいい，これを離散的という。

現在，多くの信号はデジタル化されている。一般的に，デジタル信号は 2 進数を用いて表される[1]。すなわち，'1' および '0' の 2 値を用いて表す。電子回路では，この 2 値を 5 V と 0 V のように，連続的な電圧値に対応させ，電気信号を処理する[2]。

デジタル信号は，信号伝送の際に減衰やノイズの影響を受けにくく，また，再現しやすい特長がある。デジタル化された情報 (データ) の保存や伝送時に劣化が少ないため，記録媒体 (CD：compact disc, hard disk, フラッシュメモリ) や通信手段 (携帯電話，スマートフォン，インターネット，放送) として，デジタル方式が採用されている。

ただし，元信号はアナログ信号である場合が多く，連続的に変化するアナログ信号を飛び飛びの値をもつデジタル信号へと変換する必要がある。アナログ信号からデジタル信号への変換は，以下で説明する**標本化** (sampling) と**量子化** (quantization) により行われる。

【1】2 進数で表した数値の 1 桁のことをビット (bit) という。1 ビットは，'1' または '0' の値をとる。

【2】後述するように，デジタル信号が 2 値 (1 および 0) の並びのときは，パルス信号列で対応させることが多い。

【3】 サンプリング間隔は, サンプリング周期(sampling period)やサンプリング時間(sampling time)ともいう。サンプリング周波数は, サンプリングレート(sampling rate)ともいう。

【4】 量子化幅は, 量子化ステップともいう。

標本化と量子化

図5-1に示すように, アナログ信号(図5-1(a))をデジタル信号(図5-1(e))に変換する際には, 2つの処理を行う。1つ目は, 図5-1(b)に示す標本化(または, サンプリング)であり, ある一定間隔 Δt [s] でアナログ値を抽出する。Δt は, **サンプリング間隔**(sampling interval), その逆数 $1/\Delta t$ [Hz] は, **サンプリング周波数**(sampling frequency)とよばれている[3]。サンプリングは, 図5-1(b)のように連続量の横軸(時間軸)を離散化する処理である。サンプリング自体は瞬時に行われるが, 得られたアナログ値をデジタル値に変換する処理時間を確保するために, サンプリング間隔の間は一定値に保つ仕組みが必要となる。この処理は, 後述するサンプルホールド回路で行う。

2つ目は, 図5-1(c)に示すように連続量の縦軸(電圧軸)を離散化する処理である。この処理は量子化とよばれている。縦軸はある一定幅の**量子化幅** ΔV [V] で分割されており[4], サンプリングで抽出された値は, それら分割値のうち, 近い値に割り付けられる。割り付けには, 切り上げ, 切り捨て, 四捨五入の方式がある。

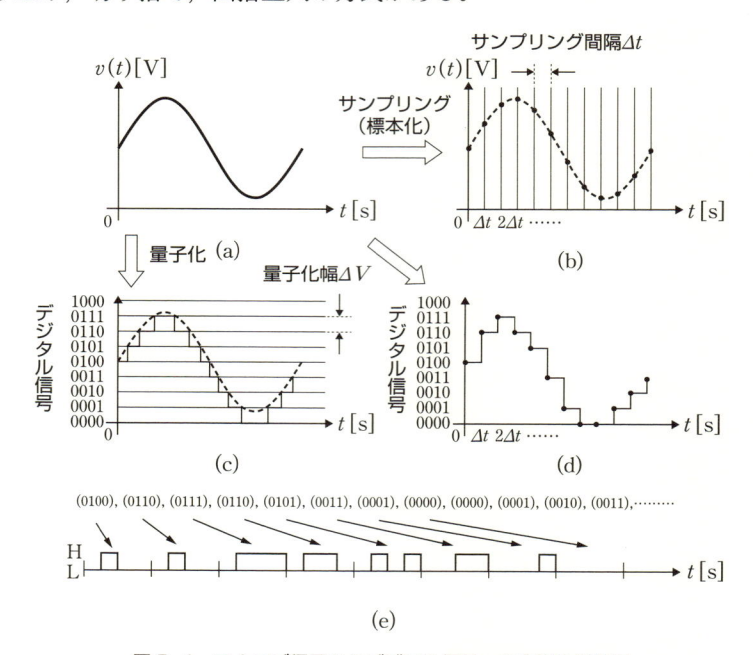

図5-1 アナログ信号からデジタル信号への変換の概念図

以上の処理により得られる図5-1(d)に示すデジタル信号は, **PAM**(pulse amplitude modulation)信号とよばれている。さらに, PAM信号の振幅値を2進数で表し, '1' と '0' の2値信号に変換する。最後に, 図5-1(e)に示すように, PAM信号の値を表す各2進数を並べて, "2進数の羅列" に変換する。このパルス列信号は, **PCM**(pulse code modulation)信号とよばれている。

アナログ信号から変換されたデジタル信号は，伝送されたり，デジタル処理されたりする。通常，処理後のデジタル信号は，ふたたびアナログ信号に変換される。アナログ信号への変換は，PAM信号を低域通過フィルタにより平滑化することで行われる。

変換特性と回路の入出力

ここでは，アナログ信号からデジタル信号へ変換する**AD変換回路**の変換特性および，デジタル信号からアナログ信号へ変換する**DA変換回路**の変換特性について説明する。

図5-2に**AD変換**の入出力信号の関係を示す。図5-2(a)は，入力のアナログ信号の振幅値と出力のデジタル信号の2進数符号の関係を階段状のグラフで表した変換特性である。入力電圧の範囲は0〜1.5 Vとし[5]，出力符号は4ビットの2進数（15分割），量子化幅は0.1 Vである。図より，量子化幅の区間にあるすべての電圧値は，1つの符号に変換されることがわかる[6]。このようにアナログ信号である電圧値をデジタル信号に変換することをAD変換とよぶ。図5-2(b)は，AD変換回路の入力と出力信号の形式である。サンプリングにより抽出された値は2進数に変換され，各桁は並列の電圧値として出力される。

一方，図5-3に**DA変換**の入出力信号の関係を示す。図5-3(a)は，入力の2進数符号のデジタル信号と出力のアナログ信号の振幅値の関係を離散点で表した変換特性である。デジタル信号は量子化されているため，出力電圧値は不連続となる。図5-3(b)は，DA変換回路の入力と出力信号の形式である。2進数符号は，並列入力の電圧，または電流（パルス信号）となり，出力電圧は変換特性から決まる値となる。

【5】入力電圧の範囲は，フルスケールとよばれている。AD変換器はこの範囲で動作させる。

【6】図5-2(a)の線形特性（直線で表されている特性）は，桁数が無限の2進数で表したときの理想変換特性である。

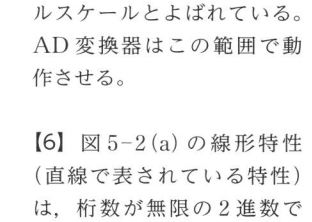

(a)　　　　　　　　　　　(b)

図5-2　AD変換の入出力関係

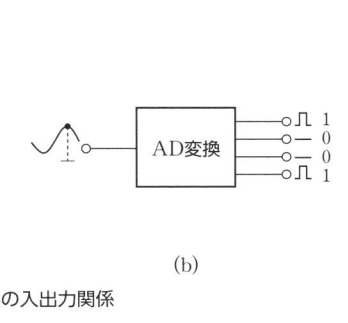

(a)　　　　　　　　　　　(b)

図5-3　DA変換の入出力関係

サンプリング間隔と復元誤差【アドバンスト】

アナログ信号をデジタル信号に変換する過程では，サンプリングを行う。サンプリングにより抽出された電圧値を用いてデジタル信号に変換する。デジタル信号から元のアナログ信号に変換するとき，ある周波数を上限とする元信号と一致復元されることは，**サンプリング定理**(sampling theorem)により保証されている。

しかし，実際のアナログ信号の復元精度は，サンプリング間隔 Δt に大きく依存する。サンプリング間隔が大きすぎる場合(アンダーサンプリング)は，復元は不可能となる(サンプリング定理が不成立)。しかし，十分に短い時間でサンプリングをすると(オーバーサンプリング)，高い精度で復元できる。ただし，デジタル信号を表すビット数は増加する。

サンプリング定理が成立する条件として，サンプリング間隔 Δt と元信号の最大周波数 f_{max} [Hz] [7] から決まる周期 T_{min} [s] $(= 1/f_{max})$ が，次式を満たす必要がある。

$$\Delta t < T_{min}/2 \qquad\qquad (5\text{-}1)$$

式 5-1 は，サンプリング周波数 f_s [Hz] $(= 1/\Delta t)$ [8] と最大周波数 f_{max} の関係として，次式で表すこともできる。

$$f_s > 2f_{max} \quad (= f_n) \qquad\qquad (5\text{-}2)$$

なお，最大周波数の 2 倍の周波数 f_n は，**ナイキスト周波数**(Nyquist frequency)とよばれている [9]。

量子化ステップと量子化誤差【アドバンスト】

次に，デジタル信号をアナログ信号へ復元する際の量子化の影響について説明する。前述したように，量子化においては，サンプリングで抽出された電圧値を四捨五入等により，異なる飛び飛びの値へ割り付ける。したがって，もとの値との間に誤差が生じる。この誤差は**量子化誤差**とよばれている。ここで，量子化誤差について具体的に検討する。図 5-4 に示す変換特性図は，$0 \sim 1.5$ V のアナログ信号の入力範囲を 4 ビットで量子化する例である。出力の 4 ビットで表される数値(2 進数)は，$0000_{(2)} \sim 1111_{(2)}$ の 16 通り $(= 2^4$ 通り$)$ であり，量子化幅(量子化ステップ)は，$\Delta V = 1.5/(2^4 - 1) = 0.1$ V 刻みとなる。たとえば，アナログ値が $0.1 \sim 0.2$ V にあるときには，量子化後の出力値は，0.1 V $\to 0001_{(2)}$ と 0.2 V $\to 0010_{(2)}$ の間になるので，アナログ入力値との間に誤差が生じる。四捨五入による量子化では，誤差の最大値(最大量子化誤差)は，量子化ステップの半分の値になるので，$\Delta V/2 = 0.05$ V である。なお，切り捨てまたは，切り上げによる量子化では，最大量子化誤差は量子化ステップとなる。

サンプリングで抽出された信号を量子化する場合，量子化ビット数と元のアナログ信号の電圧範囲により，量子化ステップが決まる。量子化

[7] アナログ信号は，さまざまな周波数の正弦波や余弦波の合成として表すことができるが，その中で復元する必要があるもっとも高い周波数のことを最大周波数という。

[8] サンプリング周波数の単位は，Hz ではなく S/s (Sample/s：単位時間あたりのサンプリング数)を用いることがある。とくに，オシロスコープの性能を表す場合では，1 GS/s (1 ギガサンプル /s)などと表記する。

[9] ナイキスト周波数以下でサンプリングを行い，アナログ信号を復元すると，実際に存在しない低周波の信号が観測されてしまう。この現象はエイリアシング(aliasing)とよばれている。

範囲を $0 \sim V_{max}$，量子化ビット数を N とすると，量子化ステップ ΔV は次式で表される。

$$\Delta V = V_{max} / (2^N - 1) \tag{5-3}$$

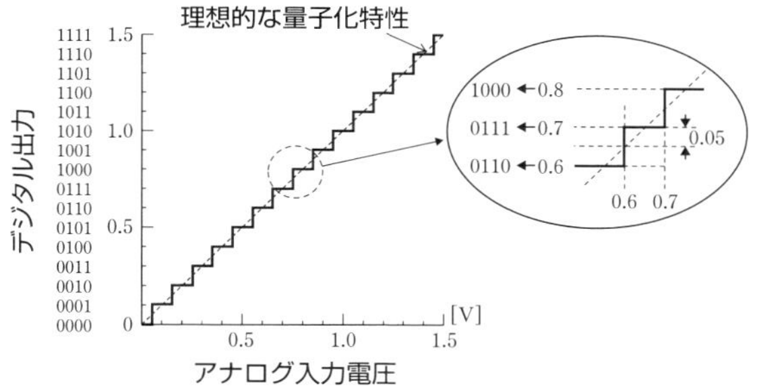

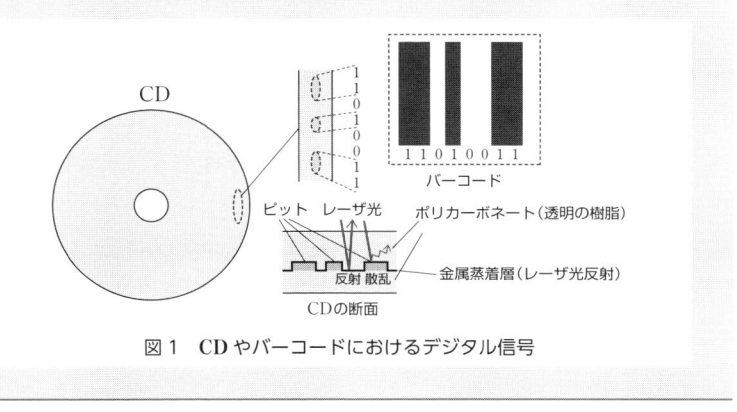

図 5-4 量子化ステップと量子化誤差

◉ ᴄOLUMN　デジタル信号の記録

　図 1 を用いて，CD におけるデジタル信号の扱いについて述べる。ソニー社がフィリップス社と CD を開発した当初，最大周波数を可聴周波数の 20 kHz とし，サンプリング周波数をナイキスト周波数 (40 kHz) より高い 44.1 kHz に定めた。なお，44.1 kHz は，当時ソニー社が保有していた唯一のデジタル変換機器である DAT (デジタルオーディオテープ) の性能による数値といわれている。また，量子化ビット数についてもソニー社の提案による 16 bit が採用された。現在は，ハイレゾと称する 24 bit なども使用されている。

　CD からビット情報を読み取るために，CD の表面は，突起 (ピット) と平坦部 (ランド) が形成されていて，薄い金属膜を蒸着した樹脂で挟み込まれている。CD にレーザ光を当てると，ピットでは光が散乱され，ランドでは反射されるので，反射光を検出することにより，'0' または '1' として読み取ることができる (実際には，凸凹の境界が 1 であり，受光強度変化により 0 と 1 を判断する)。バーコードも同様に，黒と白の線幅で '0' と '1' を表現し，レーザ光の反射 (白) と非反射 (黒) によりビットを判別する。

図 1　CD やバーコードにおけるデジタル信号

5-**1** では，AD 変換および DA 変換の入出力信号に着目してきた。本節では，アナログスイッチ回路を紹介した後，デジタル信号をアナログ信号へ変換する DA 変換回路について説明する。

5-2-**1** アナログスイッチ回路

5-**1** で述べたように，アナログ信号は，サンプリング間隔を区切りとして，2 進数符号のデジタル信号に変換される。また，デジタル信号は，一定時間間隔でアナログ信号へ変換される。

これらの変換を回路で実現するためには，制御信号で制御されるスイッチの動作をする回路（**アナログスイッチ回路**）が必要になる。図 5-5 はアナログスイッチ回路の回路記号であり，制御信号によって 2 つの端子間が短絡／開放のいずれかとなる。

図 5-6(a) および (b) に，エンハンスメント型 MOSFET を用いたアナログスイッチ回路を示す。図 5-5 のようにアナログスイッチは，制御信号が $S=1$ で導通（短絡）し，$V_1 = V_2$ となり，$S=0$ でオープン（開放）となればよい。この動作を実現するために，図 5-6(a) の n チャネル MOS スイッチ回路が考えられるが，エンハンスメント型 MOSFET は，ゲート–ソース間電圧 V_{GS} がしきい値電圧 V_T 以上でないと導通しないため，$V_1 = V_{SS}$ のときは $V_2 = V_{SS}$ となるが，$V_1 = V_{DD}$ のときはゲート–ソース間電圧 $V_{GS} = V_G - V_2 \geq V_T$ となる必要があり，$V_2 = V_{DD} - V_T$ のように，しきい値電圧 V_T だけ電圧が降下してしまう。したがって，n チャネル MOSFET をスイッチとして用いる場合には，プルダウン[10] に適している。一方，p チャネル MOSFET は，n チャネル MOSFET と対称の動作をするため，プルアップ[11] に適している。図 5-6(b) に示すように，n チャネル MOSFET と p チャネル MOSFET を並列に用いることで，プルアップ／プルダウンの両動作に対応できる CMOS スイッチ回路を実現できる。このとき，n チャネル MOSFET と p チャネル MOSFET のゲート電極に加える電位も，V_{DD} と V_{SS} を対称にする必要がある。

【10】 出力電圧をグラウンドレベルに引っ張ることをプルダウンという。

【11】 出力電圧を電源電圧 V_{DD} に引っ張ることをプルアップという。

$$S=0$$
$$V_1 \circ\!\!\!-\!\!\!-\!\!\!-\!\!\!- \circ V_2$$

$$S=1$$
$$V_1 \circ\!\!\!-\!\!\!-\!\!\!-\!\!\!- \circ V_2$$

図 5-5　スイッチと動作

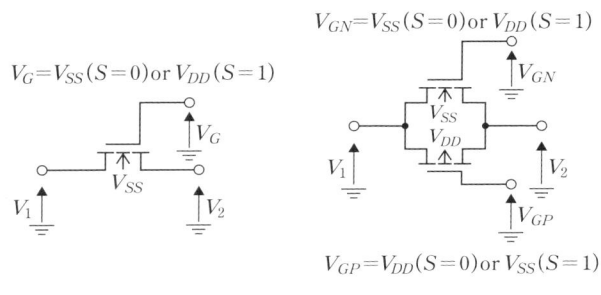

(a) nチャネルMOSスイッチ回路　　　(b) CMOSスイッチ回路

図5-6　MOSFET を用いたスイッチ回路

5-2-2 重み抵抗型 DA 変換器

本節では，代表的な **DA 変換回路**[12] として，**重み抵抗型 DA 変換器**（weight resistance type DA converter）について説明する。この DA 変換器は，2 進数を 10 進数に変換する操作に基づいて動作する。すなわち，2 進数符号のデジタル信号を 10 進数のアナログ電圧信号に変換する際に，2 進数桁の各ビットが表す 10 進数値のアナログ電圧値を生成し，それらの電圧値の加算値をアナログ信号値として出力する。

図5-7 に重み抵抗型 DA 変換回路を示す。抵抗とオペアンプを用いた加算回路から構成されている。n ビットの 2 進数符号 $D_1 \sim D_n$（$D_m = 1$ または 0）[13] が，デジタル信号として入力されると，スイッチ（SW と略記）の制御信号として動作する。抵抗に接続されている各スイッチ回路は，電圧値に応じてオンとオフを行う。$R\,[\Omega]$ の 2 の倍数値の抵抗が並列に接続されているため，SW が閉じられる（SW はオン状態）と，電圧源 V_r に接続された抵抗には電流が流れる。点 a には，SW が閉じられた端子のすべての電流が流れ込み，加算回路の出力には，それらの総和に比例した電圧信号が現れる。

具体的には，図5-7 において SW が $D_m = 1$ では閉じられ，$D_m = 0$ では開くことになる（SW はオフ状態）ので，m 番目の抵抗（抵抗値 $2^m R\,[\Omega]$）[14] を流れる電流 i_m（$1 \leqq m \leqq n$）は，次式で表される。

$$i_m = \frac{V_r}{2^{n-m+1}R}\,D_m \tag{5-4}$$

式5-4 の電流は，抵抗 R_f に電流 i_f として流れ，加算回路[15] により和をとるので，出力電圧 V_o は次式で表される。

$$V_o = -R_f\,i_f = -R_f(i_1 + i_2 + \cdots + i_n)$$
$$= -\frac{R_f\,V_r}{2^n R}(2^{n-1}D_n + 2^{n-2}D_{n-1} + \cdots + 2^1 D_2 + 2^0 D_1) \tag{5-5}$$

したがって，2 進数に対応した SW の閉じ方に応じた電圧値 V_o を出力することができる。

【12】DA 変換回路は，DA 変換器，DA コンバータや DAC とよばれることもある。

【13】2 進数符号の左端桁の D_n は MSB（most significant bit），右端桁の D_1 は LSB（least significant bit）とよばれている。

【14】この抵抗を重み抵抗とよび，図5-7 に示すように，2^m（$m = 1 \sim n$）に比例した大きさの抵抗値をもつ抵抗を組み合わせることを表す。

【15】オペアンプを用いた加算回路の動作については，4-4-1 を参照されたい。

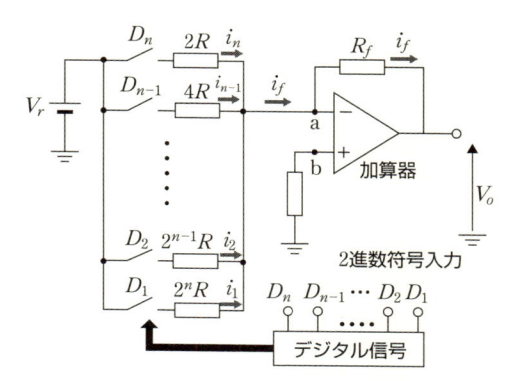

図5-7　重み抵抗型 DA 変換回路

例題　5-1　重み抵抗型 DA 変換回路の問題

　図5-7の重み抵抗型 DA 変換回路において，$V_r = 1\,\mathrm{V}$，$R = 1\,\mathrm{k\Omega}$ および $R_f = 4.1\,\mathrm{k\Omega}$ とし，12 bit の DA 変換器に 2 進数符号のデジタル信号 $100111000100_{(2)} = 2500_{(10)}$ を入力するとき，アナログ出力電圧はいくらになるか求めなさい。

●**略解**———解答例

　式5-5より，$V_o = -4.1\,(2^2 \cdot 1 + 2^6 \cdot 1 + 2^7 \cdot 1 + 2^8 \cdot 1 + 2^{11} \cdot 1)\,/2^{12}$ $= -4.1 \times 2500/4096 \approx -2.50\,\mathrm{V}$ となる。

　つまり，この DA 変換回路は，$4.1/4095 \approx 1.00 \times 10^{-3}\,\mathrm{V}$ を分解能として，1 V までのアナログ電圧値を出力できる回路である。

5-2-3　ラダー抵抗型 DA 変換器

　重み抵抗型 DA 変換回路では，デジタル信号のビット数 n が長くなると（12 ビット以上），最大抵抗値（$2^n R\,[\Omega]$）と最小抵抗値（$2R\,[\Omega]$）の差が大きくなり，正確な値の抵抗を製造することが困難となり，変換精度が低くなる。この問題を解決する回路構造が，**ラダー（はしご）抵抗型 DA 変換器**である。

ラダー抵抗器　　　　　　図5-8にラダー抵抗器を示し，動作について説明する。ラダー抵抗器は，抵抗 $R\,[\Omega]$ と $2R\,[\Omega]$ の抵抗が，はしご形に接続されている。図5-8では，電圧源 V_r を左端から印加し，右端を接地している。

　ラダー抵抗器全体の合成抵抗を求めるために，まず，右端の2つの抵抗に着目する（図中破線部）。$2R\,[\Omega]$ と $2R\,[\Omega]$ の抵抗が並列に接続されているので，合成抵抗は $R\,[\Omega]$ となる。次に，この並列抵抗を1つの抵抗で置き換えると，左隣に $R\,[\Omega]$ の抵抗が直列に接続されているので，それらの合成抵抗は $2R\,[\Omega]$ となる。この合成抵抗の左隣には，

$2R\,[\Omega]$ の抵抗が並列に接続されている。これは，図中破線部と同じ回路である。上述のように順次，抵抗を等価抵抗に置き換えていくと，最終的に電圧源までの合成抵抗は $R\,[\Omega]$ となる。したがって，ラダー抵抗器には電流 $i = V_r/R$ が流れる。また，図中破線部のように $2R\,[\Omega]$ と $2R\,[\Omega]$ の並列抵抗が合成の基本形になっているので，各並列抵抗には，流れ込む電流の半分ずつ，等しい同一電流が流れる。この関係を左端から順次適用していくと，図 5-8 に示すように，接地されている $2R$ $[\Omega]$ の抵抗には，$i/2$，$i/4$，$i/8$，…が流れることになる。

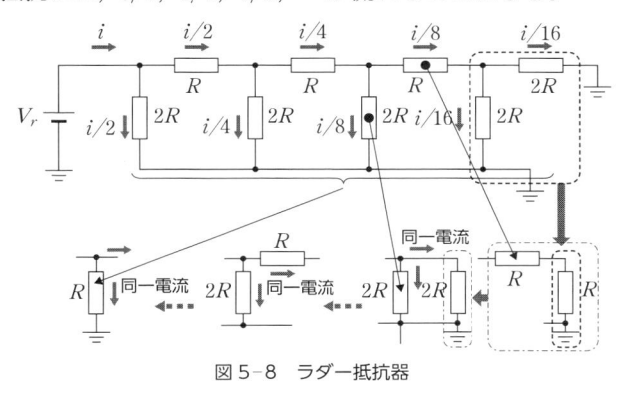

図 5-8　ラダー抵抗器

ラダー抵抗型 DA 変換器の動作　ラダー抵抗型 DA 変換回路は，ラダー抵抗器とオペアンプを用いた加算回路およびデコーダを組み合わせて構成する。ラダー抵抗器によって，$i/2$，$i/4$，$i/8$，…の電流が生成できるので，重み抵抗型 DA 変換回路の重み抵抗と同じ役目（式 5-4）を，$R\,[\Omega]$ と $2R\,[\Omega]$ の抵抗をラダー形状にすることで実現する。

　図 5-9 にラダー抵抗型 DA 変換回路の例を示す。スイッチ回路は，2 進数符号デジタル信号のビットに対応してオンとオフの動作を行う。SW 端子はラダー抵抗に接続されているが，もう一方の端子は，接地またはオペアンプの入力端子に接続される。オペアンプの入力端子は，バーチャルショートにより $0\,\mathrm{V}$ になるため，SW を接地側 (0) に接続しても，オペアンプの入力端子側 (1) に接続しても，いずれも電位は $0\,\mathrm{V}$ となるため，図 5-8 に示したラダー型回路と同様の回路となる。ただし，SW がオンの電流はオペアンプの入力端子側に流れるので，これらの電流が加算されオペアンプから出力される。

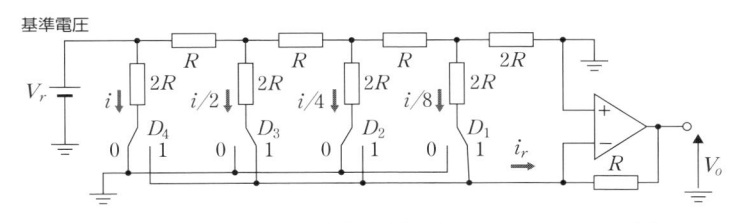

図 5-9　ラダー抵抗型 DA 変換回路（4 ビット $0101_{(2)} = 5_{(10)}$ の例）

5-3 | AD 変換回路

【16】AD 変換回路は，AD 変換器，AD コンバータや ADC とよばれることもある。

本節では，入力されたアナログ電圧値に対応したデジタル信号（2 進数）を出力する **AD 変換回路**[16] の動作について説明する。はじめに，サンプルホールド回路について述べた後，二重積分型，逐次変換型および並列型 AD 変換回路について説明する。

5-3-1 サンプルホールド回路

AD 変換回路を用いて，アナログ電圧をデジタル値に変換する際には，正確なデジタル化を行うために，サンプリングの一定時間，入力電圧が変化しない状態が必要となる。AD 変換回路に入力する電圧を一定に保つ回路は，**サンプルホールド回路**とよばれている。図 5-10 に，もっとも単純なサンプルホールド回路を示す。**4-4-2** で示した 2 つのボルテージフォロワ（入力側と出力側のものを，各々 OP1 および OP2 と表記する）が **5-2-1** で示したアナログスイッチ回路を介して接続されており，出力側のボルテージフォロア OP2 の非反転入力端子には，コンデンサ C が接続されている。

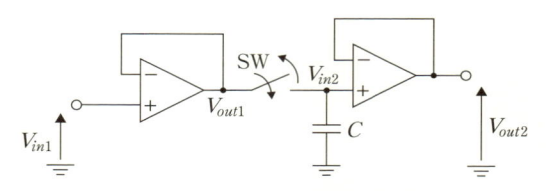

図 5-10　サンプルホールド回路の構成例

まず，サンプリングを行っている時間では，SW がオンになり，OP1 の入力アナログ電圧 V_{in1} は，そのまま V_{out1} として出力されるとともに，OP2 の入力電圧 V_{in2} および，出力電圧 V_{out2} も V_{in1} となる。この間，コンデンサ C は充電される。OP1 の出力インピーダンスは非常に小さいので，この充電は極めて短時間で行われる。

続いて，サンプルホールドの際には SW をオフにする。このときの OP2 の入力 V_{in2} は，SW をオフにする直前のアナログ電圧値 V_{in1} である。スイッチオフ後は，コンデンサ C に蓄積した電荷が，放電により減少するとともに電圧は減衰するが，OP1 の入力インピーダンスは極めて大きいので，放電時間は長くなり，V_{in2} は，SW をオフにした後も一定値（SW をオフにする直前のアナログ値 V_{out1}）を保ち続けることができる。

次に，新たな入力電圧をサンプルするために，SW をオンにすると，コンデンサ C に蓄積した電荷は，極めて入力インピーダンスが小さい

OP1 を介して短時間に放電されるとともに，新たな入力電圧により充電され，一定値になる。サンプルホールド回路は，上述したようにオペアンプの入出力インピーダンスをうまく利用しながら動作を繰り返し行い，AD 変換回路にサンプルホールドされた信号（PAM 信号）を供給する。

5-3-2 二重積分型 AD 変換回路

本項では，図 5-11 に示す**二重積分型 AD 変換回路**（dual slope AD converter）の動作について説明する。二重積分型 AD 変換回路の主な構成要素は，以下で説明する積分器，**比較器**（**コンパレータ**（comparator））および**カウンタ**（counter）である。

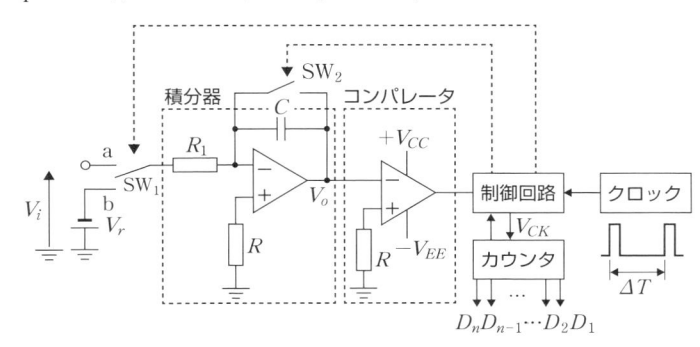

図 5-11 二重積分型 AD 変換回路の基本構造

積分器と比較器 図 5-11 の積分器は，**4-4-4** で説明したように，オペアンプの入力端子電流を，負帰還回路に接続したコンデンサにより積分し，その積分値に比例した電圧を出力する。出力電圧 V_o は，次式で表されるように，入力電圧 V_i の時間積分に比例した電圧値を出力する。

$$V_o = -\frac{1}{C}\int i\,dt = -\frac{1}{R_1 C}\int V_i\,dt \tag{5-6}$$

一方，図 5-12 のコンパレータは，差動増幅回路としての入出力特性を示す。オペアンプの反転入力端子電圧 V_- と非反転入力端子電圧 V_+ を比較し，次式で表されるように，大小に応じて正か負の電源電圧 $+V_{CC}$ または $-V_{EE}$ を出力する。

$$V_o = A_d(V_+ - V_-) = \begin{cases} +V_{CC} & (V_+ \geqq V_-) \\ -V_{EE} & (V_+ < V_-) \end{cases} \tag{5-7}$$

コンパレータのオペアンプは負帰還がかかっていないので，差動利得は非常に大きく，$V_+ - V_-$ がわずかな量であっても出力電圧は飽和し，理想的には電源電圧の $+V_{CC}$ または $-V_{EE}$ が出力される。図 5-11 では，非反転入力端子 V_+ は 0 V（接地）となるので，入力電圧 $V_i = V_-$ の正負によって出力値が定まる。

なお，図5-12のコンパレータのように，非反転入力端子とグラウンドの間に直流電源 V_r を挿入すれば，入力電圧 V_i との比較電圧は V_r となるので，$V_i < V_r$ か $V_i > V_r$ であるかによって出力が切り替わる回路となる。

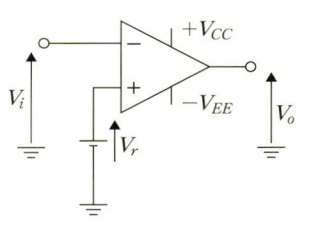

図5-12　コンパレータ

カウンタ回路は，入力されるパルス波形（クロック信号）のパルス数を計測し，計測したパルス数を2進数で出力する回路である。複数のTフリップフロップ（toggle flip-flop），もしくは XOR（排他的論理和）[17] のゲートIC で構成されている。n ビットカウンタ回路は，n 個のTフリップフロップを直列に接続して実現できる。

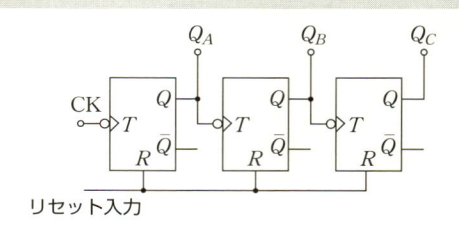

図1　カウンタ回路の基本構成

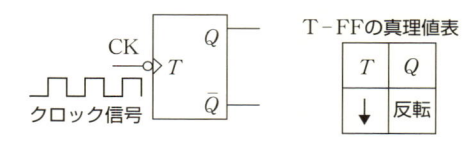

図2　Tフリップフロップと真理値表

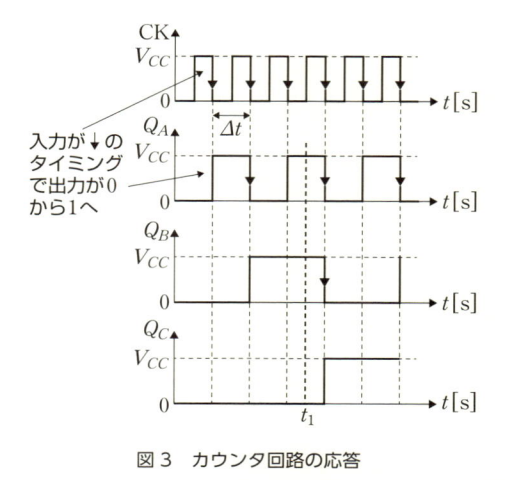

図3　カウンタ回路の応答

【17】下図は，XOR（排他的論理和（exclusive OR））を示す論理ゲート記号である。XOR は，真理値表のように，2つの入力が等しい場合にL（low）を，異なるときにH（high）を出力する。

したがって，B端子にHを入力したとき，A端子の入力に対して反転した信号が出力されるので（A端子＝HならばY端子＝L，A端子＝LならばY端子＝H），反転出力を得る場合に便利な論理ゲートICである。

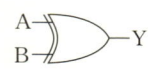

XOR の真理値表

	入力		出力
	A	B	Y
XOR	L	L	L
	L	H	H
	H	L	H
	H	H	L

図1は，Tフリップフロップ（T‒FF）を3段接続した3ビットカウンタ回路の例である。一定周期 Δt のクロック信号（CK）を入力して動作させ，入力開始時には Q_A，Q_B および Q_C の出力はすべて0Vとする。T‒FFは，図2に示すように，T端子への入力されるパルス波形の立ち下がりで出力信号が反転（0→1（L→H）または1→0（H→L））動作する。

図3に3ビットカウンタ回路の応答波形を示す。CK入力が立ち下がるタイミングで1段目のT‒FFの出力 Q_A が反転し V_{CC} [V] となるが，次に，CKが立ち下がるとき，Q_A は反転し0Vになる。同時に，Q_A が接続された2段目のT‒FFの入力が立ち下がるため，出力 Q_B が反転し V_{CC} [V] になる。さらに，3段目のT‒FFも同様の動作をし，Q_C が出力される。CKが入力に対してこの動作が繰り返される。

図3において，$3\Delta t \sim 4\Delta t$ [s] の範囲内のある時刻 t_1 [s] でのT‒FFの状態は，$Q_A = V_{CC}(1)$，$Q_B = V_{CC}(1)$ および $Q_C = 0(0)$ である。各出力の Q_C，Q_B および Q_A を並べて，2進数および10進数で表現すると $011_{(2)} = 3_{(10)}$ となり，CKの立下り回数と一致する。したがって，ある時刻で，2進数出力が $N_{(10)}$ であれば，CKのパルス波形が N 個通過したことを表すので，パルス数を計測（カウント）できる。また，その時刻は，$N\Delta t \sim (N+1)\Delta t$ の範囲にある。すなわち，一定周期のクロックをカウンタ回路に入力することで時刻を計測できる。

二重積分型 AD 変換回路の動作

次に，図5‒11に示した二重積分型AD変換回路の動作について説明する。二重積分型AD変換回路は，アナログ入力された電圧の大きさに比例した時間をカウンタによって計測し，2進数符号のデジタル信号に変換する。

まず，制御回路により，SW_2 を閉じて積分器をリセット（積分器のコンデンサ C に蓄積された電荷を放電）しておく。次に，制御回路により，SW_1 をアナログ信号の入力電圧端子側に接続し，同時にカウンタでクロックパルスの数を計数する。入力された電圧値 V_i は積分器によって積分され，時間とともに傾き $-V_i/CR_1$ で下降する。なお，カウンタは最大値（8 bit では $11111111_{(2)} = 255_{(10)}$）を超えるとオーバーフローすることで，カウンタがリセットされ $00000000_{(2)}$ になる。このタイミングで，制御回路により，SW_1 は基準電圧 $-V_r$ の端子側に接続される。SW_1 が切り換わる直前の出力電圧 V_o は次式で表される。

$$V_o = -\frac{t_0}{CR_i} V_i = -\frac{2^N \Delta T}{CR_i} V_i \tag{5-8}$$

ここで，N はビット数，ΔT はクロックパルスの周期，t_0 は N ビットの計数に要する時間である。

SW_1 が切り換わると，出力電圧 V_o は傾き $+V_r/CR_1$ で上昇をはじめ，やがて $V_o = 0$ V になる。このとき，積分器に接続されたコンパレータの出力電圧が反転し，制御回路によりカウンタは停止する。カウンタが

停止したときのカウンタ数を n とすると，式 5-8 より次式が成り立つ。

$$-\frac{2^N \Delta T}{CR_i} V_i + \frac{n \Delta T}{CR_i} V_r = 0 \tag{5-9}$$

式 5-9 より，V_i は次式で表される。

$$V_i = \frac{n}{2^N} V_r \tag{5-10}$$

すなわち，入力電圧値 V_i に比例したカウンタ数が 2 進数として得られる。

図 5-13 は，値の異なる入力電圧 V_{i1} および V_{i2} ($V_{i1} < V_{i2}$) の違いを示している。入力電圧値が異なるので，t_0 までの V_o の傾きは異なるが，t_0 以降では入力端子が V_r に接続されるので，V_o の上昇の傾きは同じである。したがって，t_0 から $V_o = 0\,\mathrm{V}$ となるまでの時間 Δt_1 と Δt_2 が，それぞれ V_{i1} と V_{i2} に比例していることがわかる。この回路において，基準電圧 V_r をフルスケール値と同じに合わせておけば[18]，計測結果は入力電圧値 V_i と一致する。

【18】ここでは，V_i のフルスケール値（入力信号の範囲）は，$V_i \geqq 0$ としている。

二重積分型 AD 変換回路では，入力電圧 V_i を積分して計測するので，V_i に雑音が含まれていても，結果的に平均化された出力が得られる。二重積分型 AD 変換回路は積分を用いるため，変換速度が遅いことが難点である。しかし，比較的安価で，クロックパルスのカウント時間を増やすと有効桁数を容易に増やせ，高精度の変換が行えることから，低速のデジタルマルチメータやデジタルテスタとして利用されている。

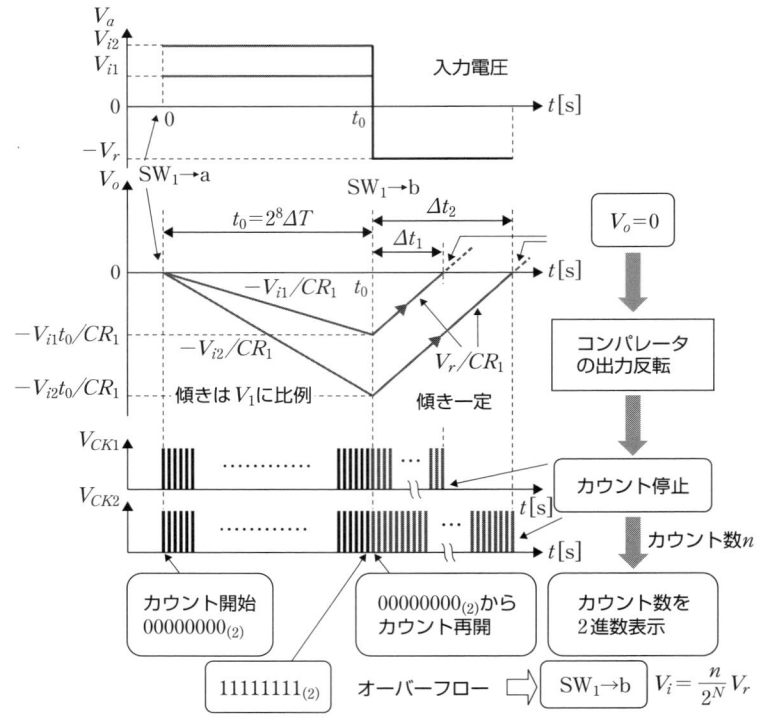

図 5-13　二重積分型 AD 変換回路の動作

5-3-3 逐次変換型 AD 変換回路

逐次変換型 AD 変換回路 (successive – approximation AD converter) は，DA 変換回路，コンパレータ，逐次比較レジスタ (SAR: successive – approximation resistor) および出力レジスタ[19] などから構成されている。

この AD 変換回路は，未知のアナログ電圧 V_x が入力されると，DA 変換器から得られる出力電圧と逐次比較して，最終的に V_x にもっとも近いデジタル信号値を出力することで，アナログ入力電圧 V_x を計測する回路である。

逐次変換型 AD 変換回路の動作 図 5-14 は，0 ～ 2.55 V の範囲のアナログ信号を 8 ビットデジタル信号に変換する逐次変換型 AD 変換回路である。

【19】レジスタとは，フリップフロップ (D – FF (delay flip – flop)) などの状態を保持する装置を表す。

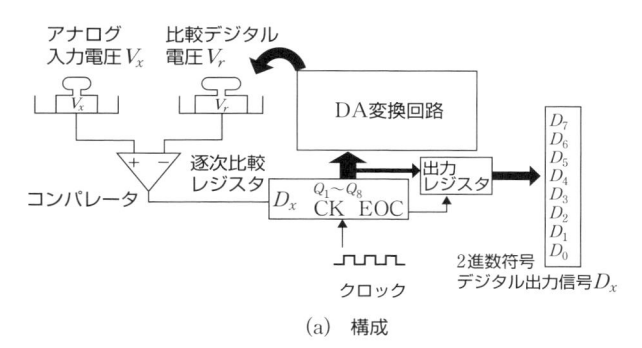

(a) 構成

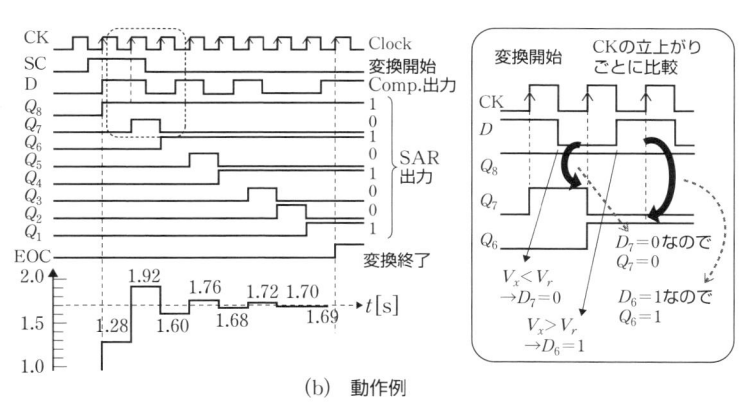

(b) 動作例

図 5-14 逐次変換型 AD 変換回路の構成と動作

たとえば，この回路において，2 進数デジタル信号 $10000000_{(2)} = 128_{(10)}$ が出力されていれば，入力電圧 V_x は，$1.28\,\text{V} < V_x < 1.29\,\text{V}$ の範囲にあり，0.01 V を最小としてそれ以上の電圧値が変換できることを表す。

コンパレータの V_+ 端子に接続された端子にアナログ入力電圧 V_x が入力されると，まず，コンパレータの V_- 端子に，DA 変換回路から最

上位ビットに対応する出力電圧 $V_r\,(Q_8:10000000_{(2)} = 1.28\text{ V})$ が入力され，コンパレータで V_x と V_r が比較される。比較の結果，$V_x > V_r$ であれば，逐次比較レジスタを $D_8 = 1$ として記録し，$Q_8 = 1$ を出力し続ける。（すなわち，V_r には 1.28 V が出力され続ける。）

　次に，2 桁目のビットの電圧（$Q_7:01000000_{(2)} = 0.64$ V）を加えた電圧を V_r として出力する。$Q_8 = 1$ であったので，$V_r = 1.28 + 0.64 = 1.92$ V となる。もし，このときのコンパレータによる比較結果が，$V_r > V_x$ ならば，今度は，逐次比較レジスタに $D_7 = 0$ と記録し，$Q_7 = 0$ と出力する。すなわち，次の段階では，0.64 V は V_r に加えない。さらに，次の桁のビットの電圧（$Q_6:00100000_{(2)} = 0.32$ V）を加えて，$V_r = 1.28 + 0.32 = 1.60$ V となる。このような動作を，逐次，最下位ビットまで繰り返すと，変換終了信号（EOC）が出力レジスタ[20] に出力され，最終的な結果が 2 進数符号デジタル値として出力される。もし，デジタル出力値 $Q_8 \sim Q_1$ が $10101001_{(2)} = 169_{(10)}$ であれば，$1.69 < V_x < 1.70$ の範囲にあることがわかる。なお，クロック信号は，この変換動作の切り替えのタイミングを決定している。

　このように逐次比較しながら値を決める方式は，天びんばかりとおもりを使って重さを計る作業と類似しており，零位法（zero method：すでにわかっている量と測定量の平衡をとる方法）の一種である。

　逐次比較型 AD 変換回路は，比較的動作が高速であり，8 ～ 16 ビット分解能の IC が各種市販されている。家電用ワンチップマイコン[21] に内蔵されているものが多数用いられている。代表的な用途は，データロガー[22]，FFT アナライザ[23] などの計測あるいは制御用途である。

【20】出力レジスタとは，入力されたビットの状態を保持する回路を表す。リセット信号が入力されるまで，入力が変化しても，出力は保持される。

【21】ワンチップマイコンは，1 つの IC チップに CPU，RAM，ROM など各種入出力装置を搭載した処理装置であり，コンピュータ制御が必要な家電や自動車で用いられている。

【22】データロガーは，センサなどにより計測した各種データを，デジタル値として保存する装置である。

【23】FFT アナライザは，高速フーリエ変換（FFT：fast Fourier transform）を使った信号解析装置である。時間領域の信号を周波数領域に変換する。

5-3-4　並列型 AD 変換回路

　並列型 AD 変換回路（parallel AD convertor）を図 5-15 に示す。並列型 AD 変換回路は，フラッシュ型 AD 変換回路（flash AD convertor）ともよばれており，入力されたアナログ電圧値を一瞬のうちにデジタル値に変換する，もっとも高速の AD 変換回路である。

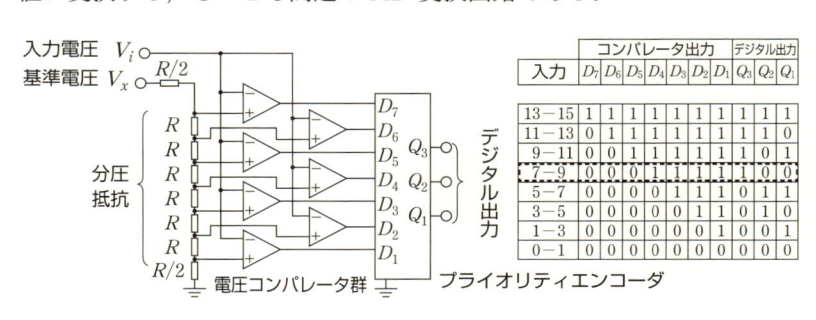

入力	D7	D6	D5	D4	D3	D2	D1	Q3	Q2	Q1
13－15	1	1	1	1	1	1	1	1	1	1
11－13	0	1	1	1	1	1	1	1	1	0
9－11	0	0	1	1	1	1	1	1	0	1
7－9	0	0	0	1	1	1	1	1	0	0
5－7	0	0	0	0	1	1	1	0	1	1
3－5	0	0	0	0	0	1	1	0	1	0
1－3	0	0	0	0	0	0	1	0	0	1
0－1	0	0	0	0	0	0	0	0	0	0

図 5-15　並列型 AD 変換回路の構成

図5-15の回路は，基準電圧 V_r を分圧する抵抗と複数個のコンパレータおよびプライオリティエンコーダ[24] から構成されている（フルスケール値：0 ～ 14 V）。アナログ信号電圧が入力されると，抵抗により分圧された複数の基準電圧を入力とするコンパレータで比較される。コンパレータは，入力信号電圧の大小に応じて，プライオリティエンコーダの D_1 ～ D_7 に，0 または 1 に対応する電圧を出力する。プライオリティエンコーダでは，0 と 1 の境界点を判定するように，2 進数 Q_1 ～ Q_3 に対応する電圧を出力する。図5-15の例では，境界点は 7 つ存在するので，8 段階を表せる 3 bit の 2 進数符号で出力のデジタル信号が表される。

AD 変換回路の中で，並列型 AD 変換回路の変換速度は，コンパレータの応答時間で決まるので極めて早い。ビット長が短ければ（4 ～ 6 ビット），数 MHz から数 GHz までサンプルホールド回路を用いないで AD 変換が可能である。しかし，N ビットの並列型 AD 変換回路は，コンパレータが少なくとも $2^N - 1$ 個必要となり，ビット長が長い場合は高価になる（8 ビットでは，255 個のコンパレータ）。近年の LSI の進歩により，ワンチップで実現できるようになり，画像信号の取り込み，デジタルオシロスコープ，レーダなどの用途で使用されている。

●◗COLUMN　AD/DA 変換回路の適用例

マイコンや PC では，アナログ電圧をデジタル信号に変換して処理し，その結果をアナログ信号で出力する[25]。

図 1 は，センサ装置から出力したアナログ電圧信号を PC で読み取り，処理して，外部制御装置にアナログ信号として出力する例である。まず，センサ装置から出力される電圧信号を，PC で読み取るために AD 変換器が用いられる。この図では，AD 変換回路により出力されたデジタル信号が PC からの命令により，No.1 のポート[26] に入力されている。PC 内では，デジタル信号が処理され，PC の No.0 のポートを介して出力される[27]。制御装置がアナログ信号で動作する場合は，DA 変換回路に送られる。

図 2 は，オープンコレクタとよばれている制御装置など外部とやり取りする電子機器の出力端子の回路である。出力端子は，npn 型バイポーラトランジスタのコレクタとなっており，何も接続されていなければオープン状態である。また，ベース端子には電子機器からの信号が入力され，エミッタは接地されている。出力端子を使用する場合は，外部の抵抗（プルアップ抵抗）を介して，電源（5 V）に接続して使用する。ベース端子に接続した電子機器出力が 0 V の場合は，コレクタ端子は 5 V となり，5 V の場合はトランジスタが導通状態になるため，コレクタは 0 V となる。つまり，ベース端子に入力された信号が反転して，コレクタ端子に出力されるため，コレクタの出力は負論理となる（電子機器では，オープンコレクタ回路が使用されることが多く，負論理となる場合が多い）。なお，オープンコレクタの役目

は，電子機器出力のみでは外部機器を動作させるために十分な電流を流せないので，外部電源を接続し，十分な電流を供給できるようにする。

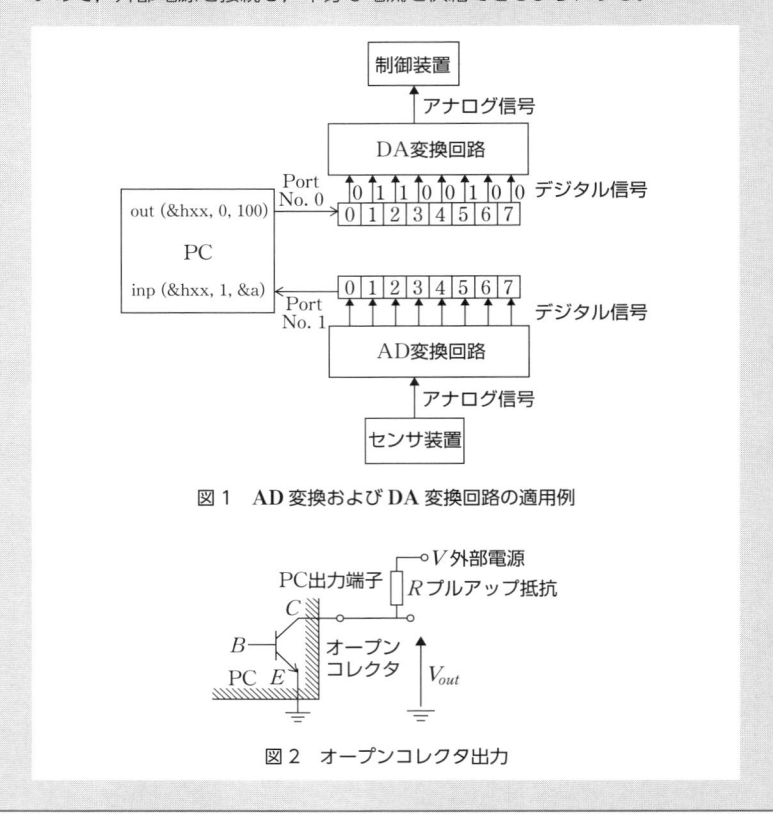

図1　AD変換およびDA変換回路の適用例

図2　オープンコレクタ出力

第5章　演習問題

1.

(1) 以下の空欄に適切な語句を答えなさい。

アナログ信号（電圧波形）をデジタル化するためには，アナログ値を（ ア ）する必要があり，アナログ信号の時間軸の（ ア ）を（ イ ），電圧軸の（ ア ）を（ ウ ）という。

(2) 0 V から 0.51 V の範囲を 8 ビット，切り捨ての条件でデジタル化した場合，最大量子化誤差はいくらになるか求めなさい。

(3) デジタル化した音声信号を，最大 20 kHz まで復元するためには，サンプリング間隔を少なくともいくらより短くする必要があるか求めなさい。また，この条件より低いサンプリング周波数でデジタル化することを何というか，この場合，復元の際に生じる不具合を何というか答えなさい。

2. 図1に示す二重積分型 AD 変換回路について，以下の問に答えなさい。ただし，$V_r = 5.12$ V，カウンタのビット数を 8 bit とする。

(1) 入力電圧 $V_i = 3\,\text{V}$ のとき，カウンタのカウント数を2進数で表しなさい。

(2) 最大量子化誤差とフルスケールの電圧値を示しなさい。

(3) カウンタの出力が $11010011_{(2)}$ であったとき，入力電圧 V_i の範囲を示しなさい。

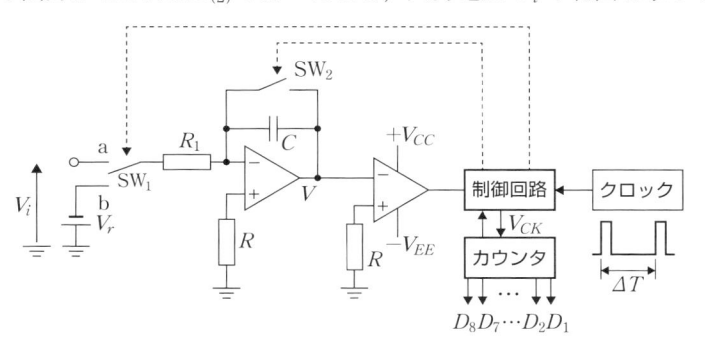

図1　二重積分型 AD 変換回路

3. 図2のラダー抵抗型 DA 変換回路において，$V_r = -6.4\,\text{V}$，$R = 1\,\text{k}\Omega$ およびオペアンプの電源電圧を $\pm 10\,\text{V}$ としたとき，以下の問に答えなさい。

(1) 図2の回路において，点aおよびbの電位 V_a および V_b を求めなさい。

(2) 図2のように各 SW を接続した。この SW で表される2進数 $100100_{(2)}$ を10進数で表し，さらにオペアンプに接続した抵抗 R に流れる電流 i_r を求めなさい。また，このときの出力電圧 V_o を求めなさい。

(3) SW で表される2進数を $101100_{(2)}$ としたとき，出力電圧 V_o を求めなさい。

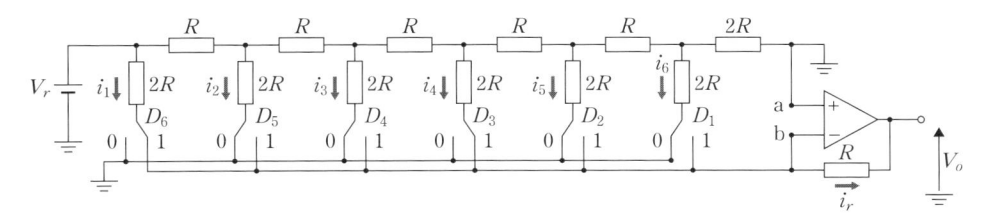

図2　ラダー抵抗型 DA 変換回路

4. 並列型 AD 変換回路において，入力アナログ電圧を8ビットのデジタル値に変換する場合，少なくとも何個のコンパレータが必要か答えなさい。

第**6**章 通信における電子回路

■ **この章のポイント** ▶

　テレビ，ラジオ，スマートフォンなどの無線通信技術は，現代の生活に欠かせない。通信機器において，電子回路は重要な役割をはたす。本章では，発振回路，位相同期ループおよび変調・復調に用いられる通信における電子回路の動作について学ぶ。

　無線通信では，送信側で送りたい音声などの情報信号を変調という処理により変換した搬送波として送信する。一方，受信側では，受信した搬送波信号から復調という処理により音声などの情報信号を取り出す。搬送波には，発振回路で生成した高周波数の正弦波を用いる[1]。また，復調では周波数の同期（synchronization）をとる必要がある。

　本章では，通信で必須の電子回路を示し，以下の項目を学ぶ。

① 　発振の基本的な原理を理解するとともに，種々の発振回路の動作を理解する。

② 　電圧制御発振器や位相同期ループの動作を理解する。

③ 　代表的なアナログおよびデジタルの変復調方式を理解するとともに，変調および復調の電子回路の動作を理解する。

6-**1** 発振回路

【1】ヒトの可聴域（約20 Hz 〜20 kHz）を超える周波数の信号は，高周波とよばれている。およそ100 kHzを高周波と低周波の境界とすることもある。高周波は，RF（radio frequency）と表記されることも多い。

【2】音声をマイクロフォンで取得して増幅し，スピーカで再生するシステムにおいて，再生音声が再びマイクロフォンに入力されると，外部音声入力がなくなっても継続的に音が出続けることがあるが，ハウリングとよばれている発振現象の例である。

　発振（oscillation）とは，電圧などの物理量が周期的に振動する現象のことである[2]。**発振回路**（oscillation circuit）とは，特定の周波数の正弦波，または矩形波を，外部からの信号の供給なしに，独立かつ継続的に発生させる回路のことをいう。本節では，まず，もっとも基本的な正弦波[3]を得るための発振回路について説明する。

6-1-**1** 正帰還発振の原理

　正帰還に基づく発振回路は，図6-1に示すように増幅回路（電圧増幅度：A_v）と帰還回路（帰還率：β）の組み合わせのループ（閉路）を構成している。帰還回路出力の帰還電圧 v_f が，入力信号 v_i と加算されて（図中の丸印部），増幅回路の入力になる。4-2-1で説明したように，入力から帰還電圧を減算して入力する構成法を負帰還というが，図6-1のように，加算して入力する構成法を正帰還という。

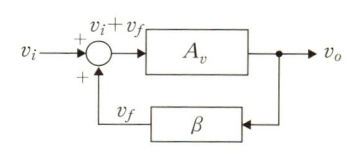

図6-1　正帰還発振の原理

例題 6-1 正帰還回路の入出力関係に関する問題

図 6-1 に示す正帰還回路の入力信号と出力信号の関係を求めなさい。

●略解——解答例

図 6-1 において，増幅回路への入力信号は，発振回路への入力信号 v_i と帰還信号 v_f を用いて，$v_i + v_f$ と表される。よって，ループ内の信号に関して，次式が成立する。

$$\begin{cases} v_o = A_v(v_i + v_f) & (6\text{-}1) \\ v_f = \beta v_o & (6\text{-}2) \end{cases}$$

式 6-2 を式 6-1 に代入すると，正帰還回路の入力と出力信号の関係は，

$$v_o = \frac{A_v}{1 - A_v \beta} v_i \qquad (6\text{-}3)$$

と表される[4]。

次に，正帰還回路の動作を解析し，**発振条件**について説明する。式 6-3 において，$1 - A_v \beta = 0$ を満たすと，$v_i = 0\,\mathrm{V}$ であっても信号は継続して出力される。すなわち，発振する。

定常状態で信号が発振するための条件は，**4-5-1** で説明した複素表示を用いることで，$\dot{A}_v \dot{\beta} = 1$ と表される。この条件式は，複素成分（虚数部）が 0 であるため出力信号がループにより帰還してふたたび入力信号となるとき，両信号の位相が一致することを表す。両信号の位相が一致する条件（同位相条件）は，式 6-4 で表される[5]。式 6-4 が成り立つならば，振幅に関する条件は，式 6-5 の範囲でも発振する[6]。

$$\begin{cases} \mathrm{Im}(\dot{A}_v \dot{\beta}) = 0 & (6\text{-}4) \\ \mathrm{Re}(\dot{A}_v \dot{\beta}) \geq 1 & (6\text{-}5) \end{cases}$$

ここで，$\mathrm{Re}(\cdot)$ および $\mathrm{Im}(\cdot)$ は，カッコ内の複素関数の実数部と虚数部を表す。式 6-4 の等式は**周波数条件**，または**位相条件**といい，式 6-5 の不等式は**電力条件**，または**振幅条件**という。

【5】入力と帰還信号が同位相になる条件は，位相が 2π rad（360°）の整数倍になることなので，ループ利得の位相特性を表す偏角が実数（虚数部がゼロ）になる条件である（偏角については **4-5-2** を参照されたい）。

なお，負帰還の場合には，入力信号を $-1 = e^{-\pi}$ 倍した帰還信号となるので，この時点で位相は π rad ずれる（反転する）。

発振回路を実現するためには，増幅回路と帰還回路が発振条件を満たすように設計する必要がある。電源オン時などには，ノイズ等の微弱な信号がループ内に存在するので，このノイズが正帰還によって繰り返し増幅され，一定の大きさとなり（飽和状態），継続的な信号になる。しかし，一般的なノイズにはさまざまな周波数成分を含むため，特定周波数の正弦波（単一正弦波）を発生させることはできない。そのため，ループ内に周波数を選択するための機能を帰還回路にもたせる。このようにして得られたループ内の信号を外部へ出力することで，正弦波発振を得る。

6-1-2 LC 発振回路

発振回路は，用いる増幅回路や周波数選択回路の種類によってさまざまに分類される。本項では，トランジスタを増幅回路および**LC 共振回路**[7]を周波数選択帰還回路に用いた発振回路について説明する。なお，**LC 発振回路**は，数十 kHz ～数 MHz の高い発振周波数の信号生成に適する。

反結合発振回路

図 6-2 (a) に，エミッタ接地バイポーラトランジスタを用いた変成器結合 LC 発振回路（**反結合発振回路**）を示す。図 6-2 (b) は，バイアス回路を省略した交流に対する等価回路である。L_1 および C は，LC 並列共振回路となるが[8]，合成インピーダンス $\dot{Z}$ は，

$$\dot{Z} = \dot{Z}_{L_1} // \dot{Z}_C = \frac{j\omega L_1}{1 - \omega^2 L_1 C} \tag{6-6}$$

と表される。

式 6-6 の合成インピーダンスが最大となる角周波数 ω_0 および周波数 f_0 は**発振周波数**（または，共振周波数）といわれ，式 6-6 の分母がゼロのときなので，次式で表される。

$$\omega_0 = \frac{1}{\sqrt{L_1 C}} \tag{6-7}$$

$$f_0 = \frac{1}{2\pi\sqrt{L_1 C}} \tag{6-8}$$

図 6-2 (b) において，LC 並列共振回路は，エミッタ接地増幅回路のコレクタに接続された負荷となる。ベース電圧が，合成インピーダンス Z によって反転増幅されるとき[9]，式 6-8 の発振周波数付近以外の周波数帯域の信号はほとんど増幅されず，共振回路を通過しないことから，周波数選択回路として動作する。

[7] 共振回路(resonant circuit) とは，インダクタとコンデンサのインピーダンスの周波数特性により，特定の周波数の信号に対して，回路インピーダンスが ∞ Ω になる回路である。共振回路は同調回路 (tuning circuit) ともいう。

くわしくは，専門基礎ライブラリー「電気回路 改訂版」（実教出版）を参照されたい。

[8] LC 並列共振回路のインピーダンス $\dot{Z}$ の周波数特性は，下図のように周波数が f_0 のときに最大（理論上は無限大）となり，それ以外の周波数では急速に減少する。f_0 は共振周波数とよばれている。

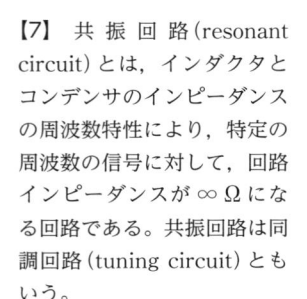

[9] エミッタ接地増幅回路は，反転増幅する。

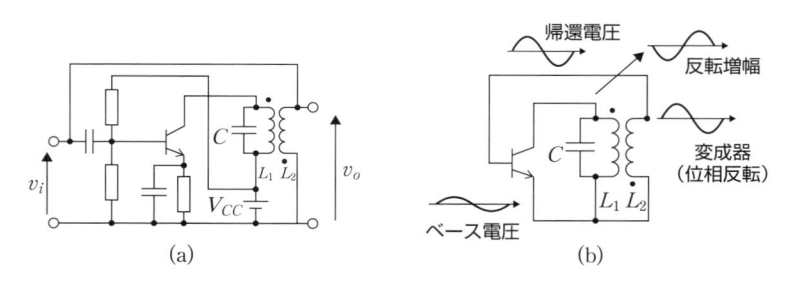

図 6-2 変成器結合 LC 発振回路

一方，出力側のインダクタ L_2 は，L_1 と磁気結合しており，L_1 の交流電圧によって，L_2 に電圧が誘導される。インダクタに付いている「・」（ドット）は巻き方向（極性）を示し，ドットが正を表す。L_2 と L_1

の極性を反転させて磁気結合することで位相反転し，出力電圧を入力と同相のベース電圧として帰還することができる[10]。

LC 発振回路がエミッタ接地増幅回路（電圧増幅度 A_v）の負荷となるが，式 6-8 で表される発振周波数ではインピーダンスが無限大となり，増幅回路の電圧増幅率も無限大となってしまう。実際には，図 6-3 に示すように，LC 共振回路のインダクタには直列に微小な抵抗 r が存在し，$\omega L/r \gg 1$ を満たす場合には，図 6-3 の並列素子の等価回路とみなすことができる。

【10】極性を反転させて結合するため，反結合という。

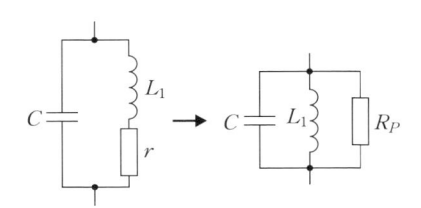

図 6-3　LC 共振回路の等価回路

なお，等価回路中の並列抵抗 R_P は，式 6-9 のように表すことができる。

$$R_P = \frac{(\omega L_1)^2}{r} \qquad (6\text{-}9)$$

共振周波数時の LC 共振回路のインピーダンスは，$R_{P_0} = (\omega_0 L_1)^2/r$ と表されるため，発振のための振幅条件は次式のようになる。ただし，n_1 および n_2 は，各々変成器の 1 次側と 2 次側の巻数とする。

$$|A_v|\frac{n_2}{n_1} = \frac{h_{fe}}{h_{ie}} R_P \frac{n_2}{n_1} \geqq 1 \qquad (6\text{-}10)$$

実際には，トランジスタの出力アドミタンス h_{oe} が 0 ではないため，LC 共振回路に並列に抵抗 $R_o = 1/h_{oe}$ が接続されるため，発振時の負荷インピーダンスが低減し[11]，A_v も低下してしまう。増幅回路の負荷インピーダンスが低くなることを防ぐために，**中間タップ**を用いると，図 6-4 のような反結合発振回路が構成できる。この回路の発振周波数も式 6-8 で表される。

【11】このような特性の変化は，「Q 値が下がる」ともいう。Q 値 と は，図 6-3 の LC 並列共振回路の共振角周波数を ω_0 とすると，

$$Q = \frac{R_P}{\omega_0 L} = \omega_0 C R_P = R_P \sqrt{\frac{C}{L}}$$

と表される。

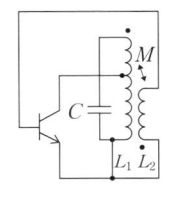

図 6-4　中間タップを用いた反結合発振回路

図 6-4 のように中間タップを用いた反結合発振回路では，トランジスタの出力アドミタンスによって並列に加わる抵抗 $R_o{}'$ が次式のように

なるため，電圧増幅度 A_v の低下を抑えることができる。ただし，n_0 および n_1 は，各々 L_1 全体の巻数，L_1 の中間タップまでの巻数とする（$n_0 \geqq n_1$）。

$$R'_o = \left(\frac{n_0}{n_1} \right)^2 \frac{1}{h_{oe}} \tag{6-11}$$

中間タップで用いるインダクタ L_1 および L_2 は磁気結合しており，相互インダクタンス M は，L_1 と L_2 の結合定数 $k\,(0 \leqq k \leqq 1)$ を用いて次式で表される[12]。

$$M = k\sqrt{L_1 L_2} \tag{6-12}$$

なお，2つのインダクタ各々が生成する磁束をもう片方に導いて電圧を誘導する相互インダクタンス M をもつ磁気結合には，図6-5(a) のように，同相のインダクタに鉄心を入れて磁気結合したものや，図6-5(b) のように，インダクタの巻き線の途中に信号の取り出し線（中間タップ）がついたものがある。

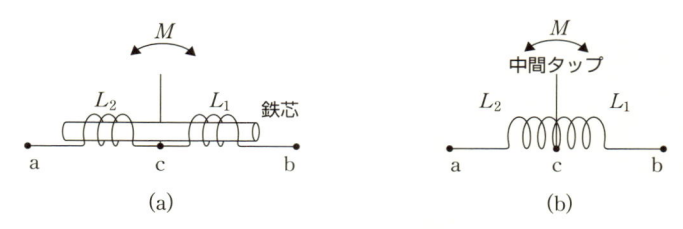

図6-5　2つのインダクタの結合

三端子発振回路　反結合発振回路では，図6-5(b) に示した，直列に接続された中間タップのついたインダクタを帰還回路に用いても発振回路が構成できる。

図6-6(a) のインダクタの中間点を基準とした電圧 v_{ac} と v_{bc} の関係は，反転しているため位相が180°異なる。この特性を利用し，図6-6(b) のように，反転増幅回路のコレクタ-エミッタ間出力電圧 v_{ce} の位相を反転させてベース-エミッタ間電圧 v_{be} として正帰還させる。図6-6(c) は，トランジスタの三端子間にインダクタとコンデンサを接続した図6-6(b) の等価回路である。図6-6(d) は，バイアス回路も含む回路例である。この回路は**ハートレー型発振回路**とよばれている[13]。

図6-6(b) より，ハートレー型発振回路は，式6-13で表される合成インダクタ L[14] とコンデンサ C の並列共振回路による発振回路なので，発振周波数は式6-14で表される。

$$L = L_1 + L_2 + 2M \tag{6-13}$$

$$f_0 = \frac{1}{2\pi\sqrt{LC}} = \frac{1}{2\pi\sqrt{(L_1 + L_2 + 2M)\,C}} \tag{6-14}$$

【12】結合定数 k は磁気結合の強さを表す。各インダクタが作る磁束が，もう片方にすべて導かれれば1，まったく導かれなければ0（磁気結合なし）となる。
　相互インダクタンスの詳細は，専門基礎ライブラリー「電気回路　改訂版」および「電磁気学」（共に実教出版）を参照されたい。

【13】トランジスタの三端子間に回路素子を用いた一般的な正帰還発振回路を，三端子発振回路ということがある。

【14】相互インダクタンスは，L_1 および L_2 の各々に対して考えるため，式6-13の M の係数は2になる。

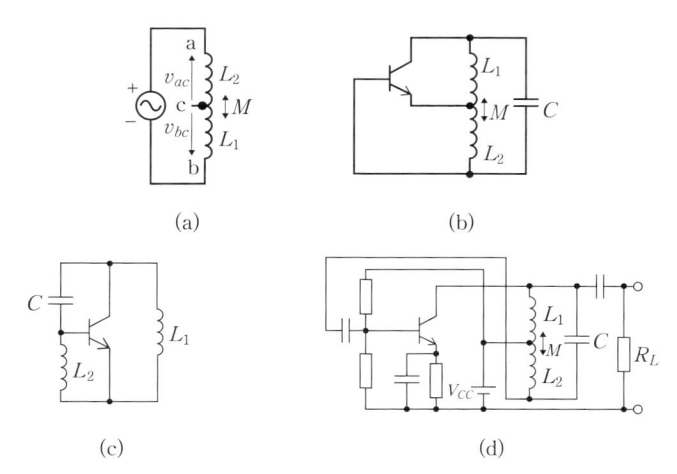

図6-6　ハートレー型発振回路と交流等価回路

例題　**6-2**　三端子発振回路に関する問題

図6-7は，ハートレー型発振回路のインダクタとコンデンサを入れ替えた三端子発振回路である。この回路の発振条件を求めなさい。

図6-7　コルピッツ型発振回路

●**略解**────解答例

図6-7の発振回路では，2つのコンデンサを利用する。図6-8 (a) のように，中間点の電圧 v_{ac} と v_{bc} は反転しているため位相が180°異なる。この特性を利用し，図6-8 (b) の交流等価回路のように，反転増幅回路のコレクタ-エミッタ間出力電圧 v_{ce} の位相を反転させてベース-エミッタ間電圧 v_{be} として正帰還させる。

したがって，周波数条件は次式のように表される。この発振回路は**コルピッツ型発振回路**とよばれている[15]。

$$f_0 = \frac{1}{2\pi\sqrt{L\dfrac{C_1 C_2}{C_1 + C_2}}} \tag{6-15}$$

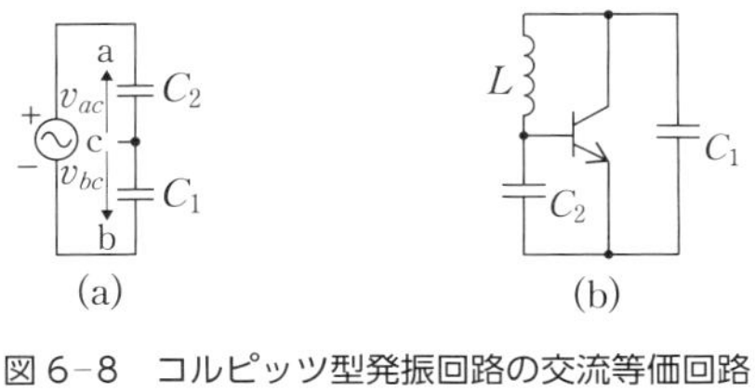

【15】コルピッツ型発振回路は，高周波数に対して寄生するトランジスタの端子間容量と並列にコンデンサが接続されているので，ハートレー型発振回路と比べて，安定に発振する。

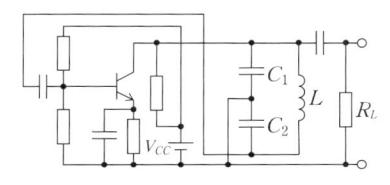

図6-8　コルピッツ型発振回路の交流等価回路

本項では，増幅回路と抵抗とコンデンサで構成した周波数選択帰還回路を用いた CR 発振回路について説明する。**CR 発振回路**は，発振周波数が低い（100 kHz 以下）場合に適する。また，C や R を可変にすることで，容易に周波数を可変できる。

CR 移相型発振回路　逆相増幅回路（増幅度：$A_v = -R_f/R$）と帰還回路としてコンデンサと抵抗を 3 段接続して構成した，図 6-9 (a) に示す **CR 移相型発振回路**について説明する。図 6-9 (b) に示す C と R の 1 段回路の周波数伝達関数は $\dot{V_o}/\dot{V_i} = j\omega CR/(1 + j\omega CR)$ と表されるが，最大で 90° 位相が移る。逆相増幅回路によって，180° 位相がずれるので，位相条件を満たすためには，C と R の回路が 3 段以上で 180° ずれる必要がある。

ループ利得は次式のように表される。なお，図 6-9 (a) にループ利得を求めるための起点を × で示す。

$$\dot{A_v}\dot{\beta} = \dot{A_v}\frac{\dot{V_f}}{\dot{V_o}} = \frac{\dot{A_v}}{1 - \dfrac{5}{\omega^2 C^2 R^2} + \dfrac{1}{j\omega CR}\left(6 - \dfrac{1}{\omega^2 C^2 R^2}\right)}$$

$$(6\text{-}16)$$

したがって，周波数条件と電力条件は次式で表される。

$$f_0 = \frac{1}{2\pi\sqrt{6}\,CR} \tag{6-17}$$

$$A_v = -\frac{R_f}{R} \leqq -29 \tag{6-18}$$

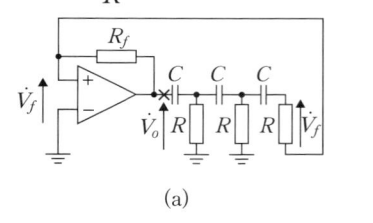 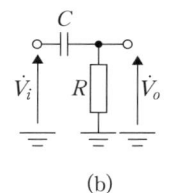

(a)　　　　　　　　　　　　(b)

図 6-9　**CR 移相型発振回路**

ウィーンブリッジ型発振回路　次に，正相増幅回路（増幅度：$A_v = 1 + R_F/R_E$）とコンデンサと抵抗を接続して帰還回路を構成した発振回路の動作について説明する。図 6-10 (a) に**ウィーンブリッジ型発振回路**を示す。図 6-10 (b) にオペアンプの入力部でループを切断した回路を示す。ループ利得は，

$$\dot{A_v}\dot{\beta} = A_v\frac{\dot{V_f}}{\dot{V_o}} = \frac{A_v}{1 + \dfrac{R_1}{R_2} + \dfrac{C_2}{C_1} + j\left(\omega C_2 R_1 - \dfrac{1}{\omega C_1 R_2}\right)}$$

$$(6\text{-}19)$$

と表される。なお，ループ利得を求めるための起点を×で示す。

したがって，ウィーンブリッジ型発振回路の周波数条件および電力条件は，次式で表される。

$$f_0 = \frac{1}{2\pi\sqrt{C_1 C_2 R_1 R_2}} \tag{6-20}$$

$$A_v \geqq 1 + \frac{C_2}{C_1} + \frac{R_1}{R_2} \tag{6-21}$$

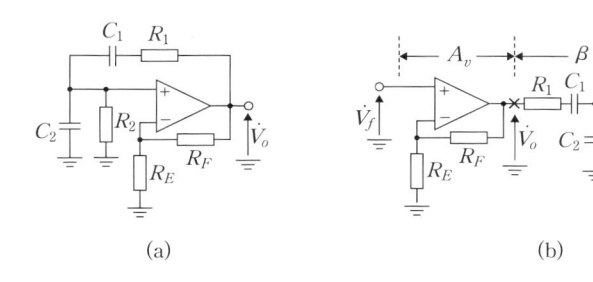

(a)　　　　　　　　　　　　(b)

図 6-10　ウィーンブリッジ型発振回路

例題 **6-3** ウィーンブリッジ型発振回路に関する問題

図 6-10 (a) のウィーンブリッジ型発振回路において，$R_1 = R_2 = R$, $C_1 = C_2 = C$ としたときの発振条件を求めなさい。

● **略解**——解答例

式 6-20 の周波数条件から，発振周波数は次式で表される。

$$f_0 = \frac{1}{2\pi CR} \tag{6-22}$$

また，電力条件は式 6-21 から，

$$A_v \geqq 3 \tag{6-23}$$

となり，正相増幅回路の抵抗に関して次式で表される。

$$R_F \geqq 2R_E \tag{6-24}$$

6-1-4 水晶発振回路

| 水晶振動子と等価回路

通信用の電子機器では，周波数安定度が高い発振回路が必要になる。**水晶発振回路**は**水晶振動子** (crystal oscillator) を用いて発振回路を構成する極めて周波数安定度が高い回路として知られている。水晶 (SiO_2 の単結晶) を切り出し，電圧を加えると圧電効果の伸縮により機械的なひずみ振動が発生し，振動電流が流れる。水晶の振動周波数は極めて高く，各水晶に固有の値になる。

図 6-11 (a) に水晶振動子の回路記号を示す。また，理想的な振動電流と相似の応答波形 (振動波形) となる等価回路を図 6-11 (b) に示す。

通常，C_0 および L_0 は，寄生容量および寄生インダクタを表す。容量 C は，容量 C_0 と比べて非常に大きい値である。

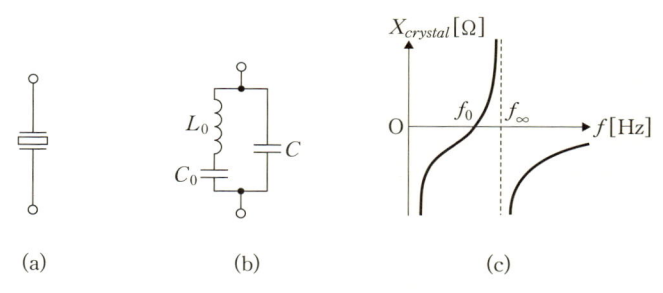

図 6-11　水晶振動子とリアクタンス特性

図 6-11 (b) の等価回路のアドミタンスは，

$$Y = \cfrac{1}{j\omega L_0 + \cfrac{1}{j\omega C_0}} + j\omega C \qquad (6-25)$$

と表されるので，リアクタンス[16] は次式となる。

$$X = -\frac{1 - \omega^2 L_0 C_0}{\omega(C + C_0 - \omega^2 C L_0 C_0)} \qquad (6-26)$$

図 6-11 (c) に，式 6-26 のリアクタンス特性[17] を示す。リアクタンスが 0 Ω となる周波数 f_0 は，等価回路の直列共振回路の共振周波数なので，$f_0 = 1/(2\pi\sqrt{L_0 C_0})$ と表される (式 6-26 の分子がゼロ)。また，リアクタンスが ∞ Ω となる周波数 f_∞ は，等価回路の並列共振回路の共振周波数なので，$f_\infty = \sqrt{(C + C_0)/C L_0 C_0}/2\pi = \sqrt{\left(1 + \dfrac{C_0}{C}\right)/L_0 C_0}\Big/2\pi$ と表される (式 6-26 の分母がゼロ)。

$C \gg C_0$ なので，f_∞ と f_0 の間は狭帯域となり，この近辺の周波数で水晶振動子は L 性 (誘導性) をもつ。すなわち，

$$f_\infty \fallingdotseq f_0 = \frac{1}{2\pi\sqrt{L_0 C_0}} \qquad (6-27)$$

の周波数の信号入力に対しては，L 性なので，水晶振動子をインダクタ L の代わりに用いて発振回路を構成できる。

ピアス発振回路

図 6-12 に水晶発振回路を示す。図 6-12 (a) はピアス BE 発振回路であり，図 6-12 (b) はピアス CB 発振回路である。ピアス BE 発振回路は，ハートレー型発振回路のベース−エミッタ間のインダクタを水晶振動子に置き換えた回路である。また，ピアス CB 発振回路は，コルピッツ型発振回路のコレクタ−ベース間のインダクタを水晶振動子に置き換えた回路である。いずれも発振周波数は，水晶が L 性となる式 6-27 で表される。

【16】 リアクタンスとは，インピーダンスの虚数部のことであり，$Z = R + jX$ と表したとき，X をリアクタンスという。

【17】 リアクタンス特性とは，リアクタンス (コンデンサやインダクタのインピーダンス) の周波数特性を表す。
　リアクタンスが正の場合には誘導性 (インダクタ特性 ($j\omega L$))，負の場合には容量性 (コンデンサ特性 ($-j/\omega C$)) を表す。

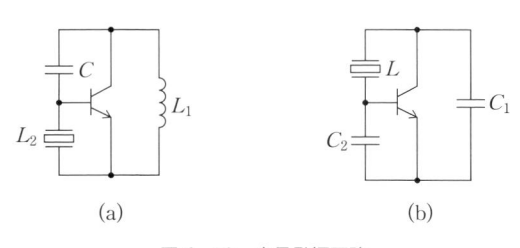

(a)   (b)

図 6-12 　水晶発振回路

前節で示した，特定の周波数の正弦波を発生させたり，発振の周波数を素子値により制御できる回路は，通信において重要な役割をはたす。本節では，電圧により発振周波数を制御できる**電圧制御発振器**（**VCO**：voltage controlled oscillator）および，基準周波数の信号の位相と同期する**位相同期ループ回路**（**PLL 回路**：phase locked loop circuit）とその応用について説明する。なお，位相が同期するとは，2つの信号の位相差が一定になることをいう。

6-2-**1** VCO

LC 発振回路の発振周波数は，回路を構成する素子である L のインダクタンスや C の容量によって定まる。ここでは，電圧によって容量を変化させることができる**可変容量ダイオード**を用いた発振回路を示す。図 6-13 に，直流電圧を与えることで容量が変化するダイオードを用いた VCO の回路を示す[18]。

【18】図 6-13 の VCO において，点線部はクラップ型発振回路とよばれる発振回路である。クラップ型発振回路の発振周波数は，破線部の共振回路による。VCO では，この共振回路に並列に電圧制御型の可変容量が加わることで，発振周波数が制御電圧によって制御されている。

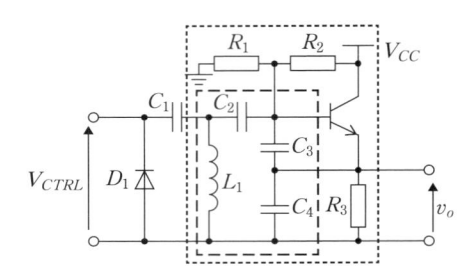

図 6-13　電圧制御発振回路

この VCO 回路は，制御電圧 V_{CTRL} によって容量が可変するダイオード D_1，インダクタ L_1，コンデンサ $C_1 \sim C_4$ による発振回路と，トランジスタ，バイアス用抵抗 R_1 および R_2 と負荷抵抗 R_3 によるコレクタ接地増幅回路からなる。出力電圧 v_o が，C_3 および C_4 による分圧回路によって，トランジスタのベース端子に帰還されることで（制御電圧），発振周波数が制御される発振回路となっている。

6-2-**2** PLL 回路と応用

PLL 回路は，基準信号 v_{in} の位相と VCO の出力信号 v_{vco} の位相が一致するように動作する回路である。図 6-14 に PLL 回路の構成を示す。入力部の位相比較器では，v_{in} の位相と v_{vco} との位相を比較し，位相差に応じた誤差信号 v_{pd} を出力する。なお，位相比較器は乗算回路から構成される。誤差信号を平滑化するために，ループフィルタとよばれ

ている低域通過フィルタ (LPF) で処理を施した制御信号 v_c を出力する[19]。基準信号と比べて，位相の遅れおよび進みに応じて発振回路の周波数の高低を調整することで位相を制御する。

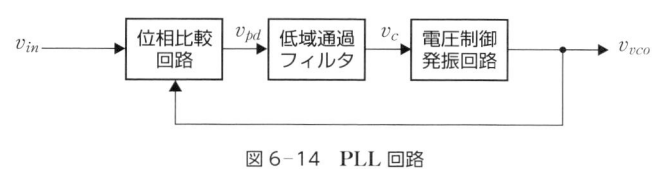

図 6-14　PLL 回路

　図 6-15 に位相比較回路として利用される，**ギルバート乗算回路**を示す。ギルバート乗算回路によって，基準信号 $v_1 (= v_{in})$ と出力信号 v_2 $(= v_{vco})$ の積の信号 $v_o (= v_{pd})$ が出力され，その信号をローパスフィルタに通すと基準信号と出力信号の位相差に比例した電圧が生成される。その電圧を VCO の制御電圧として使用することで，基準信号と出力信号の位相がロックするように負帰還がかかり，PLL として動作する。

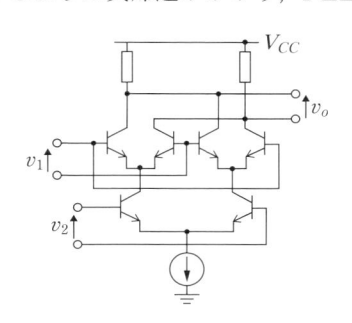

図 6-15　位相比較回路 (ギルバート乗算回路)

周波数シンセサイザ　PLL 回路の応用例[20] として，**周波数シンセサイザ**を示す。周波数シンセサイザは，1 つの周波数安定度が高い水晶発振回路を用いて，多数の周波数の信号を得ることができる。図 6-16 に高い発振周波数を分周して[21]，安定な出力信号を得る，周波数シンセサイザ回路を示す。安定な水晶発振回路の発振周波数を f_r [Hz] および VCO の出力信号の周波数 f_o [Hz] とすると，各々を分周比 m および n で分周された信号の周波数と位相が一致するように回路は動作する (m, n：自然数)。発振周波数は，次式で定まる周波数の出力信号となる。

$$f_o = \frac{n}{m} f_r \ [\text{Hz}] \tag{6-28}$$

【19】 $v_{in} = \sin \omega_c t$, および
$v_{vco} = \sin\left(\omega_c t + \dfrac{\pi}{2} + \Delta(t)\right)$
のように位相差を $\Delta(t)$ とすると，乗算回路の出力は，
$v_{pd} =$
$\sin \omega_c t \sin\left(\omega_c t + \dfrac{\pi}{2} + \Delta(t)\right)$
$= \sin \omega_c t \cos(\omega_c t + \Delta(t))$
$= \dfrac{1}{2} \{\sin(2\omega_c + \Delta(t)) - \sin \Delta(t)\}$
と表される。位相差は小さい量なので，出力信号に LPF を掛けた VCO への入力信号は低周波となり，$v_c \approx \Delta(t)$ と表される。

【20】 PLL 回路は，通信システムにおいて，受信側の同期回路として用いられる。

　正弦波を飽和増幅して，矩形波にして動作させ，コンピュータ内の高速で動作する CPU と他の IC との同期をとったり，複数の測定器で回路を測定する際に，トリガー信号との間で同期をとるときに用いられる。

【21】 分周とは，分周比で周波数を割ることで，低周波数の信号を得ることである。分周回路の例として，5-3-2 (コラム) で説明したカウンタ回路がある。

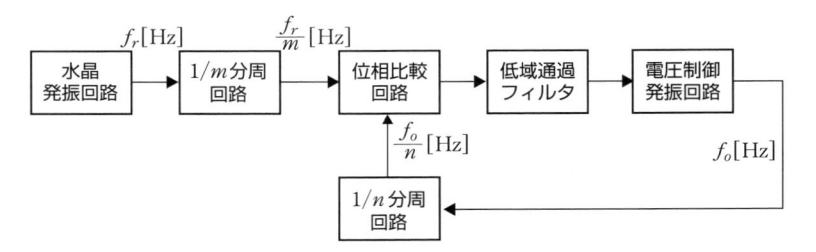

図 6–16　周波数シンセサイザ

6-3 変復調回路

音声などの情報信号を遠方へ伝送するためには，送信側で送りたい信号を高周波の信号（**搬送波**または，**キャリア**という）で変換する処理が必要になる[22]。この操作は**変調**（modulation）とよばれている。高周波数の正弦波が搬送波として用いられることが多い。また，受信側で，変調された高周波信号（**変調波**という）から，音声などの情報信号を取り出すための処理は復調（demodulation），または検波とよばれている。

本節では，変調および復調を実現する電子回路について説明する。

【22】信号を変調する処理は，搬送波に情報信号を乗せることにたとえられる。情報信号を乗せた搬送波は，変調波とよばれている。また，復調は，変調波から情報信号を降ろす処理にたとえられる。

6-3-1 AM方式

高周波の正弦波を搬送波として用いるとき，搬送波の振幅を送りたい情報信号に応じて変化させる通信方式を**振幅変調**（AM：amplitude modulation）という。

情報信号は，次式で表される低周波の正弦波とする。

$$v_s(t) = V_s \sin \omega_s t \tag{6-29}$$

搬送波は，次式で表される高周波の正弦波とする（$\omega_c \gg \omega_s$）。

$$v_c(t) = V_c \sin \omega_c t \tag{6-30}$$

AM変調波は，式6-30の振幅 V_c を信号に応じて変化させるので，次式のように表される。

$$v_{am}(t) = (V_s + v_s(t)) \sin \omega_s t$$

$$= V_c \sin \omega_c t + \frac{V_s}{2} \cos(\omega_c - \omega_s)t - \frac{V_s}{2} \cos(\omega_c + \omega_s)t \tag{6-31}$$

図6-17に情報信号波形，搬送波およびAM変調波を示す。図6-17（c）からわかるように，適切なAM変調波の**包絡線**（envelope）は，情報信号波形と同じ概形をしている。復調では，AM変調波から包絡線を抽出し，図6-17（a）の信号を得る。

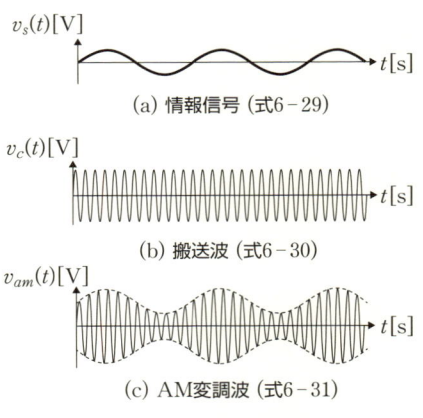

(a) 情報信号（式6−29）

(b) 搬送波（式6−30）

(c) AM変調波（式6−31）

図6-17　AM変調信号と復調信号

【23】搬送波より高い $\omega_c + \omega_s$ の成分の信号を**上側波**，低い $\omega_c - \omega_s$ の成分の信号を**下側波**という。

【24】図6-18(a) は，$m = 0$ のときで，変調はなされていない。図6-18(b) および (c) は，$m = 0.5$ および $m = 1$ のときで，包絡線から適切な変調が確認できる。しかし，$m > 1$ では，図6-18(d) のように($m = 1.5$)，過変調となり，復調により情報信号波は復元できない。

　式6-29 および式6-31 より，変調前の情報信号の周波数帯域は，(角) 周波数 ω_s [rad/s] の正弦波成分1つであるが，AM変調後は，周波数 ω_c [rad/s] の搬送波成分のほかに，搬送波の側に2つの高周波数 $\omega_c \pm \omega_s$ の成分が存在し，周波数帯域 (占有帯域) は広がる[23]。

　ここで，$m = V_s/V_c$ (m：**変調度** (modulation factor)) とおくと，式6-31 は，

$$v_{am}(t) = V_c\left(\sin\omega_c t + \frac{m}{2}\cos(\omega_c - \omega_s)t - \frac{m}{2}\cos(\omega_c + \omega_s)t\right)$$

$$(6-32)$$

と表される。

　変調度 $m(\geqq 0)$ は AM変調の度合いを表す。図6-18 に変調度と変調波の関係を示す[24]。

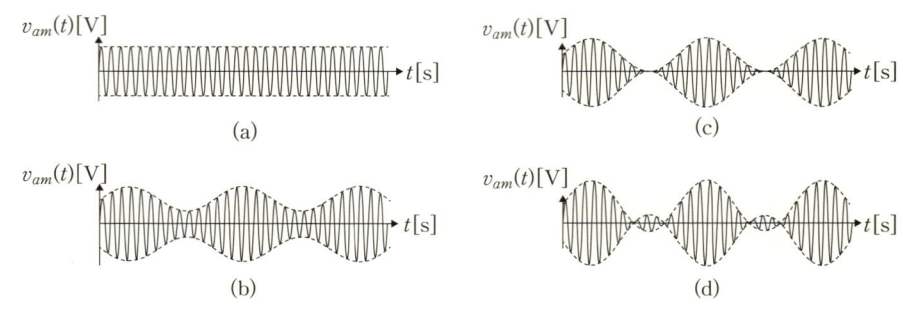

(a)

(b)

(c)

(d)

図6-18　変調度と AM変調波

　ここで，変調波の電力を求める。式6-32 における搬送波の抵抗 R で消費される電力は，正弦波の電圧の実効値が $V_s/\sqrt{2}$ なので $P_C = (V_c/\sqrt{2})^2/R = V_c^2/2R$ と表される。上側波と下側波の電力は，$P_U = P_L = (mV_c/2\sqrt{2})^2/R = m^2 V_c^2/(8R) = m^2 P_C/4$ と表される。総電力は，$P_{total} = P_C + P_U + P_L = (1 + m^2/2)P_C$ のように搬送波と変調度より求められる。

AM 変調回路

　図6-19(a)に，AM 変調を実現するエミッタ接地増幅回路を用いたベース変調回路を示す。ベース電圧に，バイアス電圧，搬送波および情報信号を重ね合わせる（$V_{BE} = V_{BB} + v_c + v_s$）。さらに，$V_{BE}$-$I_C$特性により，コレクタ電流が変化する。このとき，図6-19(b)に示す特性の湾曲部を使うため，搬送波のコレクタ電流の振幅は，加わる情報信号の大きさにより特性の傾きのi_c/v_cが異なる。出力部のL_1C_1共振回路によって，低周波成分（情報信号波）を阻止し，搬送波成分を抽出することで AM 変調波を得る。

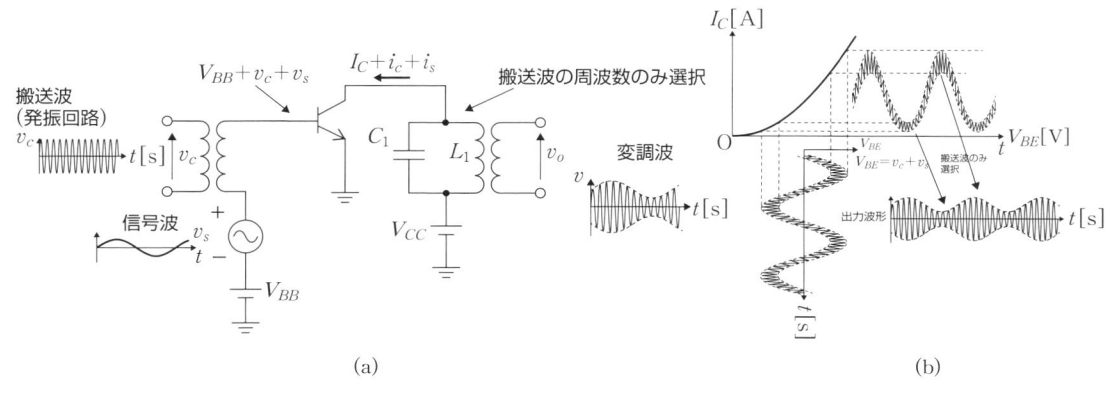

(a)　　　　　　　　　　　　　　(b)

図6-19　**AM 変調のためのベース変調回路**

AM 復調回路

　図6-20に AM 復調回路を示す。図6-20(a)は**包絡線検波回路**である。包絡線検波回路は，変調波の包絡線を直接抽出するための回路である。まず，ダイオードの整流作用により正電圧のみの波形とする。コンデンサCおよび抵抗Rにより，高周波成分は除去され，さらにコンデンサC_Cにより直流成分が除去され，情報信号波形が復調される。

　包絡線検波回路は，図6-20(b)のように，ダイオード特性の直線部を用いる直線検波回路と湾曲部を用いる二乗検波回路がある。

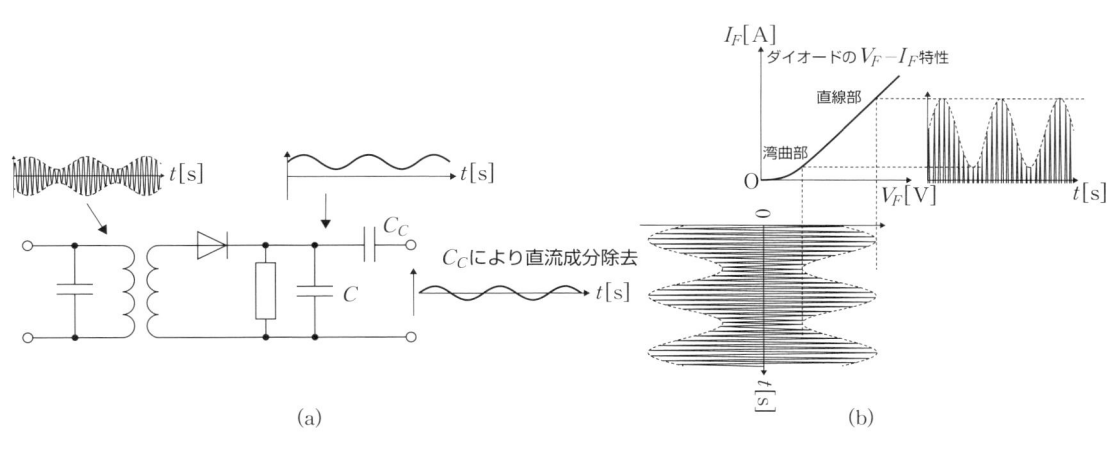

(a)　　　　　　　　　　　　　　(b)

図6-20　**AM 復調回路**

6-3-2 FM方式

高周波の正弦波を搬送波として用いるとき，搬送波周波数を送りたい信号に応じて変化させる通信方式を**周波数変調**（FM：frequency modulation）という。

振幅変調と同様に，周波数の低い情報信号を式6-29で表される正弦波とし，周波数の高い搬送波を式6-30で表される正弦波とする。

FM変調は，搬送波の周波数を情報信号の振幅に応じて変化させるので，変調波の周波数は，

$$f = f_c + k_f V_s \sin 2\pi f_s t \tag{6-33}$$

と表される。周波数が最大になる偏移を $\Delta_f = k_f V_s$ と表すと，FM変調波は，

$$v_{fm}(t) = V_c \sin 2\pi (f_c + \Delta_f \sin 2\pi f_s t)t$$
$$= V_c \sin(2\pi f_c t - m_f \cos 2\pi f_s t) \tag{6-34}$$

【25】次式のように，周波数は，位相の時間微分とみなすと式6-34となる。この周波数は瞬時周波数とよばれている。

$$v_{fm}(t) = V_c \sin 2\pi (f_c + \Delta_f \sin 2\pi f_s t)t$$
$$= V_c \sin \int_0^t (2\pi f_c + 2\pi \Delta_f \sin 2\pi f_s t)dt$$
$$= V_c \sin \left(2\pi f_c t - \frac{\Delta_f}{f_s} \cos 2\pi f_s t\right)$$
$$= V_c \sin(2\pi f_c t - m_f \cos 2\pi f_s t)$$

と表される[25]。ここで，$m_f = \Delta_f/f_s$（m_f：**変調指数**（modulation index））とする。

図6-21に情報信号波形，搬送波およびFM変調波を示す。図6-21(c)からわかるように，FM変調波の振幅は一定であるが，正弦波の周波数が情報信号の変化と同じように変動している。復調では，FM変調波から周波数の変動を抽出し，図6-21(a)の信号を得る。

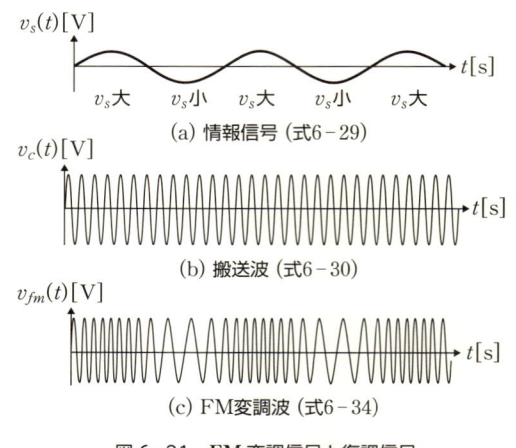

図6-21　FM変調信号と復調信号

式6-34より，変調前の情報信号の周波数帯域は，周波数 f_s [Hz] の正弦波成分1つであるが，FM変調後は，f_c, $f_c \pm f_s$, $f_c \pm 2f_s$, $f_c \pm 3f_s$, …[Hz] のように広帯域に成分が存在するが，高周波数ではほとんど成分がないので，周波数帯域（占有帯域）は約 $2(\Delta_f + f_s)$ とする[26]。

【26】式6-34で表されるFM変調波の周波数成分の数式による詳細については省略する。

FM変調回路

図6-22に周波数を信号の振幅に応じて変化させるFM変調回路を示す。図6-22は，ハートレー

型発振回路のコンデンサをコンデンサマイクにして，音でその容量を変化させて発振周波数を変化させる回路である。また，入力電圧の振幅によって，発振周波数を変化させることができる VCO を用いた FM 変調回路もある。

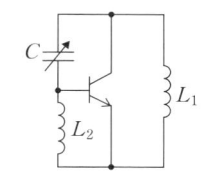

図6-22　FM 変調回路

FM 復調回路

　　図6-23 に FM 復調回路を示す。図6-23(a) は，LC 共振回路を用いた FM 復調回路である。図6-23(b) に共振周波数と搬送波周波数の関係を示す。共振特性の傾き付近に搬送波周波数がくるように L および C を設定すると，周波数値の変動に応じた出力電圧（AM 変調波）を得ることができる。したがって，AM 復調回路により，情報信号を復調できる。

　図6-23(c) は，**ピークディファレンシャル回路**を用いた復調回路を示す。インダクタのインピーダンスは，周波数に比例する特性をもつので，FM 変調波の周波数の変動を出力電圧に変換して，AM 変調波にする。また，**6-2** で説明した PLL を用いても，FM 復調回路が構成できる。PLL 回路の基準信号に FM 変調波を入力すると，VCO の発振周波数が追従するので，LPF の出力は，周波数値の変動に応じた出力電圧（AM 変調波）になる。

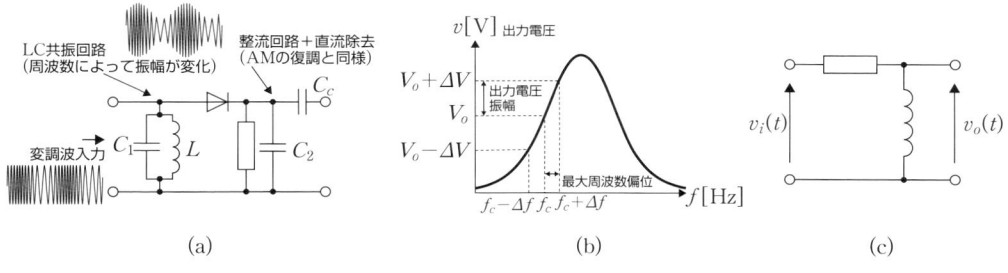

(a)　　　　　　　　　　　(b)　　　　　　　　　　　(c)

図6-23　FM 復調回路

6-3-3　ASK 方式

　AD 変換されたデジタル信号のビットをパルス列で表したとき，1 および 0 に相当するパルス信号の高低に応じて搬送波振幅を変調する通信方式を**周波数偏移変調**（ASK：amplitude shift keying）という[27]。

　ASK 変調波は次式で表される。

$$v_{ask}(t) = \begin{cases} V_1 & if \ \text{bit} = 1 \\ V_0 & if \ \text{bit} = 0 \end{cases} \tag{6-35}$$

【27】ビット列を表すデジタル信号を変調する場合は**デジタル変調**という。一方，音声等のアナログ信号を変調する場合はアナログ変調という。

図 6-24 にパルス信号波形，搬送波および ASK 変調波を示す。図 6-24 (c) からわかるように，ASK 変調波の包絡線はパルス波形と相似の概形をしている。復調では，ASK 変調波の包絡線に対して，ビットが 1 または 0 をしきい値判定して，図 6-24 (a) のデジタル信号を得る。アナログ変調と比べて，デジタル変調を用いた通信では，雑音が加わってもビット判定時に影響を受けにくい特徴がある。

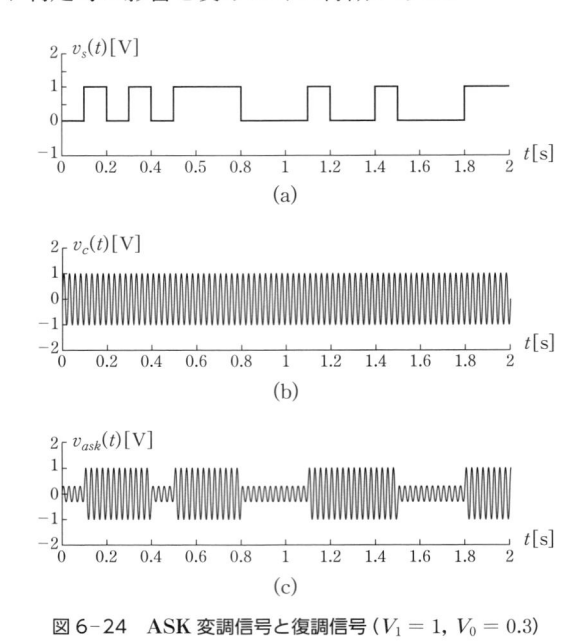

図 6-24　**ASK 変調信号と復調信号** ($V_1 = 1$, $V_0 = 0.3$)

| ASK 変調と復調回路

　ASK 変調は，搬送波とビットを表すパルス波形との乗算により行えるので，図 6-15 のギルバート乗算回路を用いて実現できる。

　ASK の復調は，図 6-24 (c) の包絡線がビットを表すパルス波形なので，AM 復調回路により包絡線を抽出し，5 章で説明した AD 変換回路を多値化することで，デジタル情報として復元することができる。

1. 図 6-2 (a) の反結合発振回路において，$L_1 = 100\,\mu\text{H}$ および $C = 100\,\text{pF}$ とするとき，発振周波数を求めなさい。

2. 図 6-6 (d) のハートレー型発振回路において，$L_1 = 100\,\mu\text{H}$，$L_2 = 50\,\mu\text{H}$，$C = 1\,\text{nF}$ および結合係数 $k = 1$ とするとき，発振周波数を求めなさい。

3. 図 6-7 のコルピッツ型発振回路において，$L = 200\,\mu\text{H}$，$C_1 = C_2 = 200\,\text{pF}$ とするとき，発振周波数を求めなさい。

4. 図 6-10 (a) のウィーンブリッジ型発振回路において，以下の問に答えなさい。

(1)　ループ利得を求めなさい。

(2)　発振するための条件を求めなさい。

(3)　$R_1 = 5\,\text{k}\Omega$，$R_2 = 2\,\text{k}\Omega$，$C_1 = 0.02\,\mu\text{F}$，$C_2 = 0.05\,\mu\text{F}$ とするとき，発振周波数を求めなさい。

5. AM 変調の搬送波電力が $100\,\text{W}$，変調度が 0.8 のときの総電力を求めなさい。

6. FM 変調において，情報信号の最大周波数が $8\,\text{kHz}$，周波数が最大になる偏移が $40\,\text{kHz}$ のとき，変調指数を求めなさい。また，周波数帯域（占有帯域）はいくらになるか求めなさい。

電力増幅と電源回路

これまで，主に情報の担い手としての電気信号を扱う電子回路について学んできた。本章では，負荷を駆動する電力を供給する増幅回路と電子回路が動作するために必要な電力を供給する電源回路について学ぶ。基本的な電力増幅回路や電源回路についての知識を習得し，以下の項目を目標とする。

① プッシュプル・エミッタフォロアの動作を理解し，簡単な設計ができるようになる。

② AC 電源から DC 電源へ変換する回路と動作を理解する。

③ DC 電源を安定化させる回路の動作を理解する。

7-**1** | 電力増幅回路

電力増幅回路は，出力電圧の振幅が大きく，大きな電流を出力できる増幅回路である。本節では，プッシュプル・エミッタフォロア，ダーリントン接続およびオペアンプを用いた電力増幅回路について説明する。

7-1-**1** プッシュプル・エミッタフォロアによる電力増幅回路

プッシュプル・エミッタフォロア 出力インピーダンスが低く，負荷に対する電流供給能力が高い，電力増幅に適する増幅回路として，3-4-4 で学んだエミッタフォロア（コレクタ接地増幅回路）がある。図 7-1 に，エミッタフォロアの出力部のみを示す。npn 型バイポーラトランジスタは，エミッタ端子から流れ出る方向の電流しか扱えないが，バイアスコレクタ電流を与えておけば，i_O を双方向に制御することができる。

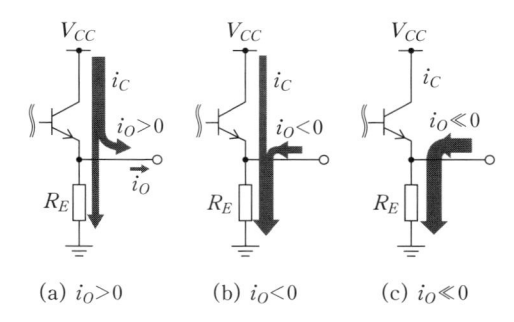

(a) $i_O > 0$　　　(b) $i_O < 0$　　　(c) $i_O \ll 0$

図 7-1　エミッタフォロアの電流（i_B の存在は考慮していない）

図 7-1 (a) は $i_O > 0$ の場合（電流の流出），(b) は $i_O < 0$ の場合（電流の流入）の電流の流れを示している。$i_O > 0$ のときは i_O が増えても i_C が途切れることはないが，$i_O < 0$ のときは i_O の大きさが増えると i_C

は減少し，i_O が過大になると図 7-1 (c) のように i_C は消滅する。図 7-1 (c) の状態では，トランジスタによる電流増幅が行えないので，出力電圧や電流を制御できない。i_C の消滅に対しては，R_E を小さくして，大きなバイアスコレクタ電流 I_{CP} を与えれば回避できるが，$V_{CC}I_{CP}$[W] なる電力損失が常時発生することになり**電力効率**が低い[1]。

このように，npn 型バイポーラトランジスタを用いたエミッタフォロアでは，$i_O \ll 0$（電流を吸い込む場合）のとき電圧や電流を制御できなくなるが，それと対称的な動作をする pnp 型バイポーラトランジスタを用いたエミッタフォロアでは，$i_O \gg 0$（電流を吐き出す場合）のとき電圧や電流が制御できない問題が起こる。

ところが，npn 型と pnp 型トランジスタを図 7-2 のように組み合わせて用いると[2]，大きなバイアスコレクタ電流を与えることなく，双方向に i_O を制御することが可能になる。この回路は**プッシュプル・エミッタフォロア**（push-pull emitter follower）とよばれている。

図 7-2 (a) は，プッシュプル・エミッタフォロアの基本回路である。入力電圧を v_I，npn 型と pnp 型トランジスタの各ベースに順方向電流を流したときのベース−エミッタ間電圧をそれぞれ V_{BE1} および V_{BE2} とすると，出力電圧 v_O は，

$$v_O = \begin{cases} v_I - V_{BE1} & (v_I \geqq v_O + V_{BE1}) \\ v_I + V_{BE2} & (v_I \leqq v_O - V_{BE2}) \end{cases} \qquad (7-1)$$

と表される。

$v_I \geqq v_O + V_{BE1}$ のときは，上側の npn 型トランジスタにベース電流が供給され，出力電流 i_O は，npn 型の出力端子から i_{E1} が吐き出される。一方，$v_I \leqq v_O - V_{BE2}$ のときは，下側の pnp 型トランジスタにベース電流が供給され，出力電流 i_O は，pnp 型の出力端子から i_{E2} が吸い込まれる。このように 2 つのトランジスタが電流の吐き出し／吸い込みの役割を分担して，双方向の出力電流を得る動作を**プッシュプル動作**と

【1】 電力効率とは，回路で消費される全電力に対する出力信号電力の比である。

なお，電力効率は，電源効率とよばれることもある。

【2】 FET を用いた場合，n チャネルおよび p チャネル FET を組み合わせると，プッシュプル・ソースフォロアを構成することができる。その機能は，プッシュプル・エミッタフォロアとほとんど同等であり，多くの場合置き換えることができる。下図は，図 7-2 (b) に対応する MOSFET のプッシュプル・ソースフォロア回路である。

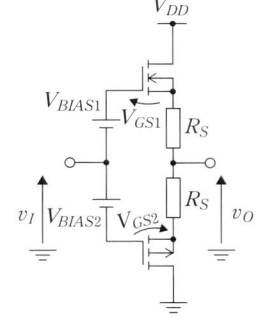

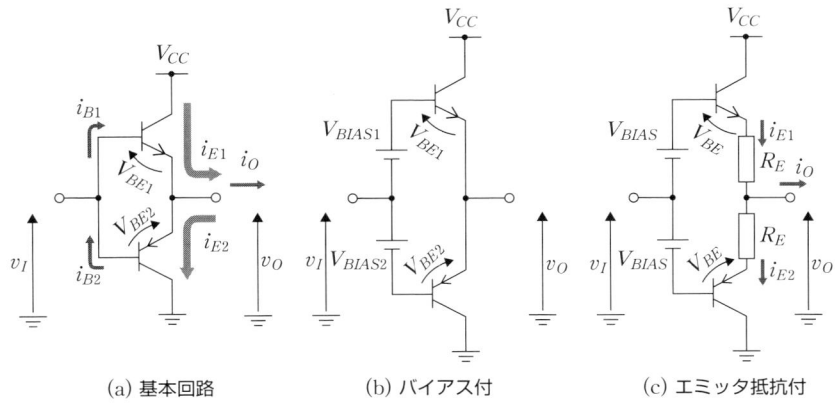

| (a) 基本回路 | (b) バイアス付 | (c) エミッタ抵抗付 |

図 7-2 プッシュプル・エミッタフォロア回路

いう。なお，V_{BE1} および V_{BE2} が，v_I に比べ小さく無視できる場合（$V_{BE1} = V_{BE2} \approx 0$）は，式 7-1 から，

$$v_O \approx v_I \qquad\qquad (7\text{-}2)$$

となり，出力電流の向きに関係なく，入力電圧がそのまま出力端子電圧として，伝達されることがわかる。

▎プッシュプル・エミッタ フォロアのバイアス回路　　一方，v_1 に対して V_{BE1} および V_{BE2} を考慮し，式 7-1 に示した条件を満たさない $v_I < v_O + V_{BE1}$，かつ，$v_I > v_O - V_{BE2}$ のときには，両トランジスタにベース電流が流れないため i_{E1} および i_{E2} も流れず，出力端子は開放状態となる。出力端子に接続する負荷が抵抗の場合，出力端子が開放状態では $v_O = 0$ となるので，$-V_{BE2} < v_I < V_{BE1}$ のとき，すなわち，入力電圧がゼロ付近で負荷に電流が供給されなくなり，図 7-3 に示すように出力電圧 v_O に**クロスオーバーひずみ**（crossover distortion）が生じる[3]。

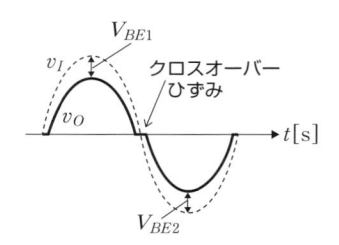

図 7-3　ゼロ付近のひずみ

このひずみを改善するために，図 7-2 (b) のようにベースにバイアス電圧を付加する。バイアス電圧を $V_{BIAS1} = V_{BE1}$ および $V_{BIAS2} = V_{BE2}$ に設定すれば，V_{BE1} および V_{BE2} を打ち消すことができるので，図 7-3 のひずみを改善できる。

ただし，V_{BE} は，温度やベース電流に依存するため，一定のバイアス電圧 V_{BIAS} を与えて V_{BE} を過不足なく打ち消すことは極めて難しい。$V_{BE} > V_{BIAS}$ では，図 7-3 のようなひずみが残り，$V_{BE} < V_{BIAS}$ では，両トランジスタにベース電流が同時に供給され，電圧源 V_{CC}（npn 型トランジスタのコレクタ）から，接地（pnp 型トランジスタのコレクタ）に向かって大きな電流が流れてしまう。この電流による電力損失により，トランジスタの温度が上昇すると，V_{BE} が低下する。すると，ベース電流が増し，V_{CC} から接地に流れる電流の量が増える。これにより，さらに温度が上昇し，熱暴走に至るとトランジスタを破壊してしまう可能性がある。

この現象を改善するために，図 7-2 (c) のようにエミッタ抵抗 R_E を挿入する。この抵抗は，**3-2-2** で学んだ電流帰還型バイアス回路と同じ効果を果たし，コレクタ電流の安定化が図られる。加えて，V_{BIAS} を V_{BE} より若干高めに設定し，図 7-3 のひずみの発生を抑える。このとき，V_{CC} から接地に向かって電流，

$$I_{idle} = \frac{V_{BIAS} - V_{BE}}{R_E} \qquad\qquad (7\text{-}3)$$

【3】ゼロ電圧付近の正負でトランジスタが切り替わると，そのつなぎ目で出力電流が流れないため，波形ひずみが発生する。このひずみは，クロスオーバーひずみとよばれている。このようなトランジスタの動作状態を C 級動作という。

が流れる（$i_O = 0$ として，$I_{idle} = i_{E1} = i_{E2}$）。この電流は，**アイドル電流** (idle current)，または**アイドリング電流**とよばれている。I_{idle} をゼロよりわずかでも多く流しておけば，出力端子が開放状態となることはなく（i_{E1} および i_{E2} は同時にゼロになることはなく），図7-3のような不連続な出力波形（クロスオーバーひずみ）は改善される。この場合，出力電流 i_O は実質的に i_{E1} または i_{E2} となり，npn 型と pnp 型トランジスタが択一的に動作して負荷に電流を供給するので，図7-3のようなひずみは発生しない。I_{idle} が実質的にゼロであるため，アイドル電流による電力損失は発生しない。$I_{idle} > 0$ ではあるが，I_{idle} を極めて小さい値に設定した場合を **B 級動作**という。

　図7-2(b) および (c) において，V_{BIAS} を V_{BE} より小さく選び，図7-3のひずみが発生する状態の動作を **C 級動作**という。図7-2(a) は，C 級動作を行う典型的な回路例である。I_{idle} が完全にゼロであるため，B 級動作より電力効率がよい。しかし，ひずみが発生するため，波形の再現性を重視する用途には使われない[4]。

　一方，I_{idle} を多量に流し，出力電流の大きさ $|i_O|$ が想定される最大値 I_{O-max} になっても，i_{E1} および i_{E2} の両方の電流がゼロにならない動作を **A 級動作**という。出力電流は，両電流の差，$i_O = i_{E1} - i_{E2}$ で与えられる。V_{BE} を一定とみなし，かつ，図7-2(c) では両トランジスタのエミッタ抵抗の抵抗値が同一（共に R_E）であるため，

$$\begin{cases} i_{E1} = I_{idle} + i_O/2 \\ i_{E2} = I_{idle} - i_O/2 \end{cases} \tag{7-4}$$

のように，両エミッタ電流は i_O に対して対称的に変化する。このためアイドル電流を

$$I_{idle} > \frac{I_{O-max}}{2} \tag{7-5}$$

と設定しておけば，A 級動作が保証される。A 級動作の電力効率は低いが，i_{E1} および i_{E2} は途切れることがないため，図7-3のひずみが B 級動作よりも一層改善される[5]。対称的なエミッタ電流となるため，トランジスタの選定と I_{idle} の設定を適切に行えば，両トランジスタの非線形性を互いに打ち消す効果が期待され，クロスオーバーひずみをより低減することが可能になる。

　なお，3章で説明した増幅回路は，バイアスを加えることで入力端子に交流信号を入力しても，コレクタ電流（あるいはドレイン電流）が途切れないようにしていた。トランジスタ1つの回路であるため，上述した非線形性の打ち消し効果はないが，これらも A 級動作の増幅回路の一種とみなすことができる。

【4】C 級動作を行うことで，あえてひずみを発生させて，高調波成分を作り出す目的の用途もある。

【5】下図は，式7-4および i_O を表す A 級動作の出力電流である。A 級動作は波形の再現性は高いが，消費電力が大きいので，負荷電力が小さい場合や特に精密な増幅が要求される場合にのみ利用される。

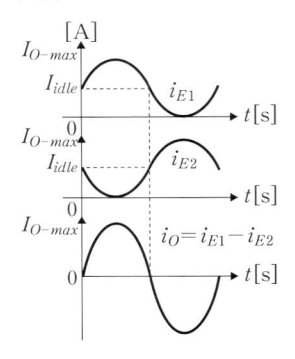

　電力増幅回路の動作点について考えてみる。図 1 (a) に示すエミッタ接地電力増幅回路は，バイアス電圧 V_{BB} で設定される図 1 (b) に示す動作点に応じて，出力波形が異なる。図 1 (c) に示すように，出力の直流成分 V_{CE} が電源電圧 V_{CC} の 1/2 となるようにバイアス点を設定すると **A 級動作**となる。このとき，バイアスコレクタ電流も最大値の 1/2 となり，$I_C = V_{CC}/2R_L$ と表される。V_{BB} を低減させていき，バイアスコレクタ電流が $I_C = 0$ となる電圧に V_{BB} を設定すると，図 1 (b) に示す動作点の **B 級動作**となる。さらに，V_{BB} を低減させると **C 級動作**となる。

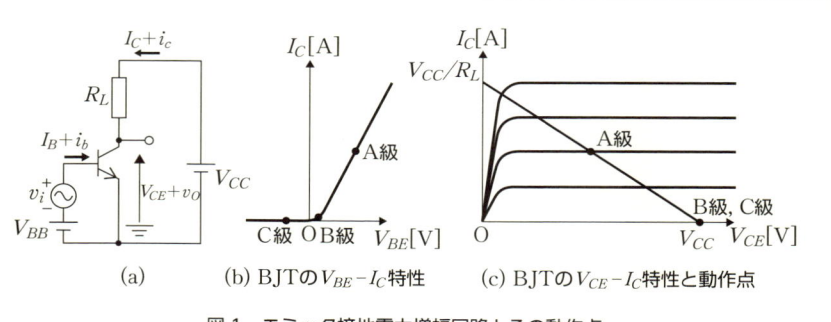

図 1　エミッタ接地電力増幅回路とその動作点

　まず，A 級動作を説明する。図 2 のように，動作点を中心に正弦波入力電圧 v_i が時間変化すると，$V_{BE} - I_C$ 特性上で，コレクタ電流 I_C も時間変化する。出力電圧 v_o は，$V_{CE} - I_C$ 特性上の負荷線にしたがって変化する。電力増幅回路では，小信号増幅回路と異なり信号の振幅が大きいため，等価回路に変換しないで，作図を用いて回路特性を解析することが多い。

　A 級電力増幅回路では，出力の信号振幅が最大で $V_{CC}/2$ であるため，信号の電力は最大で $(V_{CC}/2\sqrt{2})^2/R_L = V_{CC}^2/8R_L$ となる。一方，平均コレクタ電流は，$I_{CP} = V_{CC}/2R_L$ なので，ベース電流を無視すると回路全体での消費電力は，$V_{CC}I_{CP} = V_{CC}^2/2R_L$ となる。したがって，電力効率は最大で 25% と低い値となる。これは，常にアイドル電流として，I_{CP} が流れるためである。

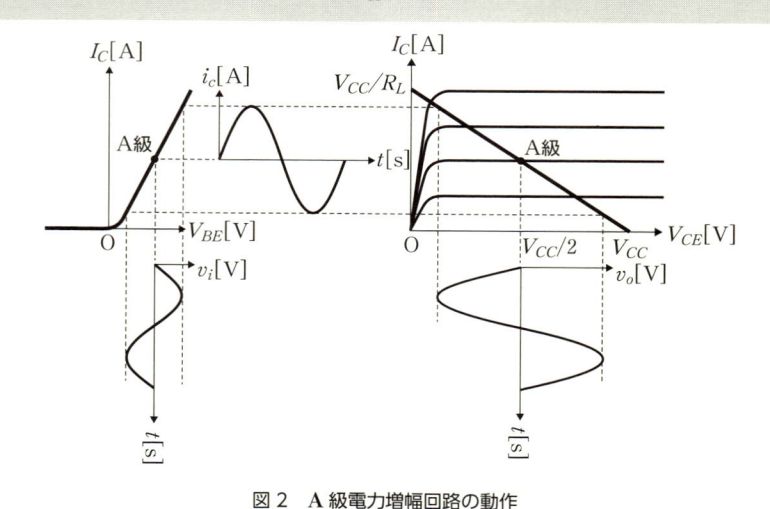

図 2　A 級電力増幅回路の動作

　次に B 級動作を説明する。A 級動作と同じく，図 3 のように，$V_{BE} - I_C$ 特性と $V_{CE} - I_C$ 特性上の負荷線にしたがって出力 v_o が変化する。しかし，$v_i < 0$ では，$I_C = 0$ となるため，出力電圧は $v_o = 0$ となる。このように，正弦波の半周期分しか出力されないため，出力電圧のひずみは大きい。実際の B 級電力増幅回路では，

本文で説明したように，対称的な動作をする npn トランジスタと pnp トランジスタを組み合わせてプッシュプル構成にすることで，入力と同形の波形を得る。

　プッシュプル構成した B 級電力増幅回路では，出力の信号振幅が最大で V_{CC} であるので，信号の電力は最大で $\left(V_{CC}/\sqrt{2}\right)^2/R_L = V_{CC}^2/2R_L$ となる。一方，平均コレクタ電流は $2V_{CC}/\pi R_L$ なので，ベース電流を無視すると回路全体での消費電力は $2V_{CC}^2/\pi R_L$ となる。したがって，電力効率は最大で $\pi/4 \approx 78\%$ となり，A 級電力増幅回路より向上している。これは，アイドル電流が流れないためである。

　C 級電力増幅回路は，B 級よりもさらに動作点 V_{BB} がマイナスとなる位置に設定するため，より大きなクロスオーバーひずみが発生する。

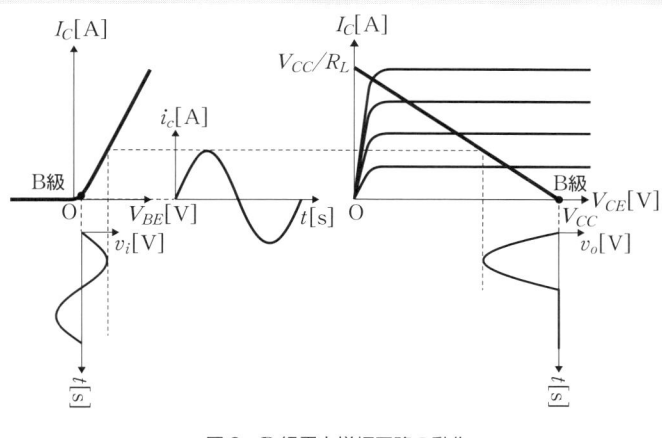

図 3　B 級電力増幅回路の動作

　A 級電力増幅回路は，電力効率が低い一方でひずみを小さくすることができるため，古くからオーディオ関連で利用されている。B 級電力増幅回路は，バイアスコレクタ電流が小さく電力効率が高いが，A 級と比べてひずみが大きい。動作点を A 級の方向に少しずらすことで，コレクタ電流を少し流すことでひずみを小さくした回路を AB 級とよぶこともある。C 級電力増幅回路は，ひずみに含まれる高調波成分をフィルタで取り出すことで，周波数逓倍回路として使用することもできる。

例題　7-1　アイドル電流の設定に関する問題

　図 7-2 (c) の回路において，$R_E = 10\,\Omega$ および $V_{BE} = 0.7\,\mathrm{V}$ として，以下に答えなさい。

(1) アイドル電流を $0.1\,\mathrm{mA}$ 流す B 級動作としたい。バイアス電圧 V_{BIAS} を求めなさい。

(2) 最大出力電流を $0.2\,\mathrm{A}$ として A 級動作を保証したい。V_{BIAS} の下限を求めなさい。

●略解 ──── 解答例

(1) 式 7-3 より，$0.1\,\mathrm{mA} = (V_{BIAS} - 0.7\,\mathrm{V})/10\,\Omega$ となる。よって，$V_{BIAS} = 0.701\,\mathrm{V}$ となる。

(2) 式 7-5 より，$I_{idle} > 0.1\,\mathrm{A}$ となる。よって，$0.1\,\mathrm{A} < (V_{BIAS} - 0.7\,\mathrm{V})/10\,\Omega$ より，$V_{BIAS} > 1.7\,\mathrm{V}$ となる。

バイポーラトランジスタの出力電流が大きい場合，入力のベースに流れる電流も大きくなる。つまり，図7-2のプッシュプル・エミッタフォロアでいえば，入力インピーダンスが低下し，この回路に信号を供給する信号源の負担が大きくなる。

このような場合，図7-4に示すように，2つのnpn型トランジスタ Q_1 および Q_2 を接続することで，信号源側の電流を抑えることができる。この接続では，トランジスタ Q_1 によってベース電流 I_{B1} を増幅して得たエミッタ電流を用いて，トランジスタ Q_2 にベース電流 I_{B2} として供給する。Q_1 および Q_2 の電流増幅度を各々 $h_{FE1}(\gg 1)$ および h_{FE2} $(\gg 1)$ と表すと，図7-4のコレクタ電流 I_{C2} は，

$$I_{C2} = h_{FE2}I_{B2} = h_{FE2}(1 + h_{FE1})I_{B1} \approx h_{FE1}h_{FE2}I_{B1} \qquad (7\text{-}6)$$

と表される。つまり，2つのトランジスタの電流増幅度の積を電流増幅度とする，1つのトランジスタ Q とみなすことができる。ただし，Q のベース－エミッタ間電圧は，Q_1 および Q_2 各々のベース－エミッタ間電圧の和となり，トランジスタ1つの場合より大きくなる。この接続を**ダーリントン接続**（Darlington connection）という[6]。

また，ダーリントン接続と同じ電流増幅度を実現するトランジスタ接続として，図7-5の接続も可能である。

この場合，Q_1 のコレクタ電流により，Q_2 のベース電流を得ている。この接続は，**インバーテッドダーリントン接続**（inverted Darlington connection）とよばれている[7]。大きなコレクタ電流をまかなっている Q_2 はnpn型であるが，この接続により電流増幅度が大きい1つのpnp型トランジスタとみなすことができる。インバーテッドダーリントン接続の場合，Q のベース－エミッタ間電圧は，Q_1 の電圧と同じであり，ダーリントン接続のように Q_1 と Q_2 の電圧の和にはならない。

【6】pnp型トランジスタのダーリントン接続は，下図で表される。

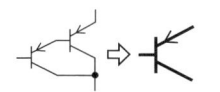

【7】npn型トランジスタとみなせるインバーテッドダーリントン接続は，下図で表される。

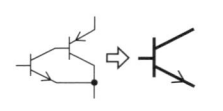

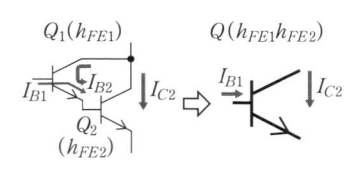

図7-4　ダーリントン接続と等価トランジスタ

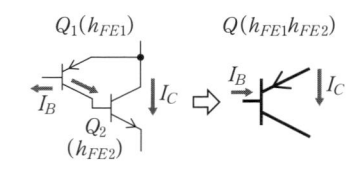

図7-5　インバーテッドダーリントン接続と等価トランジスタ

7-1-**3** オペアンプを用いた電力増幅回路

図7-6は，プッシュプル・エミッタフォロア回路とオペアンプを組み合わせた非反転増幅回路である。なお，プッシュプル・エミッタフォ

ロア回路では，バイアス電圧をダイオードの順方向電圧 V_F で与えている[8]。ダイオードには，電源電圧 $\pm V[\mathrm{V}]$ により，抵抗 R を介して順方向電流を流している。

　トランジスタの温度変化により，V_{BE} は変化するが，ダイオードも同様に V_F が変化する。トランジスタのパッケージとダイオードの胴体を直接，あるいは金属などの熱伝導がよい部材でつなぎ，温度が同じになるようにしておくと（**熱結合という**），V_{BE} と V_F は，変化を補償するように変化するので，アイドル電流が安定する。この作用を**温度補償**という。

　プッシュプル・エミッタフォロア回路は，前述したように，入力電圧をほぼそのまま出力に伝達する。このため，電圧増幅度 A_d のオペアンプの出力端子にプッシュプル・エミッタフォロア回路を付した回路（図7-6の点線の回路）は，電流供給力を強化した1つのオペアンプとみなすことができる。よって，図7-6に示した点線の回路を大電流が出力できるオペアンプとみなし，4章で示した各種オペアンプ回路と同様に，抵抗などの素子を付加すれば，非反転増幅回路，反転増幅回路などの増幅回路を構成することができる。

　たとえば，抵抗 R_i と R_f を付与した図7-6の電力増幅回路の電圧増幅度 A は，

$$A = 1 + \frac{R_f}{R_i} \tag{7-7}$$

と表される。

　一般的なオペアンプ IC の場合，最大出力電流は数 mA 程度であるが，図7-6の回路構成を用いれば，数十 mA から 100 mA 程度まで出力することができる。また，図7-6の2つのトランジスタをそれぞれダーリントン（または，インバーテッドダーリントン）接続した回路に置き換えれば，数 A 以上の出力電流が得られる[9]。

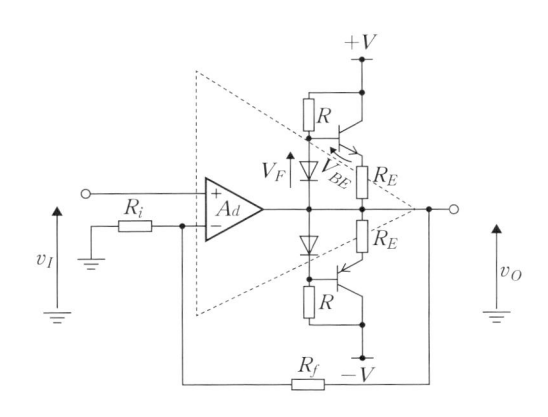

図7-6　オペアンプを用いた電力増幅回路[10]

【8】プッシュプル・エミッタフォロア回路で，V_{BE} と V_F が一致していればB級動作となる。V_F が不足する場合には，たとえば，ダイオードを複数個直列に用いたり，順方向電圧が大きい発光ダイオード（LED）を用いる。エミッタフォロア回路のバイアス回路は，多種存在するが，詳細は割愛する。

【9】ダイナミックスピーカは，図7-6の電力増幅回路で駆動されることが多い。ダイナミックスピーカの入力インピーダンスは，数 Ω 程度と低い場合が多く，一般的な信号用オペアンプ IC では駆動できない。しかし，図7-6の増幅回路は，出力インピーダンスを小さく，大電流を流して駆動できる。

【10】図7-6の回路では，下図のようにベース電位に影響を与えない程度の低抵抗 R_B を両ベース端子に付すことが多い（図7-6では付していない）。この抵抗により，異常発振を防止する。

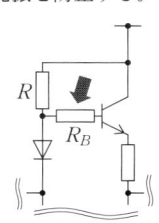

7-2 | 電源回路

ほとんどの電子回路は，直流電圧源を電源として用いて動作する。これまで各種電子回路を学んできたが，理想的な電源（理想電圧源）の使用が前提であった。本節では，商用交流電源（50 Hz/60 Hz）[11] から直流電圧を得る実際の電源回路について学ぶ。

7-2-1 整流回路と平滑回路

半波整流回路

図 7-7 (a) は，交流から直流を生成するもっとも簡単な回路で，**半波整流回路**（half-wave rectifier circuit）とよばれている[12]。この回路では，交流電圧が $v_s > 0$ のときダイオードに順方向の電圧が印加され，ダイオードは導通し，$v_s < 0$ のときダイオードには逆方向電圧が印加され，非導通となる[13]。その結果，正の半周期の正弦波電圧のみが負荷に印加される。v_O は，図 7-7 (b) のように脈動波形となり，その平均電圧値（直流成分）は，

$$V_O = \frac{1}{2\pi}\int_0^\pi V_m \sin \omega t \, d\omega t = \frac{V_m}{\pi} \qquad (7-8)$$

と表され，ゼロではなく，直流成分をもつ。ここで，V_m は正弦波交流電圧 v_s の最大値，ω は角周波数を表す。

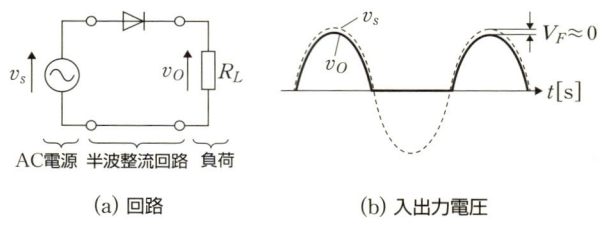

| (a) 回路 | (b) 入出力電圧 |

図 7-7　半波整流回路

しかし，脈動波形は脈動成分を含み一定ではないので，電子回路の電源としては不適切である。そこで，脈動を低減するために**平滑回路**（ripple filter）を付加する。

図 7-8 (a) は，半波整流回路の出力側に平滑回路の役目をするコンデンサを付加している。コンデンサ C は，**平滑コンデンサ**（smoothing capacitor）とよばれている。コンデンサの存在により，ダイオードが導通（オン）時は，電源から負荷電流だけでなく，コンデンサを充電するための電流も供給される。一方，ダイオードが非導通（オフ）時は，電源からの電流は供給されないが，コンデンサに溜まった電荷により，負荷に電流が供給され続ける。結果として，負荷電圧 v_O の脈動は，図 7-8 (b)

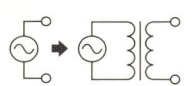

に示すように大幅に低減される。V_F をゼロとみなす近似により，ダイオードは，$v_s > v_O$ のときに導通し，$v_s < v_O$ のときに非導通となる。

　図7-8(a)のように，整流回路の後段にコンデンサを直接接続する形式を**コンデンサ入力型平滑回路**(condenser‐input‐type smoothing circuit)という[14]。この形式の平滑回路では，電源電流 i_s が図7-8(b)のようにパルス状になる。

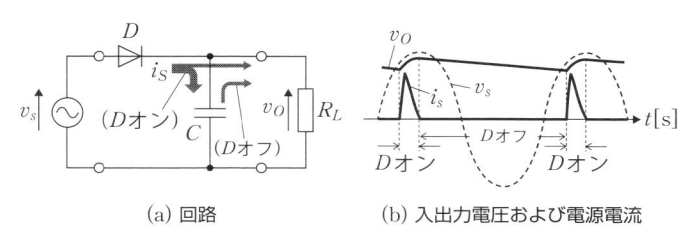

(a) 回路　　　　　　(b) 入出力電圧および電源電流

図7-8　平滑回路（平滑コンデンサ）を付した半波整流回路

全波整流回路

　図7-9(a)は，**全波整流回路**(full‐wave rectifier circuit)とよばれている。とくに，ダイオード4つを組み合わせた回路は，**ダイオードブリッジ**(diode bridge)という。図7-9(a)において，電源電圧 v_s が正の場合は，図7-9(b)のように電流が流れ，負の場合は図7-9(c)のように流れる。したがって，v_s の符号にかかわらず負荷 R_L に流れる電流の向きは同一方向となる。なお，図7-9(b)および(c)では，正負の交流電圧状態を表すために，直流電源記号を用いている。

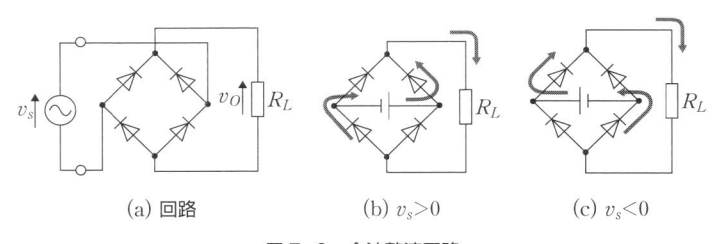

(a) 回路　　　　　(b) $v_s > 0$　　　　　(c) $v_s < 0$

図7-9　全波整流回路

　したがって，出力電圧 v_O は，図7-10のように v_s の絶対値波形となる。ただし，$v_s > 0$ および $v_s < 0$ のいずれの場合でも，電流は2つのダイオードを通過するため，v_O はダイオード2つ分の順方向電圧($2V_F$)だけ低下する。全波整流回路は，半波整流回路とは異なり，電源電圧の正および負ともに出力電圧に現れる。

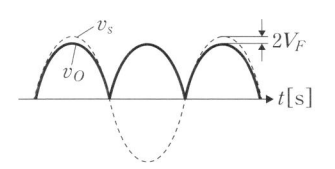

図7-10　全波整流回路の入出力電圧

　$V_F = 0$ とみなすと，v_O の平均電圧 V_O は，

【14】コンデンサを直接接続する代わりに，整流回路と平滑コンデンサの間にインダクタ（チョークコイル）を挿入する平滑回路もある。これを**チョーク入力型平滑回路**(choke‐input‐type smoothing circuit)という。コンデンサ入力型に比べ，インダクタの性質により脈動が低減でき，かつ，パルス状の電源電流を平坦化することができる。

$$V_O = \frac{1}{2\pi} \int_0^{2\pi} V_m |\sin \omega t| \, d\omega t = \frac{2 V_m}{\pi} \qquad (7\text{--}9)$$

と表される。しかし，この状態の脈動電圧出力は，電子回路の電源としては十分とはいえず，図7-11(a)のように平滑回路（平滑コンデンサ）が使われる。図7-11(b)は平滑回路の入出力電圧波形である。電源電圧の正および負ともに出力電圧に現れるため，コンデンサの充放電の周期は交流信号の周期の半分になる。つまり，コンデンサの放電時間が短くなり，電圧の脈動が図7-8(b)に比べ小さくなる。なお，電源電流については，図7-8(b)と同様，コンデンサが充電される期間（$\theta_1 \sim \theta_2$）においてパルス状の電流が流れる。

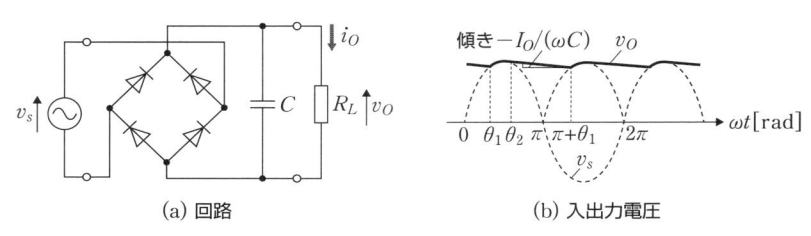

(a) 回路　　　　　　　　　(b) 入出力電圧

図7-11　平滑回路（平滑コンデンサ）を付した全波整流回路

　ここで，図7-11において負荷電流が $i_O = I_0$（一定）となる状態を考える。すると，コンデンサが放電している区間（$\theta_2 \sim \pi + \theta_1$）においては，負荷電圧 v_O は，時間 t に対して一定の傾き $-I_0/C$ で，直線的に減少することになる。図7-11(b)のように横軸を ωt [rad] とすると，傾きは $-I_0/(\omega C)$ で与えられる。この傾きと v_s の傾き（接線）が一致する点までは，ダイオードブリッジから負荷側に電流が供給される。しかし，それ以降は，ダイオードが遮断し，コンデンサの放電のみで負荷電流が供給される。つまり，境界となる θ_2 は，両者の傾きが一致する条件から，

$$-\frac{I_0}{\omega C} = \frac{d}{d\omega t}(V_m \sin \omega t) = V_m \cos \omega t$$

$$\rightarrow \quad \theta_2 = \cos^{-1} -\frac{I_0}{\omega C V_m} \qquad (7\text{--}10)$$

のように求まる。一方，区間 $\theta_2 \sim \pi + \theta_1$ では，コンデンサが放電して v_O が

$$\Delta V_{O_1} = -\frac{I_0}{\omega C} \{(\pi + \theta_1) - \theta_2\} \qquad (7\text{--}11)$$

だけ減少する。また，$\theta_1 \sim \theta_2$ の区間では，ダイオードが導通して $v_O = |v_s|$ となるので，

$$\Delta V_{O_2} = V_m (\sin \theta_2 - \sin \theta_1) \qquad (7\text{--}12)$$

だけ v_O が増加する。定常状態では $\Delta V_{O_2} = -\Delta V_{O_1}$ となるため，式7-

10 から式 7-12 より，θ_1 を解くことができる[15]。θ_1 および θ_2 が与えられると，v_O の平均値は次式により求められる。

$$V_O = \frac{1}{\pi}\left\{\int_{\theta_1}^{\theta_2} V_m \sin \omega t \, d\omega t + \frac{(V_m \sin \theta_2 + V_m \sin \theta_1)}{2}(\pi + \theta_1 - \theta_2)\right\}$$

$$= \frac{V_m}{\pi}\left\{\cos \theta_1 - \cos \theta_2 + \frac{1}{2}(\sin \theta_1 + \sin \theta_2)(\pi + \theta_1 - \theta_2)\right\}$$

$$(7\text{-}13)$$

【15】式 7-11 は代数式であるが，式 7-12 は超越関数である sin が含まれている。このため，解析的には解くことができないため，数値計算解を求める。

┃ リプル率
　　　　　　　直流電源の脈動電圧は，なるべく小さいほうがよい。脈動の度合いを表す
指標として，**リプル率**（ripple factor）が定義されている。図 7-12 のような波形に対し，平均電圧 V_O と脈動の振幅（ピークピーク値）ΔV を用いて，リプル率 ε は，

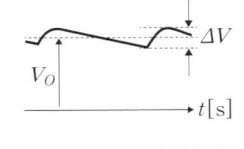

図 7-12　リプル波形

$$\varepsilon = \frac{\Delta V}{V_O} \tag{7-14}$$

と表される。

　平滑回路をもたない整流回路では $\Delta V = V_m$ であり，半波整流回路の平均電圧は式 7-8 で与えられる。よって，半波整流回路のリプル率は $\varepsilon = \pi$ となる。全波整流回路の平均電圧は式 7-9 で与えられるため，$\varepsilon = \pi/2$ となる。

　一方，平滑回路（平滑コンデンサ）を併用した全波整流回路においては，θ_1 および θ_2 が求められると，式 7-12 または式 7-11 より，$\Delta V = \Delta V_{O_2} = -\Delta V_{O_1}$ が得られる。平均電圧 V_O は式 7-13 で与えられるので，これらを式 7-14 に代入すれば，リプル率を計算できる。

　ここで，正弦波交流電圧の最大値 $V_m = 20\,\mathrm{V}$，電源角周波数 $\omega = 50 \times 2\pi\,\mathrm{rad/s}$[16]，および平滑コンデンサ $C = 1000\,\mathrm{\mu F}$ とし，負荷電流 I_O を変化させた場合の各値を図 7-13 に示す。

　図 7-13 において，負荷電流 I_O が増すと，出力電圧（平均電圧値）V_O は若干減少していき，リプル率 ε は上昇することがわかる。ただし，平滑コンデンサを用いない整流回路に比べれば，ε はかなり小さいことがわかる。$I_O = 0$ のときは，$\varepsilon = 0$ となる。リプル率を低減するためには，平滑コンデンサの容量 C を増やせばよい。図 7-14 は，$I_O = 1\,\mathrm{A}$ として C を変化させた場合であり，C の増大とともに ε の低下と V_O の上昇（回復）が認められる。

【16】周波数を 50 Hz としているが，60 Hz で解析すると，図 7-13 および図 7-14 の結果より，リプル率および平均電圧の変動が改善する。つまり，これらの性能は，同じ平滑回路でも周期の短い 60 Hz 地域のほうが高い。

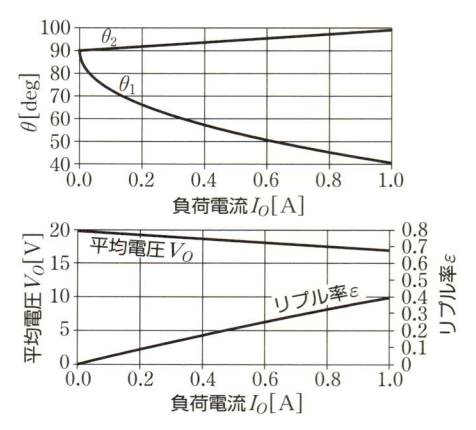

図7-13　全波整流回路の各種特性（$V_m = 20\,\mathrm{V}$, $\omega = 50 \times 2\pi\,\mathrm{rad/s}$, $C = 1000\,\mathrm{\mu F}$）

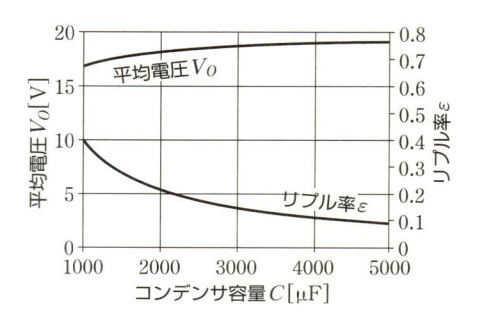

図7-14　平滑コンデンサの容量を変化させた場合（$I_O = 1\,\mathrm{A}$ のとき）

7-2-2 　電源の安定化回路

レギュレータとは
　平滑コンデンサを付した整流回路のリプル率は，図7-14に示したように容量 C の増加で低減できるが，十分な低減のためには極端に大きな容量の C が必要となる。

　また，図7-13に示したように，負荷電流が変化する（負荷が変動する）と，出力電圧が変動する。実際の回路では，交流電源のインピーダンスや回路上のインピーダンスの存在により，変動はさらに大きくなる。いうまでもなく，交流電圧が変化すれば，出力電圧は変化する。このように出力電圧は種々の原因で変動するため，安定化させる回路を平滑回路の後に付加する場合が多い。電源回路の電圧変動を安定化する回路は**レギュレータ**（regulator）とよばれている。また，レギュレータを搭載した電源のことを**安定化電源**（stabilized power supply）という。

シャントレギュレータ
　図7-15は，ツェナーダイオードを用いた電源回路である。ツェナーダイオードは，図7-16に示す特性のように，順方向に電流 I_D を流すと通常のダイオードと同等の電圧（$V_D \approx 0.6 \sim 0.8\,\mathrm{V}$）が端子間に発生するが，逆方向に電流を流すと端子間にほぼ一定の電圧（$V_D \approx -V_Z$）を得ることができる。

このことから，**定電圧ダイオード**ともよばれている。また，電圧 V_Z を**ツェナー電圧**という[17]。所望の V_Z をもつツェナーダイオードを選ぶことで，図 7-15 の回路の出力電圧を決めることができる。図 7-15 において，I_2 を常に流しておけば，I_2 が変化しても V_D があまり変化しないため，ほぼ一定の v_O を得ることができる。これにより，平滑回路の出力電圧に脈動があったり，負荷電流 I_O が変化しても定電圧が得られる。ただし，無負荷（$I_O = 0$ のとき）において，想定される I_O の最大電流 I_{O-max} より大きな I_2 を流しておく必要がある。このため，この電流により R_S およびツェナーダイオードでは電力損失が発生し，電力効率はあまりよくない[18]。この安定化電源は，主に I_O が小さい小電力用途で用いられる。

以上のように出力端子間にツェナーダイオードなどの定電圧素子（あるいは定電圧回路）を並列に挿入し，電圧を安定化するレギュレータは，**シャントレギュレータ**（shunt regulator）[19] とよばれている。

【17】ツェナーダイオードのツェナー電圧 V_Z は，半導体の不純物濃度を調整することで任意に設定することができる。V_Z は，温度変化に対して安定している。ツェナーダイオード単体の部品としてもさまざまな V_Z のものが市販されている。

【18】電源の電力効率（電源効率）は，入力電力に対する出力電力の比である。

【19】シャントレギュレータは，下図のように出力に対して並列に挿入される。

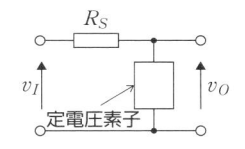

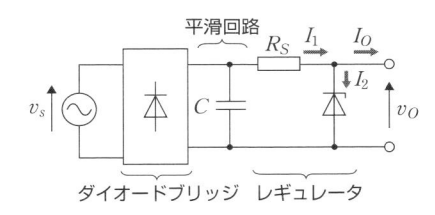

図 7-15　シャントレギュレータによる電源回路

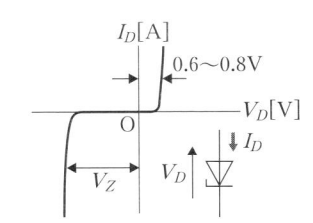

図 7-16　ツェナーダイオードの特性

シリーズレギュレータ

図 7-17 は，トランジスタを含んだレギュレータを平滑回路出力（v_C）と負荷（出力端子）（v_O）の間に直列に用いた電源回路である。この電源回路は，前述したシャントレギュレータを用いた電源回路と同様に，安定化した電圧を基準電圧 $v_B(= V_Z)$ として生成している。トランジスタのバイアス電圧 V_{BE} が一定であるならば，コレクタ電位（平滑回路の出力電圧 v_C）が変動したとしても，エミッタ電位 $v_O(= V_Z - V_{BE})$ は影響を受けにくいので，一定のままになる。

以上のように，負荷（出力端子）と平滑回路の間にトランジスタなどの電圧制御素子（あるいは電流制御素子）が直列に挿入されるレギュレータは，**シリーズレギュレータ**（series regulator）[20] とよばれている。

【20】シリーズレギュレータは，下図のように出力に対して直列に挿入される。なお，点線で示した端子は，シリーズレギュレータが電圧の基準を得るために用意されている。

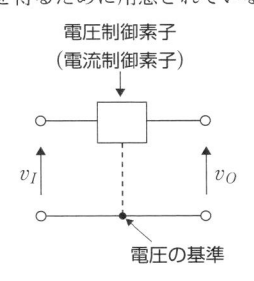

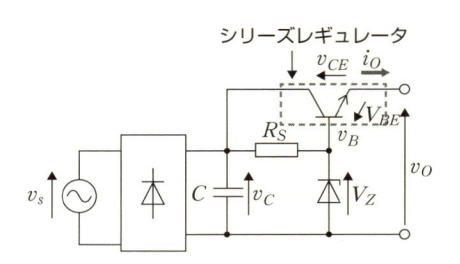

図7-17　シリーズレギュレータによる電源回路

図7-18 は，平滑回路の出力電圧 v_C とレギュレータの出力電圧 v_O の関係を示しており，v_C から v_{CE} だけ電圧降下させて v_O を得ている。したがって，v_C の下限が直流電圧 v_O よりも高い必要があるため，v_C の脈動や負荷電流による電圧降下を考慮して，常時 $v_C > v_O$ となるようにレギュレータ回路を設計する必要がある。しかし，v_C と v_O の電位差 v_{CE} と負荷電流 i_O との積で与えられる電力がトランジスタで消費され，損失となる。このため，v_C と v_O の電位差を大きくとると，電力効率が低くなる。

出力電圧にはリップルは生じず，$v_O = V_O$ および $i_O = I_O$ のように一定と考え，v_C の平均値を V_C とすれば，シリーズレギュレータで発生する電力損失は次式で表される[21]。

【21】電源回路全体の電力損失は，シャントレギュレータ，抵抗 R_S の損失，トランジスタのコレクタ損失，ダイオードでの損失などがある。

$$P_{loss} = (V_C - V_O)I_O \tag{7-15}$$

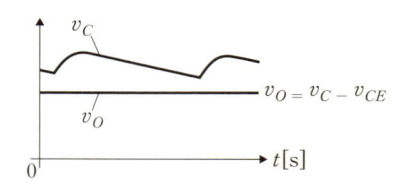

図7-18　シリーズレギュレータの入出力電圧

例題　7-2　減算回路に関する問題

平滑回路付整流回路の平均出力電圧が $30\,\text{V}$ であり，シリーズレギュレータの出力電圧を $25\,\text{V}$ に設定した。負荷電流が $3\,\text{A}$ のとき，以下の問に答えなさい。

(1)　レギュレータの消費電力 P_{loss} を求めなさい。

(2)　レギュレータの電力効率 η（入力電力に対する出力電力の比）を求めなさい。

● 略解 —— 解答例

(1)　式 7-15 より，$P_{loss} = (30 - 25) \times 3 = 15\,\text{W}$ となる。

(2)　レギュレータの入力電力は $30 \times 3 = 90\,\text{W}$ となり，出力電力は $25 \times 3 = 75\,\text{W}$ となる。よって，電力効率は

$$\eta = 75/90 = 0.833 = 83.3\% \text{ となる。}$$

負帰還を用いた シリーズレギュレータ

図7-17のシリーズレギュレータにおいて，V_{BE} が一定であれば負荷電流によらず出力電圧を一定に保てることになるが，実際は若干変動する。そこで，負帰還を用いて出力電圧を自動制御するしくみを取り入れる。

図7-19は，シリーズレギュレータにオペアンプを用いて負帰還回路を構成している[22]。負帰還の作用により，オペアンプの入力端子間電圧 v_{DIFF} は，バーチャルショートによりゼロになる。よって，出力電圧 v_O を抵抗 R_1 および R_2 で分圧して得た電圧 v_M とツェナーダイオードで得た電圧 $V_{REF}(= V_Z)$ が一致する。よって，出力電圧は，

$$v_O = \frac{R_1 + R_2}{R_2} V_{REF} = \left(1 + \frac{R_1}{R_2}\right) V_{REF} \qquad (7\text{-}16)$$

と表される。式7-16より，v_O は，基準電圧 V_{REF} に R_1 および R_2 で定まる係数を乗じた値となり，v_s や V_{BE} によらず一定となる。

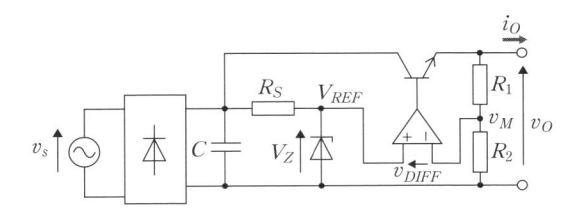

図7-19　負帰還型のシリーズレギュレータによる電源回路

なお，図7-19の負帰還型のシリーズレギュレータは，ツェナーダイオードに流れる電流が，i_O と直接的に関係がないため，図7-15の電源回路の場合と異なり，V_Z の負荷電流に対する依存性（図7-16の I_D 変化による V_Z の変化）を排除できる。

オペアンプは，出力電圧から得られる v_M と V_{REF} の差（誤差）を増幅した後，最小化するように出力電圧を制御することから，**誤差増幅器**とよばれている。

以上のように，負帰還を用いて出力電圧を安定化する電源回路を**負帰還型定電圧回路**（negative feedback voltage regulator）[23] という。

7-2-3 スイッチングレギュレータ

図7-17や図7-19のレギュレータでは，式7-15で表される電力損失が発生する。損失を抑えるために，トランジスタを電流スイッチ素子として使う**スイッチングレギュレータ**（switching regulator）が知られている。n チャネル MOSFET をスイッチとして用いた場合[24]，$V_{GS} = 0$ とすれば $I_D \approx 0$ となり，ドレイン–ソース間は開放，つまり

【22】図7-19の電源回路は，オペアンプの出力にエミッタフォロアを追加し，R_1 および R_2 により非反転増幅回路を構成している。非反転増幅回路には，基準電圧 V_{REF} を入力して，一定出力電圧を得ていると考えると，特段新しい回路構成ではない。動作の考え方は図7-6と同じであるが，電源回路では出力電流の向きが単方向であるため，プッシュプル構成にする必要がない。

【23】下図は，負帰還型のシリーズレギュレータを簡素化した回路図である。電圧調整素子，誤差増幅器および基準電圧源などを1つにまとめた3端子レギュレータ IC が市販されている。製品の型番は 78×× や 79×× であるが，×× は出力電圧値を表す。

電圧調整素子
（電流調整素子）

誤差増幅器
基準電圧源

三端子レギュレータ

78××

【24】バイポーラトランジスタでもスイッチ動作が可能である。$I_B = 0$ ではエミッタ–コレクタ間は開放（スイッチオフ）となり，I_B を十分流せば短絡（スイッチオン）となる。ただし，オフ動作に時間がかかり，高速なスイッチングは適さない。オフ動作の遅延は，少数キャリア蓄積効果による。

スイッチオフ状態となる。また，V_{GS} に十分大きな正の電圧を加えれば V_{DS} が小さくなり（$\approx 0\,\mathrm{V}$）ドレイン−ソース間が導通，すなわちスイッチオン状態となる。オン状態では I_D が流れるが，V_{DS} は小さいため損失（$V_{DS}I_D$）はほとんど発生しない。よって，スイッチングの電力損失は，原理上ほとんど発生しない。

図 7-20 にスイッチングレギュレータの一形式である**降圧チョッパ回路** (step − down chopper circuit)[25] を示す。

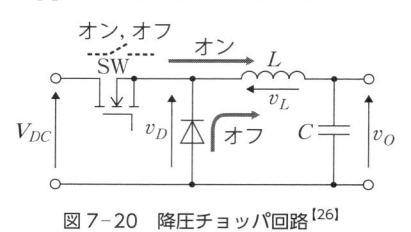

図 7-20　降圧チョッパ回路[26]

図 7-20 の電源回路において，ダイオードの両端電圧 v_D は，MOSFET スイッチのオンとオフの動作により変化し，

$$v_D = \begin{cases} V_{DC} & （\text{オン}） \\ 0 & （\text{オフ}） \end{cases} \tag{7-17}$$

と表される。なお，入力電圧を V_{DC} と表し，ダイオードの順方向電圧は無視している（$V_F = 0\,\mathrm{V}$ と近似）。

周期 T_S においてオンが継続する時間比率を D，オフが継続する時間比率を $1 - D\,(0 \leqq D \leqq 1)$ として，オンとオフを繰り返すとすると，図 7-21 のように 1 周期あたりのオン時間は DT_S，オフ時間は $(1 - D)T_S$ となる。なお，D は，**通流率**（**デューティ比**（duty ratio））とよばれている。このとき，v_D の平均電圧は DV_{DC} と表される[27]。

定常状態では，インダクタ L の電圧 v_L の平均値はゼロであるため，v_O の平均電圧は v_D の平均電圧と等しく，

$$V_O = DV_{DC} \tag{7-18}$$

と表される。

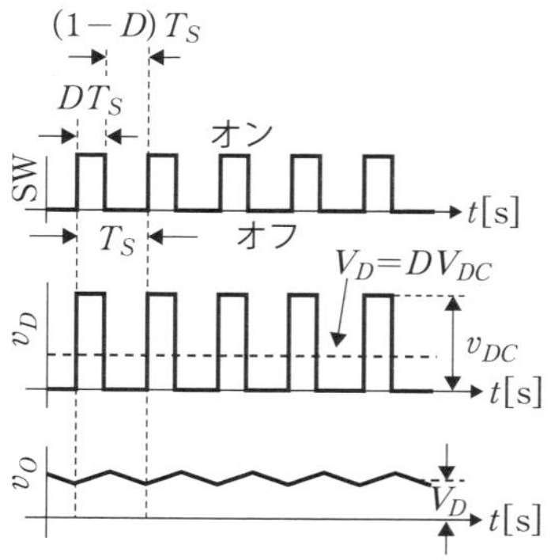

図 7-21　降圧チョッパ回路の波形

【25】チョッパ回路は，電圧や電流を刻む操作を行うため chopper（切り刻む）とよばれている。昇圧チョッパや昇降圧チョッパなどの形式がある。

【26】図 7-20 の電源回路では，スイッチがオフのときでもインダクタ L にエネルギーが溜まっており，電流が流れる。ダイオードは，この電流を還流させる目的で用いられており，**還流ダイオード**（**フライホイールダイオード**）とよばれている。もし，還流ダイオードがなければ，MOSFET（スイッチ）は破壊する。

【27】v_D のパルス 1 つの面積が DT_SV_{DC} となるので，1 周期区間の平均（平均電圧）は，T_S で割算し，DV_{DC} と表される。

式 7-18 より，デューティ比 D を任意に調整することで，出力電圧値を任意に可変できる。v_D はパルス状の電圧であるが，回路内のインダクタ L とコンデンサ C により低域通過フィルタが形成され，v_O の高周波成分が除去され，脈動は低減される。

オンとオフの繰返し周期 T_S はスイッチング周期，その逆数 $f_S = 1/T_S$ は**スイッチング周波数** (switching frequency) とよばれている。スイッチング周波数を高くすると，脈動の周波数も高くなるので低域通過フィルタで遮断しやすくなり，脈動をより低減できる。また，インダクタ L を小型化できる。

チョッパ回路は，多くの場合図 7-22 のようにデューティ比 D が制御できるパルス発生器によりオンとオフの時間が制御され，誤差増幅器により D が自動調整されて一定の出力電圧 v_O を得られるようにしている。このような電源装置は，**スイッチング電源** (switching power supply) [28] として市販されている。

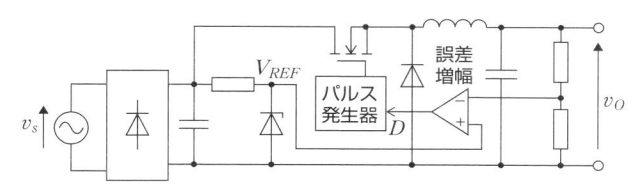

図 7-22　降圧チョッパ回路によるスイッチング電源 (負帰還型定電圧電源)

【28】スイッチング電源では，回路中に高周波トランスを用いて，交流側と直流側が電気的に絶縁される方式が一般的である（図 7-22 の回路例は非絶縁である）。高周波トランスやインダクタを小型化するために，スイッチング周波数を高くとるのが普通であり，通常，数十 kHz から 1 MHz 程度とする。スマートフォンの充電器，パソコン，テレビなど電子回路を含む電化製品は，ほとんどがスイッチング電源を用いている。

第7章　演習問題

1. 次の空欄に適切な語句を記入しなさい。

(1) エミッタフォロア回路は，（　ア　）い出力インピーダンスをもっており，負荷に対して（　イ　）い電流供給能力がある。

(2) バイポーラトランジスタのうち，（　ウ　）型は，エミッタに電流が入る方向の電流のみ，（　エ　）型は，エミッタから電流が出ていく方向の電流のみが扱える。（　ウ　）型および（　エ　）型バイポーラトランジスタのエミッタを，互いに向かい合うように接続して，その接続中点から出力を得る回路を（　オ　）回路という。この回路の（　エ　）型は，電流の吐き出しを，（　ウ　）型は，吸い込みを行い，双方向の出力電流を流す役割を分担している。このような動作を（　カ　）動作という。なお，（　オ　）回路の電圧増幅度は，ほぼ，（　キ　）である。

(3) 双方向の出力電流に対する役割分担が，連続的に切り替われば，出力電圧波形にひずみが生じないが，不連続になる場合はひずみが生じる。通常は，ひずみが発生しないように，ベースに（　ク　）電圧を加える。これにより 2 つのトランジスタのエミッタには，（　ケ　）電流が流れる。（　ケ　）電流をわずかに流すよう（　ク　）電圧を設定する場合を（　コ　）動作，（　ケ　）電流をまったく流さない場合は（　サ　）動作という。一方，

負荷電流が流れても2つのトランジスタのエミッタ電流がゼロになることがない動作を（　シ　）動作という。

(4) バイポーラトランジスタを2つ組み合わせると，電流増幅度を大きくすることができる。一方のトランジスタのエミッタ電流を，もう一方のトランジスタのベース電流として供給する接続方法を（　ス　）という。また，一方のコレクタ電流をもう一方のベース電流として供給する接続方法を（　セ　）という。

2. 次の空欄に適切な語句を記入しなさい。

(1) 交流電圧を直流電圧に変換する回路を（　ア　）という。このうち，交流電圧の半周期のみを利用する回路を（　イ　），正値の周期と負値の周期の両方を利用する回路を（　ウ　）という。これらの回路で直流電圧を得ることができるが，（　エ　）電圧のため，電子回路などの電源には向かない。そこで，（　エ　）を低減するために（　オ　）回路が用いられる。（　エ　）の度合いを表す指標として，（　カ　）があり，これは，平均電圧に対する（　エ　）の（　キ　）(peak‐to‐peak)の割合で与えられる。

(2) （　オ　）コンデンサを付加すると（　カ　）が低減するが，負荷電流が大きくなると（　カ　）は増大し，（　ク　）は若干減少する。

(3) （　オ　）回路の出力電圧の脈動や変動をさらに低減するために（　ケ　）が用いられる。（　ケ　）は，大別すると（　コ　）と（　サ　）の2種類があり，後者は小電力用途にのみ用いられ，基準電圧を生成するためによく用いられる。

(4) トランジスタの能動領域を用いた（　ケ　）は，電力損失が大きい。このため飽和領域のみを使う（　シ　）を代替として用いることができる。（　シ　）は，トランジスタをスイッチとして利用しており，スイッチのオン／オフを周期的に繰り返す。オン／オフの周期（時間）に対するオンの継続時間を（　ス　）といい，これを設定することで出力電圧を任意に調整できる。オン／オフの周期の逆数は，（　セ　）という。

3. 図7‐6のオペアンプを用いた電力増幅回路と同様な考え方で，プッシュプル・エミッタフォロアとオペアンプ回路を組み合わせて反転増幅回路を作りたい。ただし，出力電流を大きくとりたいため，ダーリントン接続を用いる。バイアス電圧として，ダイオードの順方向電圧 V_F を利用するが，バイアス電圧が調整できるよう，直列に抵抗 R_B を挿入した図1のバイアス回路を用いる。ベース電流は無視できるものとし，電源電圧 $V = 20\,\mathrm{V}$（$+20\,\mathrm{V}$ および $-20\,\mathrm{V}$），すべてのトランジスタのベース‐エミッタ間電圧を $V_{BE} = 0.7\,\mathrm{V}$，すべてのダイオードの順方向電圧を $V_F = 0.7\,\mathrm{V}$，$R = 2\,\mathrm{k}\Omega$ およびアイドル電流安定用のエミッタ抵抗を $R_E = 1\,\Omega$ として以下の問に答えなさい。なお，増幅度を決定する入力抵抗および帰還の抵抗は，各々 R_i および R_f とする。

(1) この電力増幅回路の回路図を描きなさい。ただし，定数（具体的な抵抗値）は記さなくてよい。

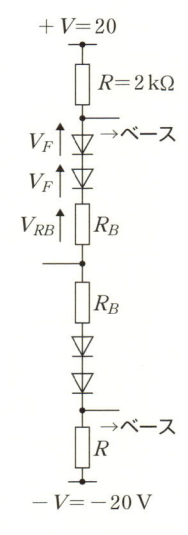

図1　バイアス回路

(2) アイドル電流を $0.2\,\text{A}$ に設定したい。V_{RB} をいくつにすべきか答えなさい。

(3) R_B を定めなさい。

(4) $R_i = 10\,\text{k}\Omega$ とした。利得を $30\,\text{dB}$ にする R_f を求めなさい。

センサと電子回路

この章のポイント ▶

センサ[1]は，測定したり観測した物理量を電子回路で扱うことができる電気量（電圧，電流，抵抗など）に変換する機能をもつ回路部品や回路素子である。センサは，計測器などで利用されるだけでなく，周囲の温度や明るさなどの環境に応じて動作が制御される電子機器や近年の IoT (Internet of Things) において必要不可欠となっている。

本章では，まず，さまざまな物理量を電気量に変換するセンサ（センサ素子）[2]とセンサを用いたセンサシステムについて概略を学ぶ。次に，センサによって出力された電気量を適切に使用するために用いられる電子回路について学ぶ。また，各種センサ回路の動作を理解するとともに，センサシステムについての理解を深める。具体的には以下の項目である。

① さまざまな物理量を電気量に変換するセンサについて理解する。

② センサ回路で用いられるオペアンプ回路を理解する。

③ センサ回路の役目と動作を理解する。

④ 各種センサシステムを理解する。

8–**1** センサの基礎と特性

本節では，センサについての概要を述べ，回路素子としてのセンサの特性を示す。

8–1–**1** センサの基礎

センサ（センサ素子）とは，図 8–1 (a) に示すように，測定や観測をしたい物理量を電圧，電流，抵抗，容量などの電気量に変換する素子である。観測したい物理量を x，電気量を y とすると，それらの関係は，図 8–1 (b) のようなグラフで表される。たとえば，温度センサの一種である測温抵抗体では，温度が変化することにより測温抵抗体の抵抗が変動するため，その抵抗の変動を観測することで元の物理量である温度の変動を検知することができる。

一般に，センサは，対象となる物理量が変化することでセンサ自体の電気的特性が変化する素子である。図 8–1 (b) のように，入力の物理量を x_0，そのときの出力の電気量を y_0 とし，入力 x_0 が Δx だけ変化した場合を考える。このとき，センサの外部から観測されるのは，出力 y の増加量 Δy であるため，その電気的特性の変化量が大きければ大きいほど，対象の物理量の微小な変化も検出することができ，そのようなセンサは，**感度**[3]が高いという。

[1] センサと類似の機能をもつ素子として，トランスデューサがある。トランスデューサも，測定や観測の対象である物理量を電気信号として取り出す機能をもつので，本章では「センサ」として扱う。

[2] 物理量を電気量に変換する機能をもつ回路素子としてのセンサを「センサ素子」ということもある。本章では，これを単にセンサとよぶ。

[3] センサの感度については 8–1–3 で説明する。

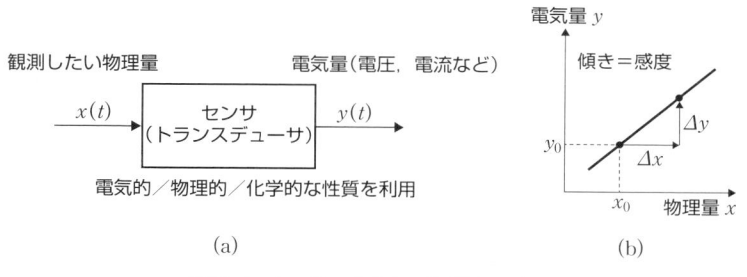

(a)

(b)

図8-1　センサの入出力の物理量と電気量

　センサを用いたセンサシステムを図8-2に示す。現在実用化されているさまざまな電子機器や制御システムは，図8-2のように構成されたセンサシステムを用いることが一般的である。

　センサの出力は，電圧，電流などの電気量の変化，または，抵抗，容量などの電気的特性の変化として得られるが，これらを利用しやすくするために，センサ回路内で，まずアナログ電圧信号へと変換される。次に，感度が高いセンサであっても，出力の電気量や電気的特性の変化量はそれほど大きくないため，センサの出力から変換された信号を増幅する必要がある。また，センサ出力にノイズが含まれていたり，信号成分が特定の周波数であったりするときには，必要な信号だけを取り出すために，増幅だけでなくフィルタ回路を用いることも多い。

　電子機器や制御システムは，マイコンなどのコンピュータによってディジタル制御されていることが多く，AD変換回路を用いてアナログ信号をディジタル信号に変換する。計測器では，コンピュータによって測定値の演算処理や表示が行われる。一方，電子機器や制御システムではセンサを通じて得られた物理量を用いて，アクチュエータなどの動力部の制御，コンピュータ内でのアプリケーションに利用される。

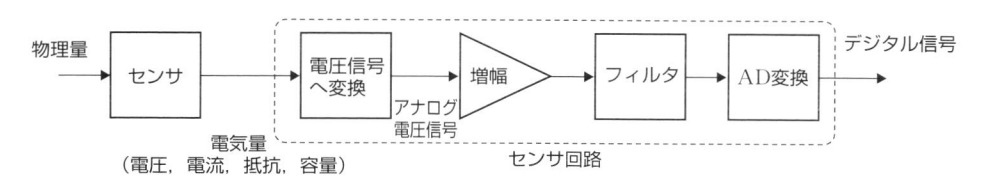

図8-2　センサを用いたセンサシステムの構成例

8-1-2 センサの分類と各種センサ

　測定や観測の対象となる物理量がセンサに入力されると，センサはさまざまな原理に基づく変換効果によって電気信号を出力する。対象となる物理量とその変換効果の代表例を表8-1に示す。センサの材料としては，それぞれの変換効果によって金属や半導体が用いられる。

　次に，各々のセンサの変換効果について，物理量の変化に対する出力

の電気量の変化について簡潔に紹介する。

表8-1　センサの対象の物理量と変換効果の例

センサの種類	物理量	変換効果
電気	電圧，電流，抵抗など	オームの法則
磁気	磁界など	ホール効果，磁気抵抗効果
光	照度など	光導電効果，光起電力
熱	温度	ゼーベック効果
機械	力，圧力，トルク，気圧など	圧電効果
化学	ガス，湿度，アルコール，イオン，生体高分子など	化学反応

電気のセンサ　　オームの法則により，電圧 V，電流 I および抵抗 R の間には，

$$V = RI \tag{8-1}$$

が成り立つ。式8-1に基づき，電圧，電流および抵抗の間での相互変換が可能である。

磁気のセンサ　　磁気のセンサでは，半導体中の自由電子やホールに対する磁界の影響による起電力を利用した，**ホール効果**を用いたホールセンサが用いられることが多い。

　図8-3にホール効果の原理図を示す。ここではn型半導体を前提とし，ホール素子の3つの辺の長さを各々，l, w および $t\,[\mathrm{m}]$ とする。z 軸方向に磁束密度 $B_z\,[\mathrm{T}]$（テスラ）の磁界が存在するとき，ホール素子の x 軸方向に電圧 $V_x\,[\mathrm{V}]$ をかけると，ホール素子内には x 軸方向に電界 $E_x = V_x/l\,[\mathrm{V/m}]$ が生じ，素子内の自由電子は電界 E_x と反対方向に移動し，その速度を $v_x\,[\mathrm{m/s}]$ とする。ここでローレンツ力によって自由電子の進行方向が手前（y 軸）方向に曲げられ，素子の手前の面には自由電子のマイナス電荷が，奥の面には自由電子が少なくなり原子イオンのプラス電荷が集まる。したがって，素子の奥から手前に向かって電界 $E_y\,[\mathrm{V/m}]$ が発生し，y 方向の出力端子間にはホール電圧

$$V_y = wE_y = \frac{R_H}{t}\,I_x\,B_z \tag{8-2}$$

が発生する。ここで，$n\,[\mathrm{m^{-3}}]$ を自由電子の密度，$q\,[\mathrm{C}]$（クーロン）を電気素量として，$R_H = -\,1/nq\,[\mathrm{m^3/C}]$ はホール係数とよばれている。

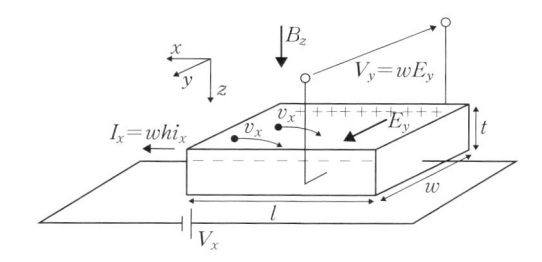

図8-3　ホール効果の原理

【アドバンスト】(式8-2の導出)

　定常状態では進行している自由電子に加わるy軸方向のローレンツ力と電界E_yによる力がつりあうため,

$$F_y = qv_xB_z - qE_y = 0 \tag{8-3}$$

より,次式が成り立つ。

$$E_y = v_xB_z \tag{8-4}$$

　また,素子のx軸方向に流れる電流の電流密度$i_x = I_x/(wt)\,[\mathrm{A/m^2}]$は,以下のように表される。

$$i_x = -nqv_x \tag{8-5}$$

　式8-4と式8-5から,素子内のy軸方向の電界E_yは次のように表される。

$$E_y = -\frac{1}{nq}\,i_x\,B_z = R_H\,i_x\,B_z \tag{8-6}$$

よって,式8-6から,ホール電圧は

$$V_y = wE_y = \frac{R_H}{t}I_xB_z \tag{8-7}$$

と表すことができる。したがって,ホール素子を流れる電流$I_x\,[\mathrm{A}]$が一定のとき,ホール電圧$V_y\,[\mathrm{V}]$はz軸方向の磁束密度B_zに比例した電圧として出力される。

　また,ホール電圧V_yは次式のように表すこともでき,電圧V_xを一定としたときも,ホール電圧V_yはz軸方向の磁束密度B_zに比例した電圧として出力される。なお,μ_nは電子の移動度である。

$$V_y = \left(\frac{w}{l}\right)\mu_n\,V_xB_z \tag{8-8}$$

　以上のように,ホール素子では磁界の強さに応じて変化するホール電圧を観測することで,磁界の強さを求めることが可能である。

光のセンサ　光を電気信号に変換する変換効果の代表的なものとして,**光導電効果**と**光起電力**がある。

　光導電効果とは,図8-4に示すように,光のエネルギー$E = hc/\lambda$(h:プランク定数,c:光の速さ,λ:波長)が半導体のバンドギャップ

$E_g = E_C - E_V$ より大きいときに，光が吸収され自由電子とホールが生成されることで半導体の導電率が増加し，抵抗率が減少する効果である。したがって，抵抗の変化によって光の強度を観測することができる。

代表的なセンサとして，硫化カドミウム（CdS），硫化鉛（PbS），アンチモン化インジウム（InSb）を用いたものがある。セラミックス基板の上に，CdS などの粉末を焼結して半導体を作り，その上に金（Au）などの金属を蒸着して電極を作る。

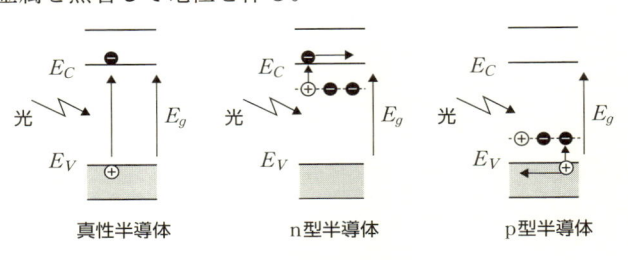

真性半導体　　　　n型半導体　　　　p型半導体

図 8-4　光導電効果の原理

光起電力型センサは，ダイオードの pn 接合部で光が吸収された際に生成された自由電子とホールが，各々 n 型領域と p 型領域に拡散して移動することで起電力が発生する効果により動作する。

図 8-5(a) のように pn 接合に逆バイアスを加えた状態にしておき，そこに光を照射することで光電流 I_P が流れるため，**フォトダイオードの特性**は図 8-5(b) に示すように，光電流 I_P だけ下方向にシフトした特性となる。

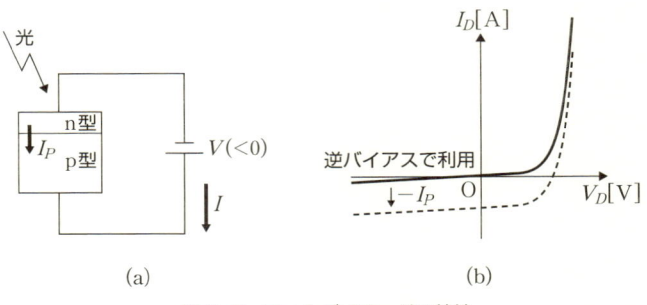

(a)　　　　　　　　　　(b)

図 8-5　フォトダイオードの特性

【4】下の写真はフォトダイオードの例である（浜松ホトニクス社 S6775）。

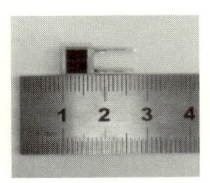

効率よく光電流を発生するように製造されたダイオードが，フォトダイオードとして製品化されている[4]。また，p 型層と n 型層との間に真性半導体層をはさんだ **p-i-n ダイオード**は，ダイオードの 2 端子間の静電容量が小さく，通常の pn 接合フォトダイオードと比較して高速動作が可能である。

以上より，光導電効果による光センサは，半導体の抵抗変化によって光の強度を観測することができるため，図 8-6(a) のように，抵抗変化を電圧の変化として出力することができる。

一方，光起電力効果による光センサは，pn 接合に光を照射して発生

する光電流の変化によって光の強度を観測することができるため，図8-6(b)のように，抵抗器によってI-V変換を行い電流変化を電圧の変化として出力することができる。

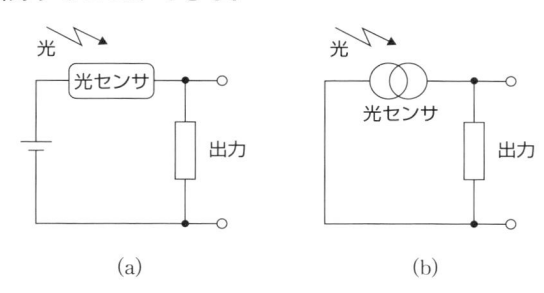

(a)　　　　　　　(b)

図8-6　光の強度の変化を電圧変化として出力する例

熱のセンサ　一般に，金属や半導体は温度によって抵抗率が変化するため，抵抗の変化によって温度を観測することが可能である。図8-7に示すように，金属では温度が上昇することで金属原子の格子の振動のもつエネルギーが増大し，抵抗率が増大する。一方，半導体では温度が上昇することで自由電子やホールの密度が増大し，抵抗率が低下する。この効果を用いたセンサが**抵抗温度計**である。

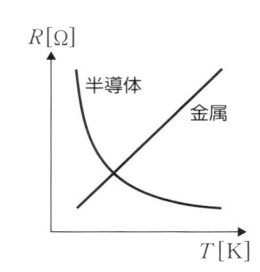

図8-7　金属と半導体の温度特性例

　抵抗温度計のうち，金属を用いたものは**測温抵抗体**，半導体を用いたものは**サーミスタ**とよばれることが多い。測温抵抗体では，白金(Pt)，ニッケル(Ni)や銅(Cu)が用いられることが多く，とくに白金を用いたものは広い温度範囲で線形性が高く，よく用いられる。サーミスタは，マンガン(Mn)，コバルト(Co)，Niや鉄(Fe)などとの酸化物半導体を用いることが多く，金属による測温抵抗体よりも感度が高いが，半導体であるため利用可能な温度範囲は狭い。

　このほかに，物体の温度差が電圧に変換される**ゼーベック効果**を利用した**熱電対**なども温度センサとして用いられることが多い。

力のセンサ　力のセンサとして，**ひずみゲージ**が用いられることが多い。ひずみゲージとは，金属や半導体に応力が加えられた際に，物理的に形状が変化することで抵抗が変化することを利用したセンサである。

図8-8のような形状の導体が存在しているとき，応力によって長さ l が $l + \Delta l$ に変化したとき，**ひずみ率** $\varepsilon = \dfrac{\Delta l}{l}$ を用いて抵抗 R と変化量 ΔR の関係を考える。抵抗 R は物体の抵抗率 ρ，長さ l，断面積 S を用いて，$R = \rho \dfrac{l}{S}$ と表すことができる。応力によってこの物体の長さ l が $l + \Delta l$ に変化したときに，断面積が $S + \Delta S$，抵抗が $R + \Delta R$ へ変化したとすると，$\Delta R = \dfrac{\partial R}{\partial l} \Delta l + \dfrac{\partial R}{\partial S} \Delta S$ と1次近似できるので，$\dfrac{\Delta R}{R} = \dfrac{\Delta l}{l} - \dfrac{\Delta S}{S}$ という関係が成り立つ。ただし，ここでは抵抗率 ρ が変化しないと仮定している。この式より，引張応力が働いた場合，抵抗の変化率は長さの増加率（＝ひずみ率）と断面積の減少率の和となることがわかる。

また，物体の断面が円形としたときに，応力によって直径 D が $D + \Delta D$ に変化したとすると，$S = \pi \left(\dfrac{D}{2} \right)^2$ の関係から $\dfrac{\Delta S}{S} = 2 \dfrac{\Delta D}{D}$ と近似できる。ここで，応力による長さの増加率と断面の直径の減少率の比であるポアソン比 $\nu = - \dfrac{\Delta D/D}{\Delta l/l}$ を用いると，抵抗 R とその変化量 ΔR の関係は，次式のように表される。

$$\frac{\Delta R}{R} = \frac{\Delta l}{l} - \frac{\Delta S}{S} = \frac{\Delta l}{l} \left(1 - \frac{\Delta S/S}{\Delta l/l} \right) = \varepsilon \left(1 - 2 \frac{\Delta D/D}{\Delta l/l} \right)$$

$$= (1 + 2\nu)\varepsilon = k\varepsilon \tag{8-9}$$

式8-9の係数 k は**ゲージ率**とよばれ，金属では**ポアソン比**が0.5より小さいため，**ゲージ率**は2以下である[5]。

ひずみゲージでは，加えられた応力による導体の抵抗変化からひずみ量を観測することができ，加えられた応力も求めることができる。

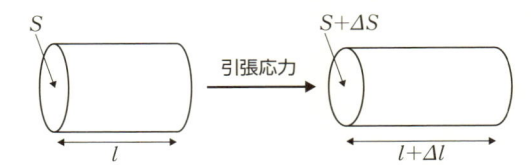

図8-8 ひずみゲージの抵抗変化

8-1-3 センサの回路特性

センサの出力信号を電子回路で増幅およびフィルタなどの処理をするためには，回路素子としてのセンサ素子の特性が明らかになっている必要がある。ここでは，センサの回路素子の**静特性**と**動特性**について簡潔に述べる。

| センサの静特性　　センサの静特性とは，時間的に変化しない物理量に対するセンサの出力信号の特性である。静特性は，**感度**，**分解能**，**直線性**（線形性），**繰り返し精度**（再現性），**ヒステリシス**などの特性として表される。

図8-9は，センサに入力される物理量を入力信号 x とし，その入力信号に対する出力信号 y とした特性図である。感度は，観測対象の物理量（入力信号）の変化量に対する出力信号の変化量の比で表される。

【5】半導体では，ひずみを加えることにより結晶を構成する原子間の位置が変化することでバンド構造が変化するため，キャリアによる電気伝導に大きく影響を与える。この現象はピエゾ抵抗効果とよばれている。ピエゾ抵抗効果により，半導体のゲージ率は100を超えることもあり，また，負となる（すなわち，ひずみ $\varepsilon > 0$ のときに $\Delta R < 0$ となり抵抗が減少する）こともある。

すなわち，図 8-9 (a) の特性のグラフの傾きが感度である。したがって，感度が高ければ入力信号の微小な変化も検出可能となる。

感度と関連する特性として，分解能がある。分解能とは，出力で検出することができる入力信号の最小の変化量であり，分解能より小さい物理量を検出することができない。一般的に，感度が高ければ分解能が小さくなるが，具体的な分解能の大きさはセンサの出力信号を処理するセンサ回路の性能にも依存して決まる。

直線性とは，入力信号と出力信号との間に直線的な関係についての特性である。図 8-9 (a) の例では，入力信号と出力信号の関係が線形ではなく多少カーブしているため，完全な直線性があるとはいえない。

繰り返し精度とは繰り返し測定する際のばらつきであり，ヒステリシスとは入力信号が増加するときと減少するときとの出力の差の特性である。図 8-9 (b) にヒステリシスをもつセンサの静特性を示す。

磁気センサに加え，湿度センサやガスセンサなどの化学反応に基づいたセンサは，ヒステリシス特性をもつことがある。

理想的には感度と直線性が高く，繰り返し測定間でのばらつきやヒステリシスが小さいものが良いセンサの特性である。

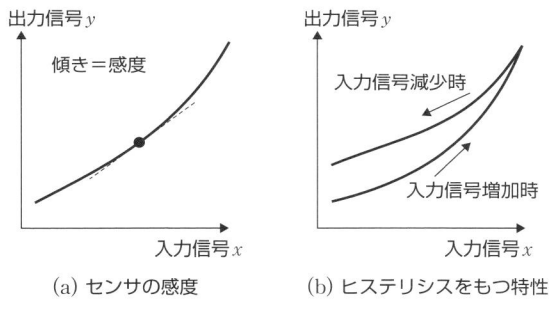

(a) センサの感度　　　(b) ヒステリシスをもつ特性

図 8-9　センサの静特性

センサの動特性

観測する物理量は時々刻々と変化することが一般的であるが，早い時間変動にセンサが追従することが重要な場合がある[6]。この追従性能を示す特性が，センサの動特性である。

センサの動特性を評価するために，観測する物理量の過渡応答特性（**ステップ応答，インパルス応答**）[7] を用いる。とくに，ステップ応答における出力の立ち上がり時間，遅延時間，制定時間などは重要なパラメータとなる。

また，より一般的な動特性評価のためにボード線図を用いることがある[8]。ボード線図は，伝達関数の周波数特性を利得と位相のそれぞれについてプロットした図であり，高周波での出力信号の振幅低下などの評価が容易にできる。

【6】 センサの即応性が求められる応用例として，自動車の衝突センサ，人感センサ，体温計などがある。

【7】 入力信号 $x(t)$ がある一定値から他の一定値に瞬時に変化したときの応答（出力信号 $y(t)$）をステップ応答という。また，ステップ応答のパラメータを下図に示す。

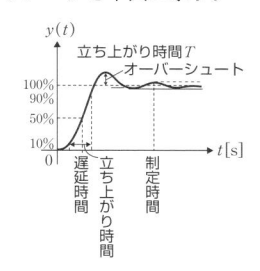

一方，インパルス応答とは，入力信号が非常に短い時間区間で大きな値をとる信号（デルタ関数）が入力されたときの応答（出力信号）である。

【8】 ボード線図については，4-5-2 を参照されたい。

センサ回路に利用されるオペアンプ回路

本節では，センサ回路に利用されるオペアンプ回路について代表的なものを示す。4章で説明したように，オペアンプは，電圧増幅度が極めて大きく，また，信号の増幅のみならず各種のアナログ信号処理を容易に実現できるため，センサ機器に多用されている。

ボルテージフォロワ

4-4-2 で示したボルテージフォロワ回路（図4-13）は，センサシステムにおいて頻繁に用いられる。図4-14 (a) において，前段回路 X をセンサとみなすと，一般にセンサの出力インピーダンスが大きいため，センサ出力を処理する回路の入力インピーダンスはさらに大きくする必要がある。このような場合，図4-14 (b) のようにボルテージフォロワをバッファ（緩衝）回路として用いることで，センサの出力電圧の減衰を抑えるとともに，センサに対して低侵襲な信号読み出し回路を実現することができる。

レベルシフト回路

センサの出力信号は，後段の増幅回路や信号処理回路に入力されるが，その信号の直流レベル（DC レベル）が必ずしも後段の回路に適した電圧であるとは限らない。そのような場合，加算回路や反転増幅回路を用いて電圧の DC レベルを変換する。この回路は，**レベルシフト回路**とよばれている。図8-10 にレベルシフト回路例を示す。

図8-10 (a) の加算回路を用いたレベルシフト回路は，図4-12 に示した加算回路の入力の1つに直流電圧 V_{DC} を入力したものである。なお，簡単化のために抵抗はすべて R としている。この回路の出力 v_o は，次式のように表される。

$$v_o = -(v_i + V_{DC}) \tag{8-10}$$

式8-10 より，出力 v_o の DC レベルを変換することがわかる。ただし，符号が反転していることに注意を要する。

図8-10 (b) の反転増幅回路を用いたレベルシフト回路は，図4-9 の反転増幅回路において，＋入力端子を接地ではなく，直流電圧 V_{DC} としている。ここでも簡単のために抵抗はすべて R としている。この回路の出力 v_o は，次式のように表される。

$$v_o = -(v_i - V_{DC}) \tag{8-11}$$

式8-11 より，入力 v_i から DC 電圧を減じた信号を反転増幅していることがわかる。

以上のように，センサ出力とそれに接続される回路との間で，センサの特性に応じて DC レベルを適切に設定することができる。

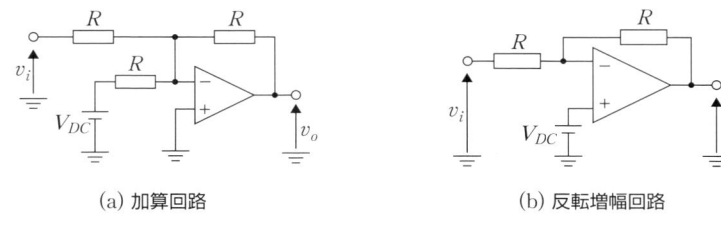

(a) 加算回路　　　　　　　　　　　　(b) 反転増幅回路

図 8-10　レベルシフト回路

減算回路と計装アンプ

図 4-15 に示した減算回路は，次式で表される入出力特性をもっているため，差動増幅回路[9] と考えることができる（式 4-42 参照）。

$$v_o = \alpha (v_1 - v_2) \tag{8-12}$$

図 4-15 の減算回路は，2 つの入力端子間の電位差を増幅してシングルエンドの信号として出力する。センサの出力信号が非常に微小な電位差の場合，このような差動増幅回路を用いることで微小な信号を数十 mV ～数 V 程度の電子回路で信号処理が可能な振幅の電圧に増幅することが可能である。

しかし，図 4-15 の差動増幅回路をセンサ出力のような微弱な信号の増幅に用いるにはいくつかの問題がある。1 つ目は，v_1 と v_2 各々の入力端子における回路の非対称性から，入力インピーダンスが異なることである。2 つ目は，抵抗 R_1，αR_1，R_2 および αR_2 のマッチングを完全にとることが困難であり，R_1 の厳密な α 倍，R_2 の厳密な α 倍となるような抵抗を準備することは現実的ではないことである。結果として，v_1 と v_2 の DC レベルに出力 v_o が依存し，純粋な差動増幅とならない。

上述した問題点を解消する**計装アンプ** (instrumentation amplifier)[10] を図 8-11 に示す。計装アンプとは，入力が差動信号[11] であり，出力がシングルエンド[11]，または参照電位に対する差動信号となっている高精度なアンプである。2 つの入力信号の同相成分[11] の信号やノイズを除去しつつ，2 つの入力信号の差動成分を増幅する。センサの利用環境では無視できないノイズが存在することが多く，また，同相信号が存在することも多いため，計装アンプが広く使われている。

図 8-11 の計装アンプは，2 つの入力 v_1 および v_2 がオペアンプの非反転入力端子となり，非常に大きな入力インピーダンスとなっており，また，平衡のとれた入力となっている。抵抗 R_G は外付けの抵抗であり，後述するように計装アンプの電圧増幅度の制御に用いられている。また，V_{REF} は外部から入力する出力の基準電位であり，用途に応じて接地したり，その他の電位にしたりして使用する。

【9】差動増幅回路については 9 章で学ぶ。

【10】計装アンプは，インスツルメンテーションアンプともいう。

【11】差動，シングルエンドおよび同相については **9-3-1** を参照されたい。

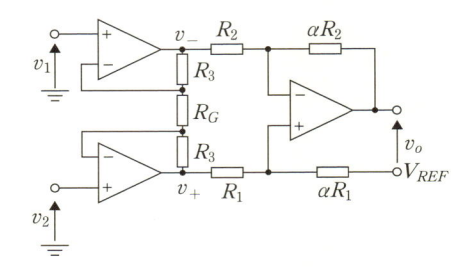

図8-11 計装アンプ

例題 **8-1** 計装アンプに関する問題

図8-11の計装アンプの電圧増幅度を求めなさい。

●略解────解答例

図8-11の計装アンプは，中間ノードの電位が各々 v_+ および v_- となっているが，それより右側は図4-15の減算回路と同じ回路である。したがって，次式が成り立つ。

$$v_o = \alpha \, (v_+ - v_-) \tag{8-13}$$

一方，回路の左側は，入力電圧 v_1 および v_2 に応じた電圧 v_+ および v_- を生成する回路である。オペアンプの反転入力端子には，仮想短絡により各々 v_1 および v_2 の電位が現れる。また，オペアンプの入力端子に電流が流れ込まないため，2つの抵抗 R_3 と抵抗 R_G には等しい電流が流れる。したがって，次式が成り立つ。

$$\frac{v_- - v_1}{R_3} = \frac{v_1 - v_2}{R_G} = \frac{v_2 - v_+}{R_3} \tag{8-14}$$

式8-14より，次式の関係が成り立つことがわかる。

$$\left\{ \begin{array}{ll} v_- = \dfrac{R_3}{R_G}\,(v_1 - v_2) + v_1 & (8\text{-}15) \\[3mm] v_+ = \dfrac{R_3}{R_G}\,(v_2 - v_1) + v_2 & (8\text{-}16) \end{array} \right.$$

式8-15および式8-16から，

$$v_+ - v_- = \left(\frac{2R_3}{R_G} + 1 \right)(v_2 - v_1) \tag{8-17}$$

となり，式8-13を用いると，

$$v_o = \alpha \left(\frac{2R_3}{R_G} + 1 \right)(v_2 - v_1) \tag{8-18}$$

したがって，計装アンプの電圧増幅度は，

$$A_v = \alpha \left(\frac{2R_3}{R_G} + 1 \right) \tag{8-19}$$

と表される。電圧増幅度は，外部に接続している抵抗 R_G によっ

て所望の値に設定できることがわかる。

　抵抗 R_G を流れる電流が $(v_1 - v_2)/R_G$ となるため，ここで入力 v_1 および v_2 の DC レベルが差し引かれるため，DC レベルが変動した場合でも出力には，$v_2 - v_1$ を増幅した成分のみしか現れない。

低域通過フィルタと高域通過フィルタ

　図 8-2 のセンサシステムの例において，現実には各過程でノイズの影響を受ける。センサの出力信号が微小であるため，増幅中あるいは増幅の前後で適切にノイズを除去するためのフィルタを用いる必要がある。

　図 4-22 に示した**低域通過フィルタ**を用い，ノイズの帯域を低周波のみに限定すると，高周波ノイズを除去することができる。その際，図 8-12 に示すようにセンサ信号の帯域を考慮し，必要な信号をカットせず，かつ，不要な高周波のノイズをカットするように遮断周波数を設定する。

　低域通過フィルタの出力で AD 変換を行う場合は，センサ信号の最大周波数 f_{max}，遮断周波数 f_c，およびサンプリング周波数 f_s が，次式の関係を満たすように設定する必要がある[12]。

$$f_c > f_{max} \tag{8-20}$$

$$f_s > 2f_{max} \tag{8-21}$$

【12】5-1 で説明したように，最大周波数 f_{max} の元信号をサンプリングするためには，その 2 倍のナイキスト周波数以上の周波数でサンプリングする必要がある（サンプリング定理）。

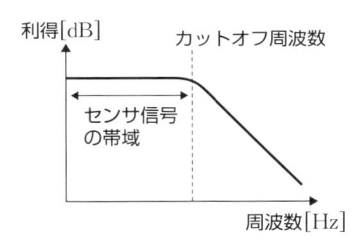

図 8-12　センサ信号の周波数と低域通過フィルタ

　一方，センサの出力信号のうち，低周波成分や直流成分を除去するために図 4-23 に示した**高域通過フィルタ**を用いることもある。あるいは，回路を簡単化するために 3-3 の増幅回路などで用いた結合コンデンサのみで低域周波数成分の除去を行うことも多い。

サンプルホールド回路と AD 変換

　図 8-2 に示すように，近年のセンサシステムにおいては，アナログ信号であるセンサの出力信号を増幅回路，フィルタなどのアナログ回路で処理したあとで，AD 変換によりデジタル信号に変換して，マイコンなどのコンピュータによってシステムの制御を行うことが一般的である。

　実際には，図 5-10 に示した**サンプルホールド回路**で時間的に変化するアナログ信号をサンプリングし，一定の電圧を保持している間に 5-

3 で示した各種の AD 変換回路によってデジタル値に変換する。

8-2-2 電圧変化・電流変化を利用したセンサ回路

電圧変化や電流変化を利用したセンサ回路として，フォトダイオードの例を考える。

フォトダイオードによる光センサ回路

図 8-5 に示したように，フォトダイオードの基本的な特性は，一般的な pn 接合ダイオードと同様の特性である。しかし，pn 接合部分に光が照射されると，光起電力による光電流 I_P が n 型領域から p 型領域の方向へ流れる。光電流 I_P は，照射される光の強さに比例して変動するため，光起電力を測ることによって光の強さを観測することができる。

電流－電圧変換を用いたセンサ回路

まず，フォトダイオード単体の特性に着目する。図 8-13 にフォトダイオードのアノード端子とカソード端子を短絡した回路を示す。両端子を短絡しているため，端子間の電圧は $V_D = 0\,\mathrm{V}$ である。光が照射されていないときにフォトダイオードに流れる電流は $I_D = 0\,\mathrm{A}$ である。照射される光が強くなると光電流 I_P が増大し，フォトダイオードの特性は下方向にシフトする。ここで，$V_D = 0\,\mathrm{V}$ となるように端子間を短絡しているため，光の強度が大きくなるにつれて，フォトダイオードを流れる電流 I_D がマイナス方向に光の強度に対して線形に大きくなることがわかる。

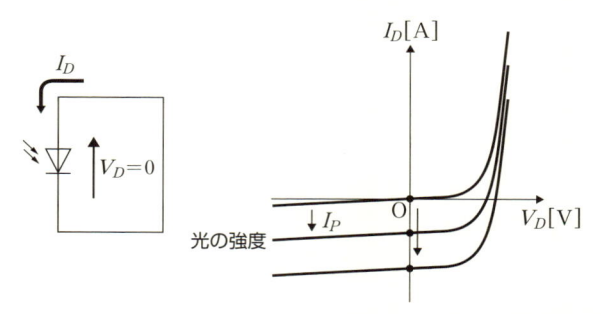

図 8-13　フォトダイオードのアノード端子とカソード端子を短絡した回路

この特性を利用したフォトダイオード増幅回路の例を図 8-14 に示す。この回路では，仮想短絡によりフォトダイオードの両端子の電位が接地電位となる。また，オペアンプによる回路は，図 4-8 に示した電流－電圧変換回路となっている。この回路では，光電流 I_P に比例した電圧が出力されるため，線形に変化する光の強度を観測するためのセンサに適した構成である。

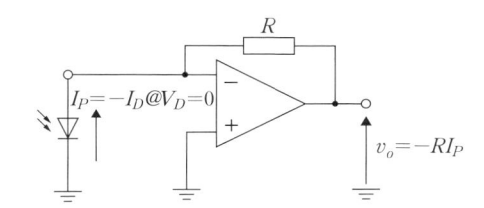

図 8-14　オペアンプによるフォトダイオード電流－電圧変換回路

電圧増幅を用いたセンサ回路

　　次に，図 8-15 にフォトダイオードのアノード端子とカソード端子を開放した回路を示す。両端子を開放しているため，フォトダイオードに流れる電流は $I_D = 0\,\mathrm{A}$ である。光が照射されていないときの端子間の電圧は $V_D = 0\,\mathrm{V}$ である。照射される光が強くなると光電流 I_P が増大し，フォトダイオードの特性は下方向にシフトする。ここで，$I_D = 0$ となるように端子間を開放しているため，光の強度が大きくなるにつれて，フォトダイオード端子間の電圧 V_D が光の強度の対数に比例して大きくなることがわかる。

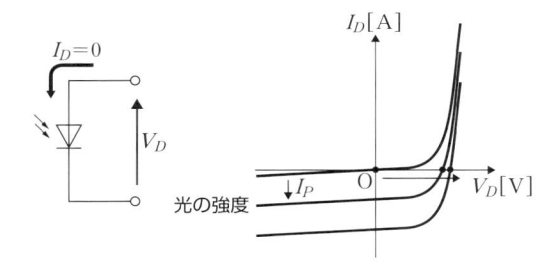

図 8-15　フォトダイオードのアノード端子とカソード端子を開放した回路

　この特性を利用したフォトダイオード増幅回路の例を図 8-16 に示す。この回路は，図 4-6 に示したオペアンプによる非反転増幅回路の入力にフォトダイオードの光起電力によって発生する電圧 V_D を入力し，増幅している。この回路では，光電流 I_P の対数に比例した電圧が出力されるため，ダイナミックレンジが広い入射光を観測するためのセンサに適した構成である。

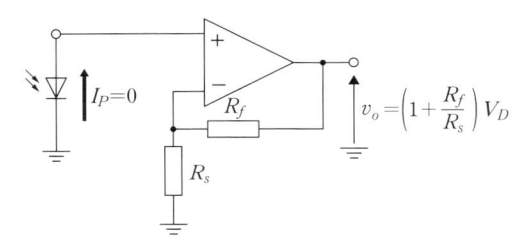

図 8-16　オペアンプによるフォトダイオード電圧増幅回路

抵抗負荷を用いたセンサ回路　フォトダイオードを用いた光センサ回路では，感度を高めるために図8-17のような回路を用いて電圧として出力することが多い。この回路は，直流電源，フォトダイオード，負荷抵抗 R を直列に接続し，入射した光の強度によって変化するダイオードの電流を負荷抵抗 R で電圧に変換して出力している。このとき，フォトダイオードは直流電源によって逆バイアスになるような方向で接続されている。

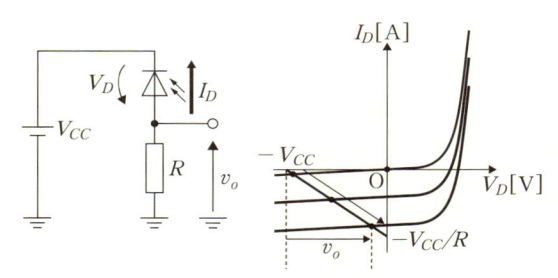

図8-17　フォトダイオードと抵抗負荷によるセンサ回路

ダイオードに加わる電圧 V_D，ダイオードを流れる電流 I_D の向きに注意すると，次式を得る。

$$V_{CC} = v_o - V_D \tag{8-22}$$

$$v_o = -RI_D \tag{8-23}$$

式8-22および式8-23から，次式の負荷線を得ることができ，図8-17では，負荷線とフォトダイオードの特性を重ねて表示している。

$$I_D = -\frac{1}{R}(V_{CC} + V_D) \tag{8-24}$$

このように，センサ回路についても一般の電子回路と同様に作図によって回路特性を解析することが可能である。

8-2-**3**　抵抗変化を利用したセンサ回路

光センサの CdS セルや温度センサのサーミスタ，力のセンサであるひずみゲージなどでは，観測したい物理量の変化量が抵抗値の変化として出力される。

これらのセンサによって変化する抵抗値を，図8-6(a)のような回路を用いて電圧値に変換し，必要に応じてフィルタ，増幅回路および AD 変換回路などを経由してマイコンなどのコンピュータで処理を行うことが一般的である。

抵抗分圧による抵抗-電圧変換　図8-6(a)の光センサをサーミスタとした回路を用いて，サーミスタの抵抗値を R_{TH}，直列に接続している抵抗の抵抗値を R_S，電圧参照電圧としての直流電圧源の電圧を V_{REF} とすると，抵抗 R_S に加わる電圧 V_S は次式で表される。

$$V_S = \frac{R_S}{R_{TH} + R_S} V_{REF} \qquad (8\text{-}25)$$

ブリッジ回路による抵抗－電圧変換　一方，金属ひずみゲージのように，ひずみ率 ε が小さく抵抗値の変化量自体が小さい場合，図 8-6 (a) の回路では抵抗値の変化を十分に取り出すことができない。

このような場合は，図 8-18 のブリッジ回路を構成することで，センサ R_1 の微小な抵抗変化を電圧変化に変換することができる。この微小な電圧変化 v_o を，図 8-11 の計装アンプを用いて信号処理が可能な電圧変化量へと増幅することでひずみ率が求められる。

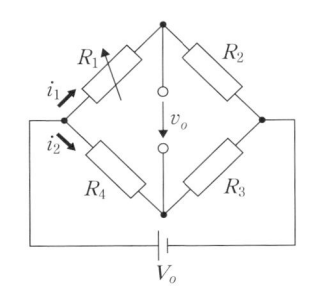

図 8-18　ブリッジ回路によるひずみゲージの抵抗測定

例題　8-2　ブリッジ回路による抵抗－電圧変換に関する問題

図 8-18 のブリッジ回路において，出力電圧 v_o を求めなさい。

●**略解**——解答例

図 8-18 において，キルヒホッフの電圧則から，次式が成り立つ。

$$v_o = R_1 i_1 - R_4 i_2 \qquad (8\text{-}26)$$
$$V_0 = (R_1 + R_2)\, i_1 \qquad (8\text{-}27)$$
$$V_0 = (R_3 + R_4)\, i_2 \qquad (8\text{-}28)$$

したがって，式 8-26 ～ 式 8-28 より，V_0 と v_o の関係は次式で表される。

$$v_o = \frac{R_1 R_3 - R_2 R_4}{(R_1 + R_2)(R_3 + R_4)} V_0 \qquad (8\text{-}29)$$

ここで，簡単化のために $R_1 = R_2 = R_3 = R_4 = R$ とする。また，R_1 をひずみゲージとし，ひずみが加わることで $R_1 = R + \Delta R$ のように抵抗値が変化するとする。このとき出力電圧は，ゲージ率 k を用いて次式で表される。

$$v_o = \frac{\Delta R}{2(2R + \Delta R)} V_0 \approx \frac{\Delta R}{4R} V_0 = \frac{1}{4} k V_0 \varepsilon \qquad (8\text{-}30)$$

また，ひずみ率は，出力電圧 v_o を用いて次式で表される。

$$\varepsilon = \frac{4}{k}\frac{v_o}{V_0} \qquad\qquad (8\text{-}31)$$

■ サーミスタによるヒータ制御の
ためのセンサシステムの例 図 8-19 にサーミスタ，抵抗，電源，ヒ
ータ，スイッチおよびコンパレータ回路を
用いてヒータ制御を行うセンサシステムの例を示す。

抵抗 R_{TH} は，温度によって抵抗値が変化するサーミスタを示し，ヒ
ータ温度の測定に用いる。また，$R_{TH} = R + \Delta R$, $R_2 = R_3 = R_4 = R$
とする。このときの R は，設定温度時のサーミスタの抵抗値であり，
設定温度時には $R_{TH} = R_2 = R_3 = R_4 = R$ であり，温度が変化すると，
R_{TH} のみ $R + \Delta R$ へと変化する。

前述したひずみゲージの例と同様に，ブリッジ回路の出力の温度の変
化により後段のコンパレータへの入力の電位差が変化する。コンパレー
タへの入力の電位差 v_o は，次式で表される。

$$v_o \approx \frac{\Delta R}{4R}V_0 \qquad\qquad (8\text{-}32)$$

コンパレータは，2 つの入力端子間の入力電位を比較し，非反転入力
が大きい場合には論理 1 を出力し，反転入力が大きい場合には論理 0
を出力する。スイッチは，コンパレータからの制御信号が 1 の場合にオ
ン，制御信号が 0 の場合にオフとなり，スイッチがオンのときにヒー
タが加熱することで温度が制御される。

温度が上昇し，サーミスタの抵抗が小さくなると $v_o < 0$ となり，コンパ
レータの非反転入力の電位が反転入力の電位より小さくなり，コンパレー
タ出力が論理 0 となる。温度が低下し，サーミスタの抵抗が大きくなると
$v_o > 0$ となり，コンパレータ出力が論理 1 となることで，ヒータ部のスイ
ッチがオンとなり温度を上昇させるというシステムであることがわかる。

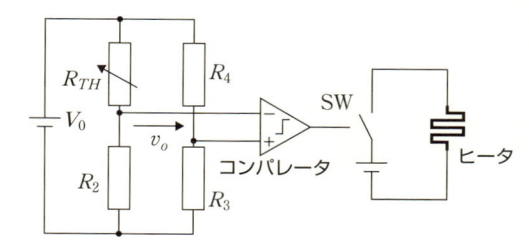

図 8-19　ヒータ制御を行うセンサシステムの例

8-2-4　容量変化を利用したセンサ回路

スマートフォンなどの携帯型電子機器やゲーム機用コントローラなど
には，**加速度センサ**が搭載されている。図 8-20 に **MEMS**(micro
electro mechanical system)技術を用いた加速度センサの模式図と顕
微鏡写真を示す。

この加速度センサは，おもりがアンカーからの複数の梁(はり)によって釣られた状態になっていて，加速度によりおもりの位置が変動することで電極間の静電容量が変化し，加速度を検知することができる。

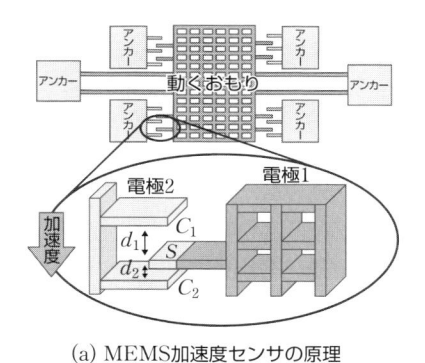

(a) MEMS加速度センサの原理

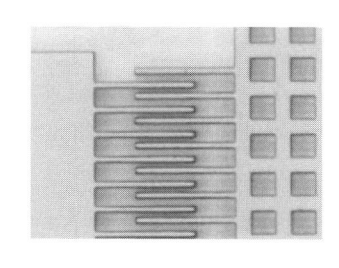

(b) MEMS加速度センサ
　の顕微鏡写真

図8-20　MEMS技術による加速度センサ

　図8-21に基本的な静電容量を電圧に変換する容量‐電圧変換(CV変換)回路を示す。まず，測定対象の静電容量 C_x に電荷を充電，帰還の静電容量 C_x の電荷を放電するためにスイッチ SW_1 および SW_3 をオン，スイッチ SW_2 をオフにする。この状態で，容量 C_x には $C_x V_{REF}$ だけの電荷が充電されている。

　次に，スイッチ SW_1 および SW_3 をオフにした後で，スイッチ SW_2 をオンにする。オペアンプの仮想短絡より，容量 C_x に充電されていた電荷がすべて容量 C_f に移動するため，出力電圧 v_o は，

$$v_0 = -V_{Cf} = -\frac{C_x}{C_f} V_{REF} \tag{8-33}$$

となる。

　出力電圧 v_o が測定対象の容量 C_x に比例する関係が成り立ち，静電容量から電圧値へ変換が可能であることがわかる。

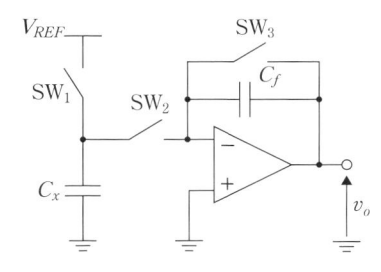

図8-21　容量‐電圧変換(CV変換)回路

CMOSイメージセンサである。

図1に**CMOSイメージセンサ**の概略図と1画素あたりの回路を示す。図1 (a) のように，各画素にはフォトダイオードと読み出し回路があり，それが画素数の数だけ2次元に配置されている。

レンズによってイメージセンサ上に結像された画像は，画素ごとに光の強度が異なり，各画素の静電容量（実際にはフォトダイオードの寄生容量）に貯められた電荷が電圧として読み出される。各画素の情報は，1画素ずつ順番に読み出される。各画素では，蓄えられた電荷を画素内の増幅回路で電圧に変換する。

行選択信号 (Row1，Row2，Row3，…) によって選択された行の増幅回路の出力が垂直信号線に出力され，列選択信号 (Col1，Col2，Col3，…) によって選択された垂直信号線の信号のみが V_{out} として出力される。したがって，2次元の画像データは1画素ずつ読み出される。

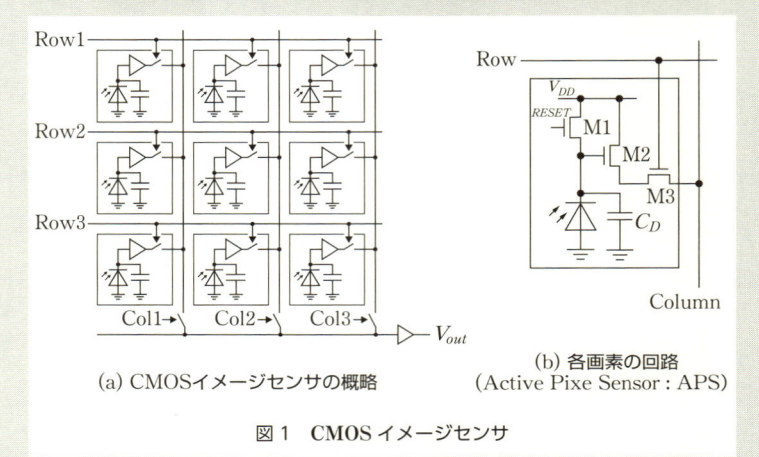

(a) CMOSイメージセンサの概略

(b) 各画素の回路
(Active Pixe Sensor：APS)

図1　CMOS イメージセンサ

各画素の回路は図1 (b) のような構成になっている。まず，RESET 信号によって MOSFET M1 がオンとなり，フォトダイオードの寄生容量 C_D に電荷が充電される。次に，RESET 信号をオフにし，シャッターが開いた状態でフォトダイオードに光が照射されると，光電流により寄生容量 C_D の電荷が放電され始める。一定時間が経過した時点でシャッターを閉じることで，照射された光の強さに応じた電荷が寄生容量 C_D に残る。

MOSFET M2 は，ソースフォロワの増幅回路であり，寄生容量 C_D の電荷に比例した電圧が入力となり，出力もほぼ同じ電圧となる。行選択信号によって当該画素が選択されている場合には，MOSFET M3 によりソースフォロワの出力が垂直信号線に出力される。このような構成の画素回路のことを，3個の MOSFET からなるため，3T APS (Active Pixel Sensor) という。

初期の CMOS イメージセンサでは，各画素に増幅回路を配置せずに読み出したあとで増幅をする Passive Pixel Sensor が用いられていたが，現在では画像の高画質化のために APS が用いられている。実際の CMOS イメージセンサでは，各画素の増幅回路の特性ばらつきをキャンセルする回路やリセット用のトランジスタの抵抗による熱雑音を低減する回路などの高画質化のためのさまざまな工夫がなされている。

1. 図 8-10 のレベルシフト回路について，以下の問に答えなさい。
(1) (a)加算回路について出力 v_o が式 8-10 で表されることを示しなさい。
(2) (b)反転増幅回路について出力 v_o が式 8-11 で表されることを示しなさい。

2. 図 8-21 の容量－電圧変換回路において，変換ステップ (a) SW_1，SW_3 オン，SW_2 オフ，(b) SW_1，SW_2，SW_3 オフ，(c) SW_1，SW_3 オフ，SW_2 オンの各々の状態にして，十分時間が経過したときの容量 C_x に蓄えられている電荷 Q_x，容量 C_f に蓄えられている電荷 Q_f，出力電圧 v_o の各値について，C_x，C_f と V_{REF} を用いて次の表を埋めなさい。

	(a)	(b)	(c)
Q_x			
Q_f			
v_o			

3. 図 1 に示す計装アンプの回路について，以下の問に答えなさい。
(1) 回路内に示された 2 つのノードの電位を v_+ および v_- とするとき，出力 v_o は，$v_o = A(v_+ - v_-)$ と表すことができる。A を求めなさい。
(2) この計装アンプの電圧増幅度は，抵抗 R_G の値によって決定できる。電圧増幅度を 1.0，2.0，5.0 および 10.0 に設定したいとき，各々に必要な抵抗 R_G の値を求めなさい。

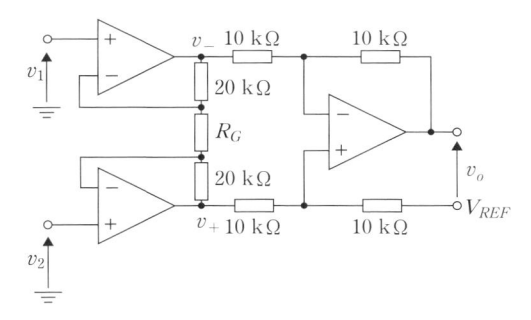

図 1　計装アンプの回路

電子回路の集積化

　集積回路[1] は，バイポーラトランジスタ，MOSFET などの電界効果トランジスタ，キャパシタ，抵抗などの回路素子を 1 つの小さな半導体チップ上に構成することで，さまざまな機能をもつ電子回路を，非常に小さな電子部品として実現したものである。

　本章ではまず集積回路の構造と製造工程の概要を学び，次に，これまでの章で学んできた電子回路を集積回路として実現するために必要となる基本要素回路について学ぶ。さらに，その基本要素回路を利用して，差動増幅回路，オペアンプ回路の設計例を通して，アナログ電子回路の集積化について学ぶ。以下を目標とする。

① 集積回路とその製造工程を理解する。
② カレントミラー回路およびレベルシフト回路について理解する。
③ 差動増幅回路の動作を理解する。
④ 基本オペアンプ回路の動作を理解する。

9−1　集積回路とは何か

【1】 集積回路は，あらゆる電子機器で利用されている。その大きな理由は，非常に多くの回路素子を数 mm サイズのシリコンから切り出した小片チップ上に搭載し，高速かつ低消費電力で動作させられるからである。各自で，集積回路の技術革新の歴史について調べてみるとよい。

【2】 プリント基板とは，ガラスエポキシ基板などの上に，配線パターンがエッチングによって生成されている基板である。

　ユニバーサル基板とは，基板上に格子状に貫通したビアとその周囲に銅箔のランドが形成された基板である。

　ブレッドボードとは，半田付けが不要で，部品や導線の端子を抜き差しすることで配線が可能な基板である。

　電子回路を実現する場合，図 9−1 に示すようなプリント基板（PCB：printed circuit board），ユニバーサル基板，ブレッドボード[2] に個別の電子部品であるディスクリート[3] な回路素子を配置し，半田付け，リード線などを用いて部品間の接続を行うことが一般的である。このような形で電子回路を実現するのではなく，1 つの半導体チップ上に回路を実現したものが半導体集積回路（以降では，単に**集積回路（IC：integrated circuit）**と記す）である。

　個別部品で実現する電子回路は，各々の電子部品の大きさが数 mm 〜数 cm 程度であり，また，基板の大きさも数 cm 〜数十 cm となるため，それが組み込まれる電子機器の大きさも必然的に大きくなる。一方，集積回路では，数 mm 角 〜 1cm 角程度の半導体チップ上に，ゲート長が 10 nm 〜 1 μm 程度の MOSFET が無数に作られる。また，トランジスタ間を接続する金属配線も線幅が非常に小さい。このように，集積回路は非常に大きな規模の電子回路を小さな半導体チップ上に集積したものであり，現在ではゲート長が 10 nm 程度の MOSFET が 1 つのチップに数十億個も実装されている。集積回路はさまざまな用途で利用され，コンピュータ，家電製品，通信機器および IoT デバイスの高性能化，多機能化，低消費電力化，小型化および高信頼化のために，必要不可欠な電子部品となっている。

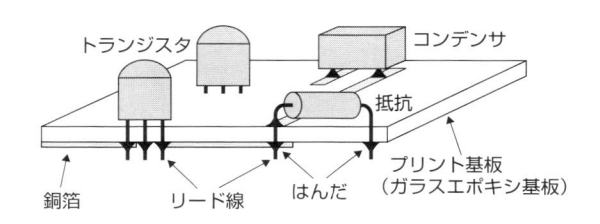

図9-1　個別部品による電子回路 (プリント基板)

9-1-1　集積回路の構造

図9-2に集積回路の断面構造を示す。多くの場合，シリコン単結晶基板[4]の上にMOSFET，ダイオード，抵抗，容量（キャパシタ）[5]を構成し，それらを金属の配線で接続している。集積回路を構成する要素は，回路素子と各素子間の接続を行う金属配線とに分けられる。

回路素子のMOSFETは，金属ゲート（ポリシリコン[6]ゲート），絶縁体であるSiO_2によるゲート酸化膜，チャネルの形成されるシリコン基板，ソース部およびドレイン部の形成される拡散層で構成されている。抵抗は，拡散層による拡散抵抗，シリコン基板でのウェル抵抗，ポリシリコン抵抗などで実現される。キャパシタは，MOS構造を用いたゲート容量，2つのポリシリコン層の層間容量を用いたもの，2つの金属配線層間の層間容量を用いたMIM容量，などが利用される。いずれも製造プロセスごとに使用可能な回路素子が用意されており，設計者は，それらの中から用途，特性，面積などに応じて，適切なものを選択して使用する。

回路素子間を接続する金属配線には，従来からアルミニウムが用いられているが，より抵抗率の低い銅配線が用いられることも多い。シリコン基板上の膨大な数の回路素子を接続するために，複数の配線層を用いることで，短絡せずに立体的に交差させることが可能である。また，絶縁膜で隔てられた配線層間は，ビア[7]によって上下の配線層間の接続が行われる。金属配線と回路素子との間の接続は，コンタクト[7]によって行われる。このような配線構成が，半導体チップ上の任意の2点間の接続を可能としている。

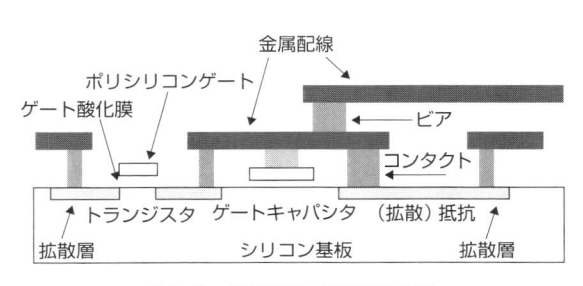

図9-2　集積回路の断面構造の例

プリント基板が大量生産品に適しているのに対し，趣味の電子工作や試作品などには，ユニバーサル基板やブレッドボードが適している。

【3】前章で用いられていた抵抗，コンデンサ，バイポーラトランジスタ，FETなどの回路素子単体を1つの部品として実装したものが「ディスクリート」な電子部品である。

一方，多くの回路素子からなる電子回路を1つの電子部品として集積したものが集積回路である。74シリーズのロジックIC，オペアンプなどの小規模なものから，コンピュータのCPUなどの大規模なものまでさまざまな集積回路が存在する。

いずれも，秋葉原のような電気街などで購入することができる。

【4】現在では，安価に高品質のシリコン単結晶ウェファが入手可能であり，多くの集積回路がシリコン単結晶基板の上に実現されている。

高周波回路用途に，ゲルマリウムの単結晶基板やガリウムヒ素による化合物半導体基板が用いられることもある。

【5】容量の呼称として，受動部品としての容量のことを「コンデンサ」，集積回路内の容量のことを「キャパシタ」と使い分けることが多い。そのため，本章では，容量のことを「キャパシタ」とよぶこととする。

【6】 ポリシリコンは，多結晶シリコンのことである。単結晶シリコンは，チャネル，ソース，ドレイン領域を形成する基板で用いられるが，ゲート電極には，製造が容易なポリシリコンが用いられる。ポリシリコンは，単結晶と比較して大型化が容易なため，太陽電池や液晶ディスプレイの薄膜トランジスタ(thin‐film transistor：TFT) などでも用いられている。

【7】 ビアは，異なる金属配線層の間を接続することに用いられ，コンタクトは，金属配線とシリコン基板，またはポリシリコンゲートとを接続することに用いられる。

【8】 シリコンウェファとは，シリコンの下図に示す円柱状の単結晶のインゴットを厚さ1 mm 程度の円盤として切り出したものである。インゴットを製造するためには，チョクラルスキー法やフローティングゾーン法が用いられるが，詳細は割愛する。

写真協力：株式会社 SUMCO

【9】 フォトマスクを用いた一連の製造工程から，IC の製造は印刷にたとえられる。1枚の印刷物を作成することに要する時間やコストは，印刷の文字数(集積回路では素子数) よりも，用紙サイズ(集積回路ではチップ面積) と印刷の解像度(集積回路では MOSFET の大きさ) に影響される。また，印刷原版(集積回路ではフォトマスク) を

9-1-2 集積回路の製造

集積回路の製造工程

　図9-3 に集積回路の製造工程で主要なリソグラフィ工程の概略図を示す。リソグラフィ工程では，シリコンウェファ (silicon wafer)[8] 上に実現したい，すべての回路素子および金属配線の位置と形状を2次元平面に図形化したマスクパターンを用いる。マスクパターンを用いれば，すべての回路素子を同時に転写できるため，回路素子を1つずつ作製する必要はない。マスクパターンは，フォトマスクとよばれている石英基板上に描かれる。紫外光を用いたリソグラフィ技術によって，シリコン基板上にフォトマスクのパターンが転写され，不純物原子の注入，ゲート酸化膜の形成，金属配線のエッチング，ビア／コンタクトのための穴の形成などの製造プロセスで利用される。フォトマスクは，拡散層，ポリシリコンゲート，金属配線，ビア，コンタクトなどに応じて用意する必要があり，最先端のプロセスでは数十枚使用することがある。

　上述した工程のように，集積回路は，あたかもシリコンウェファ上に多数の回路を一括して焼き付けるかの如く製造できるため，大量生産に適した電子部品である[9]。

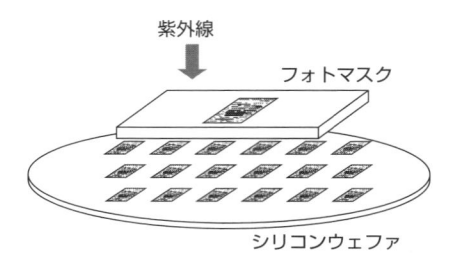

図9-3 集積回路のリソグラフィ工程

　図9-4 に集積回路の製造工程によって作製されたシリコンウェファ (図9-4(a))，それをカットしたベアチップ(図9-4(b))，およびパッケージに組み込まれボンディングワイヤによって端子が接続された集積回路(図9-4(c))[10] を示す。

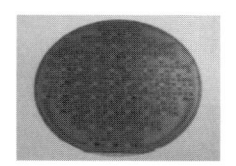 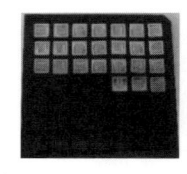 

(a) 集積回路が製造されたシリコンウェファ　(b) シリコンウェファからカットされたチップ　(c) ベアチップをパッケージに実装した集積回路

図9-4 シリコンウェファと集積回路

回路素子の製造

集積回路は，年々 MOSFET の物理的なサイズが小さくなっており，現在ではゲート長が 10 nm 程度まで小さくなっている[11]。しかしながら，抵抗，キャパシタおよびインダクタを集積化する際には，大きな面積を要する。

図 9-5 に，抵抗，キャパシタおよびインダクタを，半導体チップ上に実装する例を示す。抵抗は，拡散層やポリシリコンなどを長い距離で引き回すことで実現可能であるが，比較的大きな抵抗を作ろうとすると面積は増大する。キャパシタは，ポリシリコン層や金属配線層を 2 層使用して実現するが，大きな容量のキャパシタを作ろうとすると，この場合も面積が増大する。インダクタは金属配線を渦巻き状に引き回すことで実現するが，大きなインダクタンスをもつインダクタを作ろうとすると，やはり面積が増大する。

このように，抵抗，キャパシタおよびインダクタを集積回路上に実現した場合，MOSFET の大きさと比較して数百倍，あるいはそれ以上の大きさとなってしまう。したがって，集積回路では，これらの素子を半導体チップ上で直接実現しないで，MOSFET でその機能を実現することが重要である。MOSFET のみで構成できると，回路面積は小さくなるので，集積度を高くできる。

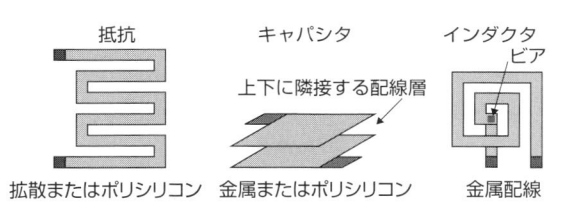

抵抗　　　　キャパシタ　　　　インダクタ
ビア

上下に隣接する配線層

拡散またはポリシリコン　金属またはポリシリコン　金属配線

図 9-5　半導体チップ上に実現された抵抗，キャパシタおよびインダクタ

ディスクリートの電子部品を用いた回路設計においては，製造後に特性を測定することが可能であり，電子部品の精度が回路設計時のものと離れていて所定の精度でない場合でも，精度の高い部品と交換することは容易である。

一方，集積回路の設計では，半導体チップ上に一括で素子が作製された後に，一部の素子を取り替えることが不可能である。また，集積回路の製造プロセスでは，製造された素子の抵抗値や MOSFET のコンダクタンスなどの特性値がばらつくことが普通であり，その値が大きく変動することもある。製造に起因する素子値のばらつきが存在する場合があっても，すべての素子は同一条件で製造されるため，同一チップ上の素子間のばらつきには相関が高い。これを利用した，ばらつきに対して耐性の高い回路の設計も可能である[12]。

【10】通常，パッケージに組み込まれた半導体チップは直接見ることができないが，図 9-4(c) では撮影用にパッケージの蓋を開けている。

【11】デナード則とムーアの法則
デナード則とは，スケーリング則ともよばれており，IBM 社のロバート・デナード氏によって発表された法則である。MOSFET のサイズが 1/2 になると速度が 2 倍，消費電力が 1/4 になり，単位面積に製造できる MOSFET の数も 4 倍になる，というものである。

ムーアの法則は，Intel 社のゴードン・ムーア氏によって発表された法則である。集積回路上のトランジスタ数が，18 か月ごとに 2 倍になる，という法則である。(発表当時は，「毎年 2 倍」であった。)

これらの法則に則り，集積回路は過去数十年にわたって劇的な進歩を遂げてきた。とくに，ムーアの法則は過去の経験を述べるにとどまらず，半導体製造業界の技術的なロードマップとしての役割もはたしてきた。

【12】素子同士の「マッチング」を考慮して抵抗を設計することが行われる。たとえば，4 つの抵抗を縦横に 2 × 2 の配置で製造すると，各々の抵抗値はわずかに異なる。しかし，上下同士，左右同士では同様の傾向で値が異なるため，左上と右下，右上と左下，の各抵抗を直列につなげることで，2 つのほぼ等しい抵抗値をもつ抵抗を作製することができる。

作成した後は，枚数が増えてもコストはほとんど変わらない点は，IC 製造も同様である。

本節では，アナログ集積回路を構成する基本要素について説明する。**9-1** で述べたように，集積回路を実現するシリコン基板上には，MOSFET を多数構成することが容易である。一方，抵抗，キャパシタおよびインダクタなどの回路素子は，大きな回路面積が必要となるため，できるだけ MOSFET によって回路を実現することが望ましい。

本節では，アナログ集積回路でよく用いられる，MOSFET を用いた電流源，**カレントミラー回路**および**レベルシフト回路**について説明する。以降では，n チャネル MOSFET および p チャネル MOSFET が頻出するため簡略化し，各々 NMOS および PMOS と表すことにする。

9-2-**1** MOSFET を用いた電流源

アナログ集積回路において，電流源はバイアス電流の供給，増幅回路の能動負荷，電流信号の伝達などのさまざまな用途で用いられる。2 章で学んだように，MOSFET は，ドレイン－ソース間電圧 V_{DS} が変化してもドレイン電流 I_D があまり変化しない飽和領域が存在する（図 9-6(b)）。飽和領域では，V_{DS} の大きさによらず一定に近い電流を流せるので，ゲート－ソース間電圧 V_{GS} によって，電流値が制御できることになる（図 9-6(a)）。すなわち，MOSFET の飽和領域は，I_D が V_{GS} によって制御される電圧制御電流源とみなすことができる。

【13】 MOSFET の飽和領域付近で V_{DS} が増加すると，ピンチオフ点がチャネルのドレイン端からソース方向に移動し，実効的なチャネル長が短くなるため，ドレイン電流が増大する。この効果は，チャネル長変調効果とよばれている。

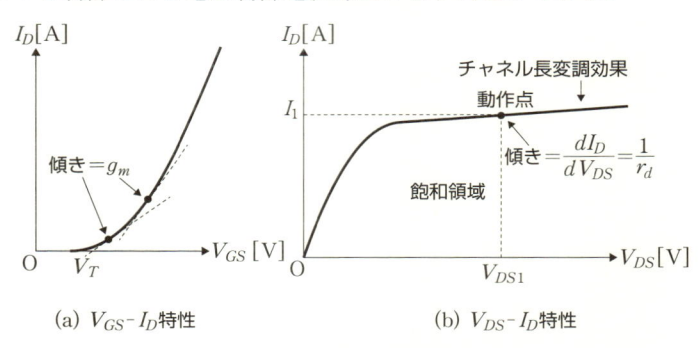

(a) V_{GS}-I_D 特性　　　(b) V_{DS}-I_D 特性

図 9-6　**NMOS の電圧－電流特性**

実際の MOSFET は，図 9-6(b) からわかるとおり，V_{DS} が増加するとチャネル長変調効果[13] により，I_D は一定ではなく微増する。この特性を考慮に入れると，MOSFET による電圧制御電流源は，理想電流源と式 9-1 で表される**ドレイン抵抗**[14] r_d が並列接続された小信号等価回路として表すことができる。

【14】 ドレイン抵抗は，MOSFET のチャネル長変調効果によりドレイン電流が増減することを，電流源に並列な抵抗としてモデル化するために用いると考えることができる。

【15】 式 9-1 は，式 3-25 と同じことを表す。

$$\frac{1}{r_d} = \frac{\partial I_D}{\partial V_{DS}}\bigg|_{V_{GS},\, V_{DS}} \qquad (9-1)^{[15]}$$

図9-7(a)および(b)に，MOSFETによる電流源および上述した交流印加時の小信号等価回路を示す。式9-1で表される内部抵抗 r_d は，図9-6(b)の電圧-電流特性の傾きの逆数になる。飽和領域では傾きは小さく，r_d は比較的大きな値となる。r_d が十分に大きければ，内部抵抗 r_d が大きく図9-7(c)のように理想電流源に近いといえる。図9-7(b)に示す等価電流源回路では，交流信号が印加されたとき，r_d は直流の電流源と交流成分に対する抵抗として動作する。

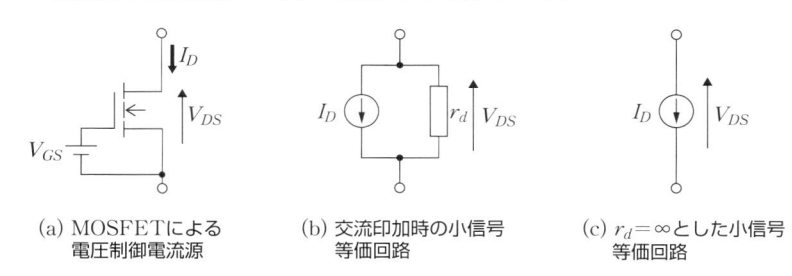

(a) MOSFETによる
　　電圧制御電流源

(b) 交流印加時の小信号
　　等価回路

(c) $r_d=\infty$ とした小信号
　　等価回路

図9-7　MOSFET を用いた電流源回路

　MOSFET による電流源回路は，増幅回路の**能動負荷**[16]や **9-3** で説明する差動増幅回路のバイアス用テール電流源として利用される。

　図9-8に，理想電流源をソース接地増幅回路の能動負荷として用いた例を示す[17]。理想電流源の出力抵抗は無限大となるため，ソース接地増幅回路の負荷抵抗は MOSFET 自体のドレイン抵抗 r_d のみとなるため，電圧増幅度 A_v は次式のように表される[18]。

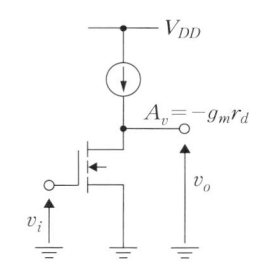

図9-8　電流源を負荷とする
　　　　ソース接地増幅回路

$$A_v = -g_m r_d \qquad (9\text{-}2)$$

【16】前章までの増幅回路では，負荷として抵抗を用いることが多かったが，集積回路では，電流源のような能動素子を負荷として用いることもできる。このような負荷は「能動負荷」とよばれている。

【17】図9-8の回路の小信号等価回路は，3章の図3-27において，$R_A = r_g = R_D = R_L = \infty$（すなわち，これらの抵抗を取り除いたもの）と等価となる。ソース接地増幅回路の復習も兼ねて確認されたい。

【18】式9-2における $g_m r_d$ のことを**真性利得**という。電流源負荷の場合，理想電流源の出力抵抗が無限大のため，増幅回路の増幅度は最大となる。仮に，出力端子に抵抗を並列に挿入したり，電流源の負荷抵抗が有限だったりした場合，増幅回路の負荷抵抗が r_d から低下し，電圧増幅度も低下するためである。

9-2-2　カレントミラー回路

　カレントミラー回路は，入力電流と同じ大きさの電流をコピーして（ミラーされて）出力する回路であり，アナログ集積回路を実現する上で必要不可欠な回路である。図9-9にカレントミラー回路の構成を示す。

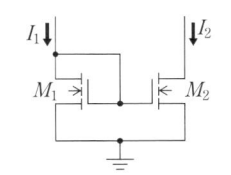
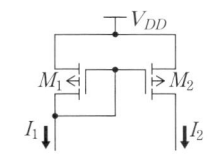

(a) NMOSカレントミラー回路　　　(b) PMOSカレントミラー回路

図9-9　MOSFET を用いたカレントミラー回路

電流 I_1 がカレントミラー回路に入力されると，ダイオード接続[19] された MOSFET M_1 のゲート−ソース間には電流 I_1 に応じた V_{GS1} が現れる。2つの MOSFET M_1 と M_2 のゲート−ソース間電圧は等しいため，M_2 にも M_1 と同じドレイン電流が流れ，$I_2 = I_1$ となって入力電流と出力電流が等しくなる。

一般に，MOSFET の飽和領域でのドレイン電流は，次式のように表される。

$$I_D = \frac{\beta}{2}(V_{GS} - V_T)^2 \tag{9-3}$$

ここで，V_T は MOSFET のしきい値電圧，$\beta = \mu C_{OX}(W/L)$ であり，μ はキャリアの移動度，C_{OX} は絶縁膜の単位面積（$1\,\mathrm{m}^2$）あたりの容量，W はゲート幅，L はゲート長を表す[20]。この特性は図 2−16 の (c) の領域に対応する。

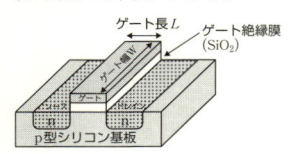
M_1 は，ダイオード接続されているため飽和領域で動作しており[21]，式 9−3 より $\beta = \beta_1$ で PMOS M_1 にドレイン電流 $I_D = I_1$ が流れているとき，M_1 の V_{GS} は，

$$V_{GS} = V_T + \sqrt{\frac{2I_1}{\beta_1}} \tag{9-4}$$

と表される。

一方，M_2 を流れる電流 I_2 は，式 9−4 より

$$I_2 = \frac{\beta_2}{2}(V_{GS} - V_T)^2 = \frac{\beta_2}{\beta_1}I_1 = \frac{W_2/L_2}{W_1/L_1}I_1 \tag{9-5}$$

と表される。ここで M_1 と M_2 のゲート端子が接続されているので，M_2 の V_{GS} は M_1 の V_{GS} と等しい。式 9−5 より，出力電流 I_2 は，MOSFET のしきい値電圧，移動度などの物理的なパラメータによらず，ゲート幅およびゲート長といったトランジスタサイズのパラメータのみで決定できる。したがって，M_2 の MOSFET を同じサイズで複数並列に並べたり，M_2 のゲート幅を M_1 の A 倍にしたりすることで，出力電流の大きさを任意の値にすることも可能である。

図 9−10 にカレントミラー電流源を負荷とするソース接地増幅回路を示す。この回路は，図 9−8 の能動負荷を用いたソース接地増幅回路の電流源負荷を，PMOS カレントミラー回路で実現した回路である。図 3−27 のソース接地増幅回路の小信号等価回路より，増幅回路の負荷抵抗が NMOS のドレイン抵抗 r_{d1} と電流源の出力抵抗 r_{d2} との並列抵抗であるため，電圧増幅度 A_v は次式で表される。

$$A_v = -g_{m1}(r_{d1}//r_{d2}) = -g_m\frac{r_{d1}r_{d2}}{r_{d1} + r_{d2}} \tag{9-6}$$

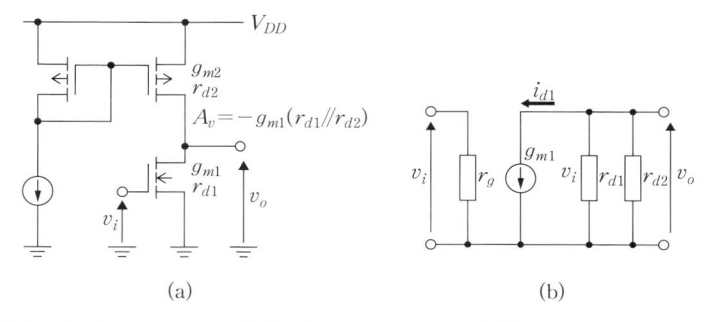

(a) (b)

図9-10 カレントミラー電流源を負荷とするソース接地増幅回路と小信号等価回路

例題 **9-1** カレントミラー回路の電流に関する問題

図9-9のカレントミラー回路において，$I_1 = 10\,\mathrm{mA}$，$L_1 = 1\,\mu\mathrm{m}$，$L_2 = 1\,\mu\mathrm{m}$，$W_1 = 10\,\mu\mathrm{m}$，および $W_2 = 20\,\mu\mathrm{m}$ のとき，ミラーされる電流 I_2 の大きさを求めなさい。

●**略解**———解答例

カレントミラー回路では，2つの MOSFET のゲート長とゲート幅の比が等しければ，両者に同じ大きさの電流が流れる。式9-5より，I_1 は次のように求められる。

$$I_2 = \frac{W_2/L_2}{W_1/L_1} I_1 = \frac{20/1}{10/1} \times 10 = 20\ \mathrm{mA}$$

9-2-3 レベルシフト回路

増幅回路を用いて非常に大きな電圧増幅度を得るためには，増幅回路の縦続多段接続が行われる。その場合，ステージ間に結合コンデンサを用い，各ステージで独立なバイアス回路を設計する。しかし，アナログ集積回路においては，接続時に抵抗や結合コンデンサとしてのキャパシタといった回路素子を用いると回路面積が著しく増大するので，増幅回路を直結する必要がある。一般に，増幅回路の入力端子の直流バイアス電圧と出力端子の直流バイアス電圧は異なるため，直結に際しては，次段の入力電圧の直流成分が適切なバイアス電圧になるように，出力電圧をある一定電圧量だけレベルシフトする回路が必要となる。これを実現するための回路が**レベルシフト回路**である。レベルシフト回路は，直流バイアス電圧をシフトさせる一方で，信号については減衰させないことが望ましい。図9-11にドレイン接地増幅回路と電圧レベルのシフト量が ΔV のレベルシフト回路を示す。図9-11(a)は，**3-3-4** で示したドレイン接地増幅回路によるレベルシフト回路である。図9-11(b)は，ドレイン接地増幅回路の負荷抵抗を電流源に置き換えたレベルシフト回

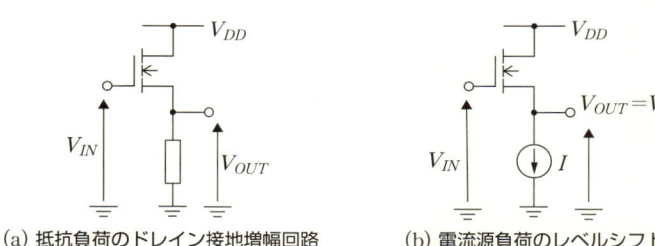

(a) 抵抗負荷のドレイン接地増幅回路　　　(b) 電流源負荷のレベルシフト回路

図9-11　ドレイン接地増幅回路を用いたレベルシフト回路

路である。

　レベルシフト回路において，MOSFET のドレイン電流は，式9-3 のように表され，また，MOSFET のゲート-ソース間電圧が入出力電圧の差 $V_{GS} = V_{IN} - V_{OUT}$ となるため，電流源を流れる電流 I は次式のように表される。

$$I = \frac{\beta}{2}(V_{GS} - V_T)^2 = \frac{\beta}{2}(V_{IN} - V_{OUT} - V_T)^2 \qquad (9\text{-}7)$$

　したがって，式9-7 より，V_{OUT} と $\varDelta V$ の関係は，

$$V_{OUT} = V_{IN} - V_T - \sqrt{\frac{2I}{\beta}} = V_{IN} + \varDelta V \qquad (9\text{-}8)$$

と表される。また，電圧シフト量 $\varDelta V$ は，

$$\varDelta V = -\left(V_T + \sqrt{\frac{2I}{\beta}}\right) \qquad (9\text{-}9)$$

のように表される。したがって，ドレイン接地回路は，電圧増幅率をほぼ1とみなすことができ，流れる電流 I で決定される電圧 $\varDelta V$ だけ入力電圧をシフトする，電圧 V_{OUT} を出力する回路である。

> **例題**　**9-2**　レベルシフト回路の電圧シフト量に関する問題
>
> 　図9-11 のレベルシフト回路において，$\beta = 1.0 \times 10^{-3}\,\mathrm{S/V}$，$V_T = 1.0\,\mathrm{V}$ および $I = 1.0\,\mathrm{mA}$ のとき，電圧のシフト量 $\varDelta V$ を求めなさい。
>
> ●略解────解答例
>
> 　シフト量は以下となる。
>
> $$\varDelta V = -\left(V_T + \sqrt{\frac{2I}{\beta}}\right) = -1.0 - \sqrt{\frac{2 \times 1.0 \times 10^{-3}}{1.0 \times 10^{-3}}}$$
>
> $$\approx -2.4\,\mathrm{V}$$

9-3 オペアンプの集積化

本節では，電子回路の集積化の一例として，MOSFET を用いた増幅回路をもとにした**差動増幅回路**（differential amplifier）の差動の概念および，基本差動増幅回路の動作について説明する。また，差動増幅回路の一種であるオペアンプについて，MOSFET を用いた回路の構成例を示す。

9-3-1 差動増幅回路

シングルエンドと差動　　これまでに扱ってきた増幅回路では，主として電圧を対象とし，接地などの基準電位からの電位差を信号としてきた。このような信号の表現方法を**シングルエンド**（single-end）という。シングルエンドでは，回路ブロックへの入力信号，回路ブロックからの出力信号および回路内の信号を基準電位からの電圧として表すことができる。さらに，2 つの回路ブロック間の信号伝送を，1 本の信号線で実現することも可能である。図 9-12 にシングルエンドとその入出力信号の様子を示す。

ところで，現実の電子回路は，回路内外からさまざまなノイズの影響を受ける[22]。たとえば，周辺からの電磁波ノイズによって，信号波形が変形したり，電源電圧の瞬間的な変動により増幅回路の出力波形にノイズが現れたりする。図 9-12 の例では，ノイズのない正弦波がシングルエンド入力の増幅回路に入力されたとき，増幅回路にノイズが入ったことで，出力の波形にノイズが乗っている。

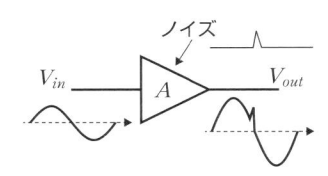

図 9-12　シングルエンドによる入力信号および出力信号とノイズの影響

一方，2 つの電圧の差分で信号を表現し，増幅したり，2 本の信号線を用いて信号を伝送したりする方式を**差動**（differential）という。このような信号の表現方法は，図 9-13 に示すように，入力信号を表すために 2 つの電圧の差分を用いるので，回路ブロックの入力端子および出力端子は各 2 つずつ必要になり，また，信号伝送にも 2 本の信号線が必要となる。差動は，シングルエンドと比べて，端子や信号線などの物理的なリソースを多く必要とするが，電子回路内外からのノイズに対しては耐性が高くなる。図 9-13 の例では，差動信号で表された正弦波が

【22】教科書で扱う電子回路では，ノイズは存在しない状態で回路を構成し，解析を行っている。しかし，現実の電子回路では，ノイズの影響は不可避である。

　この関係は理想と実践の関係にあたるため，講義とともに実験を行うことで，電子回路の理解が深まる。

増幅回路に入力された際，図9-12と同じように増幅回路にノイズが入り，2つの出力波形に同時にノイズが乗ったとしても，ノイズ成分が同一であれば，出力の差分をとることで，ノイズ成分だけをキャンセルできる。また，2本の信号線をより線にして伝送線を構成して，差分信号を伝送する際も，外からの電磁波などのノイズも2本の信号線に同じように入るため，差分信号はノイズをキャンセルできる。

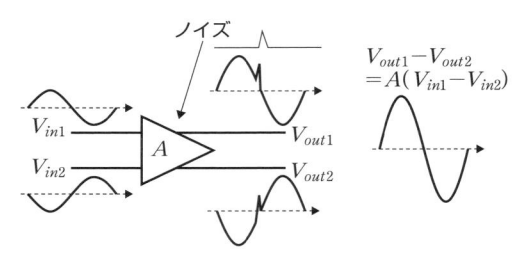

図9-13　差動による入力信号および出力信号とノイズの影響

以上のように，差動信号を用いることでノイズに対しての耐性を高めることができるため，出力ノイズの小さな増幅回路，高速なネットワーク線路，HDMIの高速大容量のデータ伝送規格など，さまざまな場面で差動の概念が利用されている[23]。

【23】差動信号を用いた高速データ通信は，今日では不可欠である。本書では扱わないが，高速トランシーバ回路，RFなどの無線通信回路では，差動の概念が用いられている。

同相信号と差動信号

差動増幅回路では，上述した2つの入力電圧の電位差を差動の入力信号とし，それを増幅して差動の電圧を出力信号とする。差動増幅回路を解析する際に，入力電圧 V_{in1} および V_{in2} を**同相信号**（common - mode signal）と**差動信号**（differential signal）とに分けると，簡易に行える。

同相信号 V_{CM} および差動信号 v_{in} は，入力電圧 V_{in1} および V_{in2} を用いて，次式のように表される。

$$V_{CM} = \frac{V_{in1} + V_{in2}}{2} \tag{9-10}$$

$$v_{in} = V_{in1} - V_{in2} \tag{9-11}$$

式9-10および式9-11から，同相信号は，2つの入力電圧の中間値（V_{in1} と V_{in2} の平均値）であり，入力信号は，入力電圧の差動信号であることがわかる。

また，式9-10および式9-11より，差動増幅回路の入力電圧 V_{in1} および V_{in2} は，同相成分 V_{CM} および入力信号 v_{in} を用いて次式のように表される。

$$V_{in1} = V_{CM} + \frac{v_{in}}{2} \tag{9-12}$$

$$V_{in2} = V_{CM} - \frac{v_{in}}{2} \tag{9-13}$$

式 9-12 および式 9-13 のように，2 つの入力電圧は，共通の同相成分と同じ大きさで位相の反転した差動成分の和となることがわかる[24]。

【24】直流成分は，同相信号に含まれる。

基本差動増幅回路

図 9-14 に基本差動増幅回路を示す。基本差動増幅回路は，入力電圧 V_{in1} および V_{in2} をゲート入力とする 2 つのソース接地増幅回路と各 MOSFET のソース端子を接続し，**テール電流源**（tail current source）[25] I が接続された構造となっている。入力電圧 V_{in1} および V_{in2} の差を差動入力信号とし，出力電圧 V_{out1} および V_{out2} の差を差動出力信号とする。

【25】テール電流源は，2 つのソース接地増幅回路に流れる電流を決める直流電流源である。テール電流源は，非常に大きな内部抵抗をもち，小信号への影響をほとんど与えない。したがって，テール電流源を流れる電流のことをバイアス電流とよぶこともある。

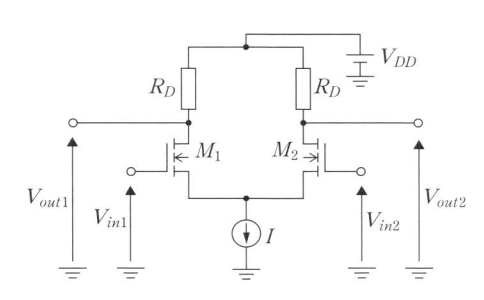

図 9-14　基本差動増幅回路

3 章で説明したソース接地増幅回路では，テール電流源は存在しなかったので，その役割について考える。2 つの入力電圧がともに $V_{in1} = V_{in2} = V_{CM}$ とすると，2 つのソース接地増幅回路の対称性から，$I_{D1} = I_{D2} = I/2$ の電流が 2 つの NMOS M_1 および M_2 に流れる。テール電流源のないソース接地増幅回路では，NMOS のゲート−ソース間電圧 V_{GS} によって，ドレイン電流 $I_D = \dfrac{\beta}{2}(V_{GS} - V_T)^2$ や相互コンダクタンス $g_m = \beta(V_{GS} - V_T)$ が変動してしまうため，同相電圧 V_{CM} が変動すると動作点を適切に設定することや所望の電圧増幅度を得ることが難しくなる。

一方，テール電流源のある図 9-14 の基本増幅回路では，テール電流源が各 MOSFET を流れる電流を決定するので，V_{in1} および V_{in2} の同相信号 V_{CM} が変動したとしても，各 MOSFET に $I/2$ ずつ電流が流れるように MOSFET のソース端子の電位が変動する[26]。つまり，V_{CM} が変動した場合でも，2 つの MOSFET の共通のソース端子の電位が V_{CM} に応じて変動し，常に一定の電流が流れるように帰還がかかっている。これにより，MOSFET の動作点が一定となり，また，相互コンダクタンス g_m も一定となるため，設計が容易となる。

【26】電流源の端子間電圧は任意なので，MOSFET を流れる電流が $I/2$ となるように，ソース端子の電位が変動し，適切な V_{GS} となる。

差動増幅回路の差動電圧増幅度

次に，図 9-14 の基本差動増幅回路の電圧増幅度を求める。ここで，同相入力電圧は直流を仮定すると，基本差動増幅回路の小信号等価回路は図 9-15（a）のように表される。2 つの MOSFET の相互コンダクタンスは等しく g_m とし，ゲート端子の入力抵抗は無限大とする。テール電流源は，描かれてい

ないが，M_1 の電流増分 $\Delta i_1 = g_m v_{in}/2$ と M_2 の $\Delta i_2 = -g_m v_{in}/2$ はキャンセルし，電流源 I には v_{in} による電流の増減がないため，両 MOSFET のソース端子は接地としている[27]。回路の対称性から，図 9-15(b) の**差動小信号半回路**を用いることで，解析が容易になる。

【27】 図 9-15 および図 9-16 の小信号等価回路において，下図の上の MOSFET の電圧制御電流源による小信号等価回路を用いているが，2 つのソース端子を短絡すると下図の下のような小信号等価回路となる。

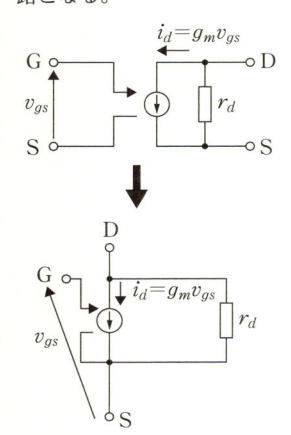

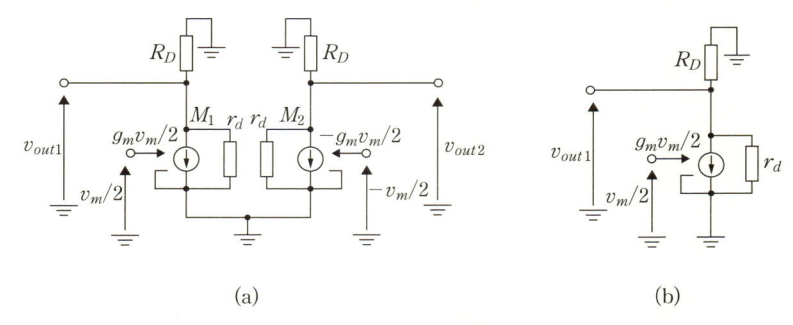

(a)　　　　　　　　　　　　　　(b)

図 9-15　差動信号に対する基本差動増幅回路の小信号等価回路

図 9-15(b) の差動小信号半回路は，3 章で扱ったソース接地増幅回路の小信号等価回路そのものであり，$r_d \gg R_D$ とすると，次式の関係が得られる。

$$v_{out1} = -g_m(R_D//r_d)\left(\frac{v_{in}}{2}\right) \approx -g_m R_D\left(\frac{v_{in}}{2}\right) \tag{9-14}$$

もう一方の半回路に対しても，次式で表される同様の関係が得られる。

$$v_{out2} = -g_m(R_D//r_d)\left(-\frac{v_{in}}{2}\right) \approx g_m R_D\left(\frac{v_{in}}{2}\right) \tag{9-15}$$

式 9-14 および式 9-15 から，以下の式が得られる。式 9-17 の A_d は，基本差動増幅回路の**差動電圧増幅度**を表す。

$$v_{out1} - v_{out2} = -g_m R_D v_{in} = A_d v_{in} \tag{9-16}$$

$$A_d = \frac{v_{out1} - v_{out2}}{v_i} = -g_m R_D \tag{9-17}$$

差動増幅回路の同相電圧増幅度と同相除去比

図 9-16(a) に差動入力信号 $v_{in} = 0$ の場合に，同相入力電圧が v_c だけ変動した場合の小信号等価回路を示す[27]。図 9-16(a) では，電流源の内部抵抗 R_I を抵抗値が $2R_I$ の 2 つの抵抗を並列に分解し，表している。

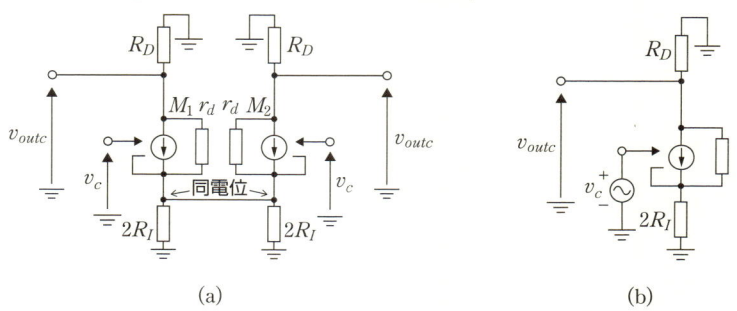

(a)　　　　　　　　　　　　　　(b)

図 9-16　同相信号に対する基本差動増幅回路の小信号等価回路

また，左右の対称性からそれぞれの MOSFET のソース端子が同電位となるため，図 9-16 (b) のような**同相半回路**を用いることで，解析が可能である。小信号等価回路を解析することで，次式の関係が得られる（導出は，側注[28] を参照されたい）。

【28】図 9-16 (b) の小信号等価回路において，MOSFET を流れるドレイン小信号電流は，$i_d = v_c / (1/g_m + 2R_I)$ と表される。したがって，MOSFET の小信号モデルである電圧制御電流源と抵抗 $2R_I$ をまとめ，相互コンダクタンスが $1/(1/g_m + 2R_I)$ の電圧制御電流源と考えてよい。

$$v_{outc} = -\frac{R_D}{\dfrac{1}{g_m} + 2R_I} v_c \approx -\frac{R_D}{2R_I} v_c = A_c v_c \qquad (9-18)$$

$$A_c = \frac{v_{outc}}{v_c} = -\frac{R_D}{2R_I} \qquad (9-19)$$

式 9-19 で表される A_c は，**同相電圧増幅度**とよばれている。差動増幅回路は，差動信号 v_{in} を増幅し，同相信号 v_c は増幅しないことが望ましい。これを評価する尺度として次式で定義されている**同相除去比**（**CMRR**：common mode rejection ratio）が用いられる。

$$CMRR = |A_d/A_c| = |2g_m R_I| \qquad (9-20)$$

同相除去比の値が大きいほど，差動増幅が同相増幅よりも大きいことを示す。CMRR を大きくするためには，式 9-20 より，MOSFET の g_m を大きくし，大きな R_I の直流電流源を用いればよいことがわかる。

例題 **9-3** 差動増幅回路の電圧増幅率と CMRR に関する問題

図 9-16 の小信号等価回路で表される基本差動増幅回路において，$g_m = 2.0\,\mathrm{mS}$，$R_D = 40\,\mathrm{k\Omega}$ および $R_I = 20\,\mathrm{k\Omega}$ のとき，差動電圧増幅率 A_d，同相電圧増幅率 A_c および CMRR を求めなさい。

●**略解**────解答例

A_d および A_c は，以下のように求められる。

$$A_d = -g_m R_D = -2.0 \times 10^{-3} \times 40 \times 10^3 = -80$$

$$A_c = -\frac{R_D}{\dfrac{1}{g_m} + 2R_I} = -\frac{40 \times 10^3}{\dfrac{1}{2.0 \times 10^{-3}} + 2 \times 20 \times 10^3} \approx -0.99$$

したがって，CMRR は $80/0.99 = 81$ となる。

9-3-2 MOSFET によるオペアンプ回路

4 章で述べたように，オペアンプは，外部に接続する入力側のインピーダンスと帰還のインピーダンスの組合せによって，さまざまな機能や演算を容易に実現できるので，電子回路設計において非常に重要な電子部品である。本節では，MOSFET によるオペアンプ回路について説明する。

■ オペアンプの動作と特性

図 9-17 (a) にシングルエンド出力のオペアンプを示す。このオペアンプの出力電圧 V_{out} は，

$$V_{out} = A_d(V_{in1} - V_{in2}) \tag{9-21}$$

で表される。式 9-21 の差動電圧増幅度 A_d は，一般に非常に大きな値（数十万～数百万）である。2 つの入力端子の入力インピーダンスは極めて大きく，出力インピーダンスは極めて小さくなるようオペアンプは設計される[29]。なお，理想オペアンプは，差動電圧増幅度と入力インピーダンスは $\infty\,\Omega$，出力インピーダンスは $0\,\Omega$ として扱う。

近年では，図 9-17 (b) に示す全差動型のオペアンプも広く使われている。全差動型オペアンプは，シングルエンド出力のオペアンプと比べて，信号をすべて差動として扱うことができ，ノイズ耐性が強い電子回路が構築できる。全差動型オペアンプの出力電圧 V_{out1} および V_{out2} は，次式で表される。

$$V_{out1} - V_{out2} = A(V_{in1} - V_{in2}) \tag{9-22}$$

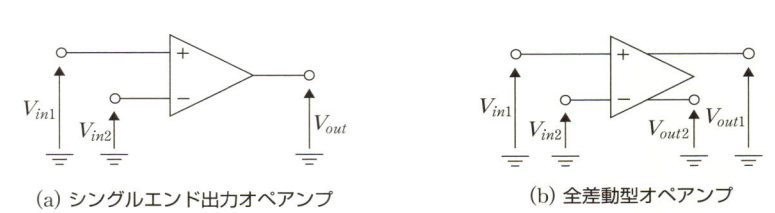

(a) シングルエンド出力オペアンプ　　　　　(b) 全差動型オペアンプ

図 9-17　オペアンプの入出力

■ MOSFET による基本オペアンプ回路

次に，図 9-18 に示すシングルエンド出力の基本オペアンプ回路を例として，オペアンプ回路の構成と動作原理について説明する。図 9-18 の MOSFET のサブストレート端子は，ソース端子，またはグラウンドレベル（NMOS の場合）に接続するが，回路図が煩雑になるため接続の表示は省略している。式 9-21 および式 9-22 からわかるように，オペアンプ回路は差動増幅回路に近い入出力特性を有しているため，図 9-14 の基本差動増幅回路と類似の回路構成になっている。

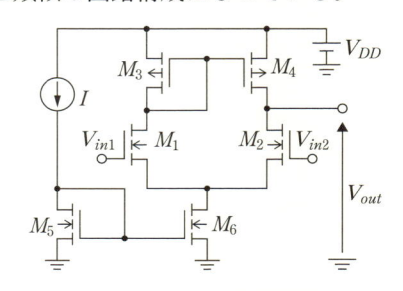

図 9-18　基本オペアンプ回路 (シングルエンド出力)

基本差動増幅回路ではテール電流源に理想電流源を用いていたが，より実際の回路に近い，**9-2-1** で示した MOSFET による電流源 M_6 を用いている。したがって，NMOS M_6 を図 9-14 の基本差動増幅回路でのテール電流源としている。M_6 と M_5 はカレントミラー回路なので，M_6 を流れる電流は，M_5 を流れる電流と等しく I となる。M_5 および M_6 の MOSFET のゲート長 L を大きく設計すれば，チャネル長変調効果を低減できるので，理想電流源に近い，内部抵抗 r_d が大きな電流源として扱うことができる。

同様に，基本差動増幅回路では，ソース接地増幅回路の負荷として抵抗 R_D を用いていたが，基本オペアンプ回路では，**9-2-2** で説明したカレントミラー電流源 M_3 および M_4 を負荷とすれば，負荷は抵抗値が大きな M_3 および M_4 のドレイン抵抗 r_d となり，大きな電圧増幅度を実現できる。

▌基本オペアンプ回路の 電圧増幅度

図 9-18 の基本オペアンプ回路の電圧増幅度を求める。入力電圧 V_{in1} および V_{in2} に，各々小信号 $v_{in}/2$ および $-v_{in}/2$ が加えられた場合を考える。基本差動増幅回路の解析では，回路の左右対称性を用いた半回路としていたが，図 9-18 のオペアンプ回路は，負荷となるカレントミラー部に対称性がない。したがって，各 MOSFET を流れる電流の増減を元に，小信号等価回路を用いて解析する。

まずテール電流源 M_6 は理想電流源とし，M_6 には小信号電流は流れないとする。したがって，小信号等価回路において，M_1 および M_2 のソース端子は接地としてよい。次に，M_1 および M_2 には，電源からグラウンドへ小信号電流 i_1 および i_2 が流れるとする。このとき，$g_{m1} = g_{m2} = g_m$ とすると，小信号電流は次式で表される。

$$\begin{cases} i_1 = g_m \dfrac{v_{in}}{2} & (9\text{-}23) \\[2mm] i_2 = -g_m \dfrac{v_{in}}{2} & (9\text{-}24) \end{cases}$$

入力は差動信号のため，式 9-23 および式 9-24 の i_1 と i_2 の正負が反対になることに注意する。なお，M_1 と M_3 が直列に接続されているため，M_3 にも電源からグラウンド方向へ i_1 が流れる。さらに，カレントミラーにより M_4 にも i_1 が流れる。

以上より，M_4 から出力端子 V_{out} のノード（M_2 および M_4 のドレイン端子）へ i_1 が流れ込み，出力端子 V_{out} のノードから M_2 へ i_2 が流れ出ることになる。これを小信号等価回路として表したのが，図 9-19 である。ここで，r_{dn} および r_{dp} は，各々 M_2 および M_4 のドレイン抵抗である。さらに，M_2 へ流れ出る i_2 と M_4 から流れ込む i_1 の差をとり 1 つにまとめると，次式のように容易に解析ができる。

$$v_{out} = -(i_2 - i_1)(r_{dn}//r_{dp}) = -\left(-g_m \frac{v_{in}}{2} - g_m \frac{v_{in}}{2}\right)(r_{dn}//r_{dp})$$

$$= g_m(r_{dn}//r_{dp})v_{in} = g_m \frac{r_{dn} r_{dp}}{r_{dn} + r_{dp}} v_{in} \tag{9-25}$$

$$A_d = g_m \frac{r_{dn} r_{dp}}{r_{dn} + r_{dp}} \tag{9-26}$$

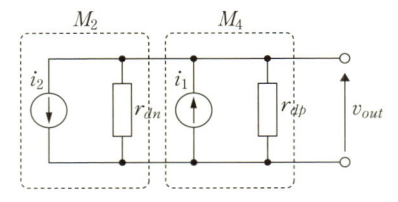 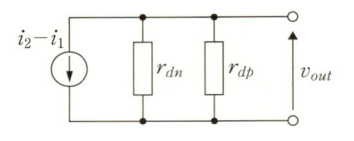

(a) 小信号等価回路   (b) (a)の電流源を1つにまとめた回路

図 9-19　基本オペアンプ回路の出力側のソース接地増幅回路の小信号等価回路

例題　9-4　基本オペアンプ回路の電圧増幅度に関する問題

　図 9-18 で表される基本オペアンプ回路の電圧増幅度 A_d を求めなさい。ただし，M_1，M_2，M_3，および M_4 の相互コンダクタンス g_m を 1.0 mS，ドレイン抵抗 r_{dn} を 100 kΩ，M_3 および M_4 のドレイン抵抗 r_{dp} を 200 kΩ とする。

●**略解**————解答例

　式 9-26 より，以下のように求められる。

$$A_d = g_m(r_{dn}//r_{dp}) = 1.0 \times 10^{-3} \times \left(\frac{100 \times 200}{100 + 200}\right) \times 10^3 \approx 67$$

2段オペアンプ回路

　前述した基本オペアンプ回路は，数百～数千倍程度の電圧増幅度が実現できる。しかし，理想オペアンプとして扱うには不十分なため，電圧増幅度を大きくするために，多段に増幅回路を構成して，オペアンプを実現することが一般的である。

　図 9-20 に 2 段オペアンプ回路を示す。この回路は，基本オペアンプ回路を入力段とし，出力段を PMOS によるシングルエンドのソース接地増幅回路[30] にしている。基本オペアンプ回路の出力を，反転増幅回路であるソース接地増幅回路に入力しているため，入力電圧 V_{in1} および V_{in2} を入れ替えていることに注意されたい。$g_{m7} = g_{mp}$ とすると，9-2-2 で示したように，M_7 および M_8 の出力段の電圧増幅度は $g_{mp}(r_{dp}//r_{dn})$ となるため，2 段オペアンプ回路の電圧増幅度は次式で表される。

【30】 出力段の負荷は，NMOS M_8 による電流源となっている。

$$A = g_m(r_{dn}//r_{dp}) \times g_{mp}(r_{dn}//r_{dp}) = g_m g_{mp}\left(\frac{r_{dn}r_{dp}}{r_{dn}+r_{dp}}\right)^2$$

$$(9\text{--}27)$$

入力段および出力段が，ともに数百～数千倍程度の電圧増幅度であれば，2段オペアンプ回路全体の電圧増幅度は，数十万～数百万倍程度を実現できる。

市販されているオペアンプは，2段オペアンプ回路の次段に，7章で説明したプッシュ・プル電力増幅回路を接続した3段オペアンプ回路であることが多い。最終段に電力増幅回路を置くことで，出力インピーダンスが小さく，出力端子に接続された回路素子によらず大きな電流を駆動することが可能になる。

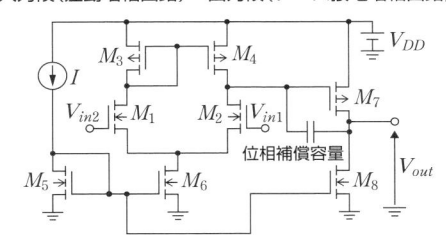

図9-20　2段オペアンプ回路

なお，増幅回路はローパスフィルタの特性をもち，一段で位相が最大90°遅れる。したがって，2段増幅回路では最大180°遅れることになる。4章で説明したボルテージフォロワのように，オペアンプ出力をオペアンプの入力端子に帰還する場合，位相が180°遅れ，かつ，そのときの電圧増幅度が1以上の場合には，回路は発振してしまう。そのため，位相補償容量を出力段の入力と出力の間に挿入すると，この容量は3章で説明したミラー効果により，非常に大きな容量として働く。位相補償容量により，高い周波数での電圧増幅度が低下し，位相が180°遅れた場合の電圧増幅度が下がり，発振を防ぐことができる。

例題　9-5

図9-20の2段オペアンプにおいて，NMOSおよびPMOSの特性（相互コンダクタンスおよびドレイン抵抗）が例題9-4と同じとき，この2段オペアンプの電圧増幅度を求めなさい。

●略解———解答例

式9-27より，以下のように求められる。

$$A_d = g_m g_{mp}(r_{dn}//r_{dp})^2$$

$$= 1.0 \times 10^{-3} \times 1.0 \times 10^{-3} \times \left(\frac{100 \times 200}{100 + 200} \right) \times 10^3 \times \left(\frac{100 \times 200}{100 + 200} \right) \times 10^3$$

$$\approx 4400$$

■ 第9章 演習問題 ■

1. 図1に示すカレントミラーを負荷としたソース接地増幅回路について，以下の問に答えなさい。なお，図1に関して，入力および出力端子の直流成分は省略し，また，MOSFETのゲート長およびゲート幅を L_1 および W_1 と表記する。

(1) 飽和領域で動作している M_1 のゲート－ソース間電圧 V_{GS1} によって，カレントミラーの電流値を決定する。M_1 を流れるドレイン電流 I_{D1} を 1.0 mA としたいとき，V_{GS1} を求めなさい。ただし，式9–3の β を 1.0×10^{-3} S/V，しきい値電圧 V_T を 1.0 V とする。

(2) M_4 に流れる電流を M_3 を流れる電流の2倍としたい。W_3/L_3 が 10 のとき，W_4/L_4 をいくつにすればよいか答えなさい。

(3) M_2 と M_4 のドレイン抵抗（r_{d2}, r_{d4}）がともに 200 kΩ で，M_2 と M_4 の相互コンダクタンス（g_{m2}, g_{m4}）が各々 0.5 mS，0.4 mS のとき，v_o/v_i を求めなさい。

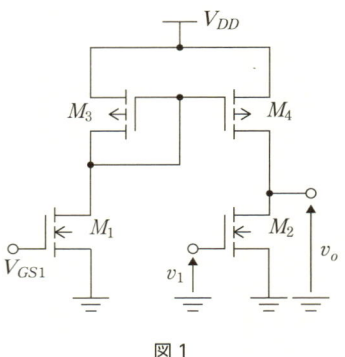

図1

2. 図2に示す基本全差動オペアンプ回路について，以下の問に答えなさい。

(1) $v_i = V_{in1} - V_{in2}$ および $v_o = V_{out1} - V_{out2}$ とするとき，差動電圧増幅率 $A_d = v_o/v_i$ を求めなさい。ただし，各 MOSFET の相互コンダクタンスおよびドレイン抵抗の値は，以下とする。（添字は，各 MOSFET の番号に対応する）

$$g_{m1} = g_{m2} = g_{m3} = g_{m4} = g_{m6} = 1.0 \text{ mS}$$

$$r_{d1} = r_{d2} = r_{d3} = r_{d4} = 100 \text{ kΩ}, \quad r_{d6} = \infty \text{ Ω}$$

(2) 図2の回路では，差動増幅回路の負荷として，図9–18のシングルエンド出力の基本オペアンプ回路のようなカレントミラーの電流源を用いていない。その理由を述べなさい。

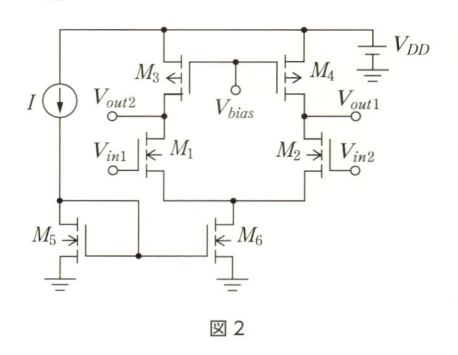

図2

第10章　回路シミュレーションによる電子回路解析

第10章　回路シミュレーションによる電子回路解析

この章のポイント ▶

　回路シミュレーションとは，さまざまな電気回路や電子回路を実際に実体のある回路として実装せずに，コンピュータ上で対象の回路の動作を模擬することである。したがって，回路の解析や設計のサポートを効率的に行うことができ，現代の電子機器設計においてよく使われている。

　電子回路設計においては，理論的に理解することが容易であっても，実際の動作時の振る舞いを直感的に思い描くことが難しいことが多い。そのような回路であっても，回路シミュレーションを用いることで簡単に解析を行うことができる。回路設計を行うためには理論と実際とのギャップを埋めながら経験を重ねることが重要であり，回路シミュレーションは非常に有効な手段である。

　本章では，Analog Devices 社が提供しているフリーの回路シミュレータである LTspice[1] を用いて，回路シミュレーションについて学ぶ。本書で扱ったさまざまな電子回路をシミュレーションすることで，回路シミュレーションの方法を学ぶだけではなく，それらの電子回路の理解をさらに深められる。具体的には，以下の項目である。

① 　回路シミュレーションの利点を理解する。

② 　LTspice の使用方法の概要を理解する。

③ 　回路シミュレーションによる電子回路の解析方法を理解する。

10-1 回路シミュレータ

10-1-1 SPICE の概要

　回路シミュレーションを行うためのツールを**回路シミュレータ**とよび，一般的にパソコンやワークステーションなどのコンピュータ上で実行されるソフトウェアである。代表的な回路シミュレータが **SPICE** である。SPICE は，Simulation Program with Integrated Circuit Emphasis から名づけられたソフトウェアの名前であり，1973 年にカリフォルニア大学バークレイ校で開発された[2]。当初は FORTRAN によって開発されていたが，現在公開されている最終バージョン (SPICE3f) は C 言語で記述されている。上記の SPICE のことを他の SPICE と区別するために UCB SPICE とよぶこともある。

　UCB SPICE のソースコードが無料で公開されているため，多くの商用 SPICE も UCB SPICE のソースコード（とくに，SPICE2g.6）をベースに開発されていることが多く，その代表的なものが本章で扱う LTspice，多くの半導体設計企業で標準的に使われている SYNOPSYS 社　の HSPICE や Cadence Design Systems 社　の PSPICE である。いずれの回路シミュレータにおいても，回路の記述

【1】LTspice は，2017 年に Analog Devices 社が買収した Linear Technology 社が開発した回路シミュレータである。

【2】現在も下記の URL からツールのダウンロードが可能である。
http://bwrcs.eecs.berkeley.edu/Classes/IcBook/SPICE/

方法の基本は共通しているため，本章の内容を理解することで，LTspice だけでなく他の回路シミュレータを使用するための基礎を学ぶことが可能である。

SPICE では，抵抗，コンデンサ，インダクタなどの受動素子，ダイオード，BJT，FET などの能動素子，電源などの回路素子を組み合わせ，その接続関係を表した**ネットリスト**[3] を用いて回路シミュレーションを行う。

【3】ネットリストについては，コラムを参照されたい。

回路シミュレーションにおいては，節点解析法を用いている。回路中の各ノードの電圧値を求めるために各々のノードにキルヒホッフの電流則を適用することで節点方程式を導出し，解くことで回路の解析を行う。本書では，紙面の制約のため，接点解析法の詳細については割愛するが，興味のある読者は他の専門書を参考にされたい。

10-1-2 LTspice の準備

LTspice は，Analog Devices 社のホームページからダウンロードし，インストールすることが可能である[4]。インストーラだけでなく，スタートアップガイドなどをダウンロードすることもできるので，有効に活用できる。

【4】執筆時現在，下記の URL でダウンロードが可能である。また，インターネットの検索エンジンで「LTspice」を検索することで，下記ページへ訪れることも可能である。
https://www.analog.com/jp/design-center/design-tool-and-calculators/ltspice-simulator.html

インストールを完了し，ツールを起動すると図 10-1 のような画面が現れる。回路図エディタ，波形ビューワなどの統合環境となっている。

図 10-1　**LTspice** の起動画面

10-1-3 シミュレータの動作検証

LTspice が問題なくインストールされていることを確認するために，簡単な回路（分圧回路）を回路図として入力し，シミュレーションを行うことにする。

まず，メニューから File → New Schematic とし，回路図入力画面を作成する。ここで，図 10-2(a) のように回路図を入力してみる。接地記号は Edit → Place GND とし，マウスを操作して適当な間隔で 2 つ配置する。抵抗は Edit → Resistor とし，適切な位置に 2 つ配置する。なお，抵抗を配置する際にキーボードで Ctrl キー ＋ R キーと押すと抵

抗の向きが 90°ずつ回転する。最後に Edit → Component とし，現れた
ウィンドウから voltage を選択して OK とすると，電圧源を配置できる。

　それぞれの回路素子を回路図エディタ上に配置できたので，次にそれ
らの間の配線を接続する。回路素子の端子には，四角記号が表示されて
いる。Edit → Draw Wire として，各端子間を適切に接続することで
図 10-2（a）のようになる。

(a)　　　　　　　　　　　　　　　　　　　　(b)

図 10-2　簡単な回路（分圧回路）の入力

　回路図において，R1，R2 および V1 と表示されているのは，回路素
子を識別するための記号である。V1 と表示されている箇所をマウスで
右クリックすると任意に名前を変更でき，ここでは VIN に変更する。
R および V と表示されているのは，各々の回路素子の特性パラメータ
や動作の種類を表している。

　2 つの抵抗の抵抗値をともに 1 kΩ とするために，R と表示されてい
る箇所をマウスで右クリックし，値を 1 k に変更する。電圧源を振幅
1 V および周波数 1 kHz の正弦波とするために，電圧源の回路記号を
右クリックし（V と表示されている箇所ではない），さらに表示された
ウィンドウの Advanced と表示されているボタンをクリックする。
Functions から Sine を選択し，DC offset を「0V」，Amplitude を
「1V」，Freq を「1kHz」と入力する。

　また，シミュレーション後の解析を容易にするために，抵抗 R1 と抵
抗 R2 の間のノードに OUT，抵抗 R2 と電圧源との間のノードに IN
とラベルをふる。Edit → Label Net とし，各々のノードに OUT と
IN というラベルを置く。

　最後にシミュレーション条件を設定するが，ここでは過渡解析を
5 mS の期間行うこととする。Simulate → Edit Simulation Cmd とし，
Transient のタブを選択した状態で Stop Time に 5 ms を設定し，OK
ボタンを押すと，.tran 5 mS という文字を配置可能となるので，適当
な場所に配置する。ここまでの作業で，図 10-2（b）を得る。

　Simulate → Run とすると回路シミュレーションが実行される。波
形表示ウィンドウが現れるが，一見なにも表示されていない。ここで，
回路図中の IN と OUT をマウスでクリックすると両者の電圧が表示さ
れ，抵抗で分圧されていることがわかる。

また，波形ウィンドウで Add Plot Plane としてから，回路図中の抵抗 R1 をクリックすると抵抗 R1 に流れる電流を確認できる。波形は，各 Plot Plane 上部に表示されている波形名をマウスによってドラッグ＆ドロップすることで複数の Plot Plane 間で移動することもできる。この様子を図 10-3 に示す。

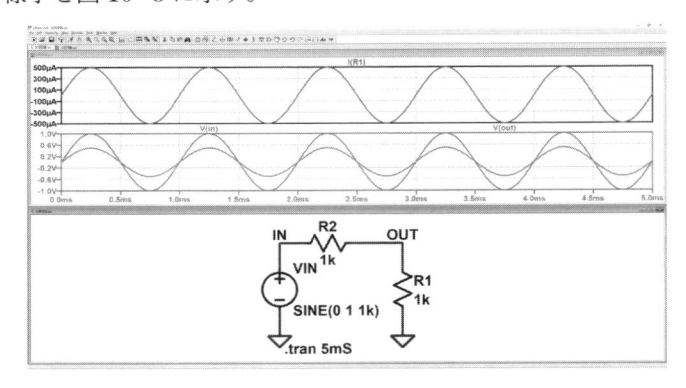

図 10-3　シミュレーション波形の表示

　以上が，回路図エディタを用いた回路入力とシミュレーション実行，波形確認の概要であり，これ以降もほぼ同様の方法でシミュレーションを行える。

　また，これまでは Edit メニューなどからすべての操作を行っていたが，ツールバー上にも対応するアイコンが表示されており，それらをクリックすることで同様の操作が可能である。さらに，キーボードのショートカットを使いこなすことでより簡単に回路入力が可能である。たとえば，G キー：接地記号，R キー：抵抗，F3 キー：配線，F4 キー：ラベル，などである。

◉ COLUMN　SPICE のネットリスト

　10-1-3 では，LTspice で回路図エディタを用いて回路を入力する方法を示したが，LTspice だけでなく他のさまざまな SPICE シミュレータの共通の形式としてネットリストが存在する。図 10-2 の分圧回路のネットリストを View → SPICE Netlist とすると，以下のネットリストが表示される。これを用いて他の SPICE ソフトウェアで回路シミュレーションを行うことも可能である。

```
*spice.asc
VIN IN 0 SINE(0 1 1k)
R1 OUT 0 1k
R2 OUT IN 1k
.tran 5mS
.backanno
.end
```

.backanno は，LTspice 固有のシンタックスであるが，それ以外はさまざまな SPICE シミュレータで共通である。

　* で始まる行はコメント行であり，シミュレーション実行時には無視される。それ以外に，1 行目はコメント行という決まりがあり，仮に 1 行目の行頭の * がなかったとしてもコメント行になるので注意をする。また，最終行は .end で終わる必要がある。

　R，C，L，V，I，M および Q などで始まる行では，回路中の回路素子とその端子に接続されているノードを定義しており，各々抵抗，コンデンサ，インダクタ，電圧源，電流源，MOSFET および BJT を示す。また，ノード名はアルファベットによる文字だけなく数字を使用することもできる。とくに，ノード 0 は接地の電位になると決められている。.tran で始まる行は，シミュレーションでの解析の種類を決定しており，この場合，過渡解析を行うことを示している。解析の種類には，過渡解析だけでなく，直流解析 (.dc)，交流解析 (.ac) などがある。また，SPICE のネットリストでは大文字と小文字の区別がされないことが一般的である。

本節では，LTspice で用いられる回路素子のモデルと，簡単な回路の設計例をもとに動作解析の方法について説明する。

10-2-1 回路素子のモデル

図 10-4 に LTspice の回路図エディタによって入力した回路素子を示す。R, C, L などの受動素子については，素子値を設定することが可能である。電源については，直流電圧源やバイアス電圧などの固定値を設定したり，回路の入力信号として使用される正弦波，パルス波などを設定することも可能である。ダイオード，BJT，FET などの非線形な能動素子は，LTspice では典型的な動作をする回路素子モデルと，部品メーカから製品として販売されている実在するデバイスのモデルの両方を利用することができる。本書では主に前者を扱うが，より現実的なシミュレーションを行ったり，実際に電子部品を調達した上で組み立てた回路と比較をしたりする場合には，後者を用いる[5]。

【5】実在するデバイスのモデルを用いる具体的な方法については，他書を参照されたい。

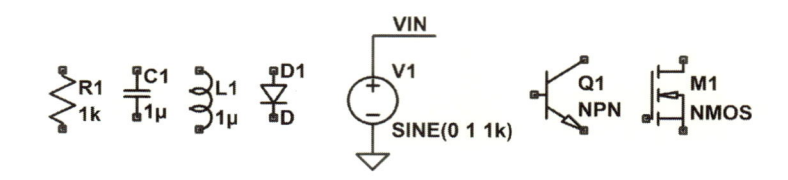

図 10-4 回路素子の例

10-2-2 簡単な回路の設計と動作解析

SPICE で電子回路を解析する際の代表的な解析手法は，**過渡解析**(transient analysis)，**直流解析**(DC analysis) および**交流解析**(AC analysis) である。

以下では，簡単な回路の解析や回路素子の特性解析を通じて各々の解析手法を説明する。

過渡解析　**過渡解析**は，シミュレーション対象の電子回路に，実際に動作させる時間変化する信号を入力に用いてシミュレーションを行う解析手法である。

たとえば，増幅回路の入力端子に電圧が時間変化する信号を入力し，あらかじめ設定した終了時刻まで出力端子の信号波形や内部ノードの信号波形を観測することが過渡解析である。回路の動作を直感的に理解できるため，回路設計時には頻繁に使用される。

図 10-5(a) に，RC 回路に対してパルス波を入力した際に，時間変

化する入力電圧および出力電圧を観測するための回路図を示す。図 10-5 (b) は，入力パルス波と出力波形のシミュレーション結果である。

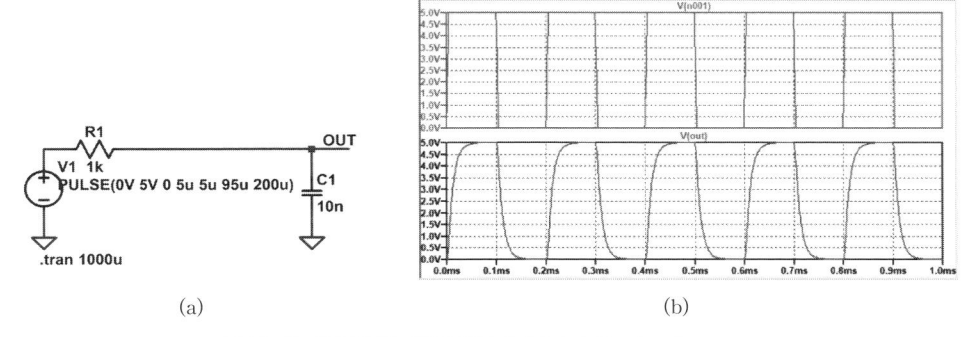

(a)　　　　　　　　　　　　　　(b)

図 10-5　RC 回路にパルス波を入力したシミュレーション

電圧源のパルス波形を表すために，以下のように記述している[6]。

```
PULSE(0V 5V 0 5u 5u 95u 200u)
```

これは，パルス波形の Low レベルが 0 V，High レベルが 5 V，シミュレーション開始から 0 s 後に立ち上がり，立ち上がり時間が 5 μs，立ち下がり時間が 5 μs，High レベルの継続する時間が 95 μs，パルスの 1 周期が 200 μs，となることを表している。したがって，このパルスは，100 μs ごとに 5 μs の時間をかけて 0 V と 5 V の電圧に変化を繰り返すことになる。

また，解析の条件は以下としているため，過渡解析を 1 ms の間行う。

```
.tran 1000u
```

この回路の時定数は，$\tau = R_1 C_1 = 10$ μs であり，シミュレーション結果とおおむね一致していることが確認できる。

| 直流解析 | **直流解析**（DC 解析）は，シミュレーション対象の回路内の電圧や電流が一定値になったときの電圧および電流を解析することに利用される。回路の状態を解析するだけでなく，回路素子の直流特性を解析するためにも使用される。 |

図 10-6 (a) に示す 1 Ω の抵抗 R1 に電圧を加える回路の電圧値を掃引することで[7]，抵抗の電圧 – 電流特性を解析する。図 10-6 (b) にシミュレーション結果を示す。

ここでは電圧源を 0 V と設定しているが，解析条件を以下のように設定することで，電圧源 V1 の電圧を 0 V から 5 V まで，0.1 V 刻みで増加させ，その都度電流値を観測し，プロットしている。

```
.dc V1 0V 5V 0.1V
```

図 10-6 (b) より，オームの法則に則って回路が動作していることがわかる。

【6】u は，μ（マイクロ）を表す記号である。そのほかの接頭辞として，f（フェムト），p（ピコ），n（ナノ），m（ミリ），k（キロ），Meg（メガ），G（ギガ），T（テラ）を使用することができる。SPICE では大文字と小文字の区別がないため，m と Meg の使用の際には気をつける必要がある。M と書いた場合，m（ミリ）を表す。

【7】掃引とは，電圧等を一定速度で，単調に変化（増加や減少）させることである。

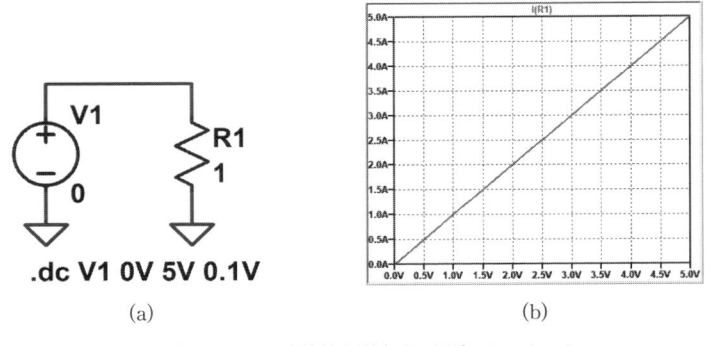

(a)

(b)

図 10-6　抵抗の電圧 – 電流特性を測定する回路シミュレーション

　図 10-7 に同様のシミュレーションを抵抗とダイオードの直列回路に対して行った結果を示す。この結果から，電圧が 0.7 V 付近からダイオードに電流が流れ始め，そこからさらに電圧を大きくしていくと抵抗 R1 による回路の抵抗性の特性が観測されることがわかる。

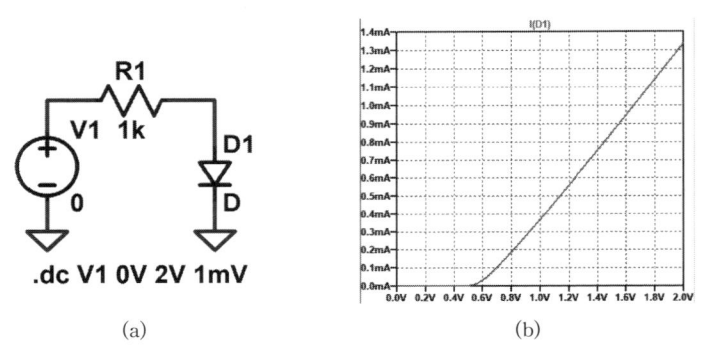

(a)

(b)

図 10-7　抵抗とダイオードの直列回路の電圧 – 電流特性を測定する回路シミュレーション

動作点解析

　動作点解析は直流解析の一種であるが，パラメータを掃引しないで，回路中の直流電圧および直流電流の解析を行うことである。

　図 10-8 (a) にエミッタ接地増幅回路の動作点解析を行う回路を示す。また，図 10-8 (b) には出力結果を示しているが，ここには各ノードの電圧値および各回路素子を流れる電流値が羅列される。解析条件は，以下のように「.op」とだけ設定されている。

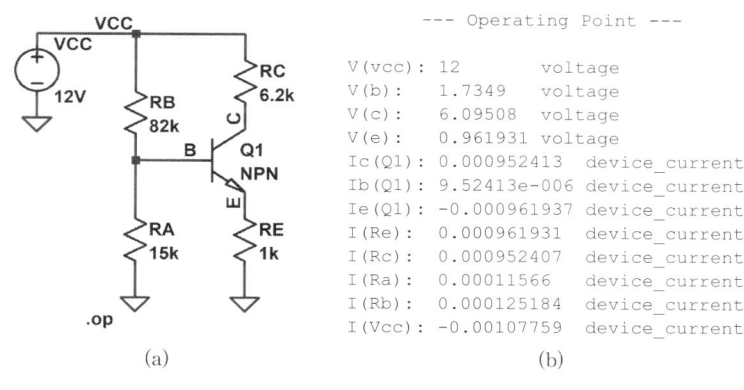

```
                                --- Operating Point ---
                        V(vcc):   12            voltage
                        V(b):     1.7349        voltage
                        V(c):     6.09508       voltage
                        V(e):     0.961931 voltage
                        Ic(Q1):   0.000952413   device_current
                        Ib(Q1):   9.52413e-006  device_current
                        Ie(Q1):   -0.000961937  device_current
                        I(Re):    0.000961931   device_current
                        I(Rc):    0.000952407   device_current
                        I(Ra):    0.00011566    device_current
                        I(Rb):    0.000125184   device_current
                        I(Vcc):   -0.00107759   device_current
```

(a)   (b)

図 10-8　エミッタ接地増幅回路の動作点解析を行う回路シミュレーション

　図 10-8 の結果より，ベース端子，コレクタ端子およびエミッタ端子の直流バイアス電圧は，各々 1.73 V，6.10 V および 0.96 V 程度であることがわかり，直流コレクタバイアス電流が約 0.95 mA であることもわかる。

交流解析　　**交流解析**（AC 解析）は，周波数を掃引した際の 2 つの信号（たとえば，正弦波入力信号に対する出力信号）の振幅の比（dB 表記）と位相差を求め，いわゆるボード線図として表示する解析法である。

　図 10-9 (a) に RC 回路による一次のローパスフィルタを交流解析する回路を示す。

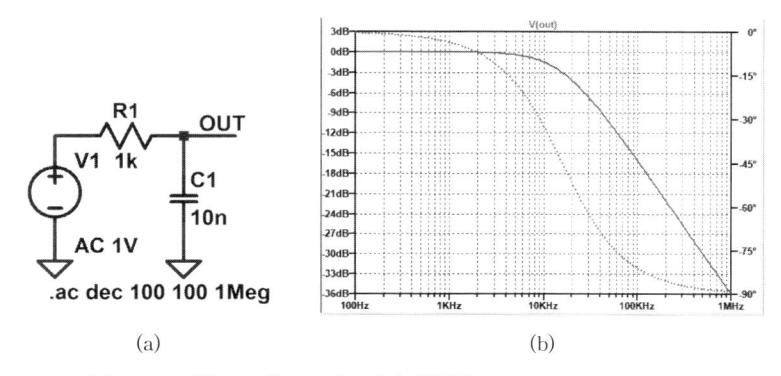

(a)   (b)

図 10-9　RC ローパスフィルタの交流解析によるシミュレーション

　この例では，入力信号を AC 1V の正弦波として設定し，解析条件として，以下のように設定している[8]。

```
.ac dec 100 100 1Meg
```

　すなわち，100 Hz から 1 MHz までの範囲を周波数が 10 倍となる間に 100 点ずつの周波数に対してシミュレーションを行う。

　このフィルタのカットオフ周波数は，$f_c = 1/2\pi R_1 C_1 \approx 15.9$ kHz であるが，図 10-9 (b) のシミュレーション結果では，振幅（実線，左の

【8】"dec 100" は周波数が 10 倍となる間を 100 点で解析することを表す。dec ではなく oct とすると周波数が 2 倍となる間を 100 点で解析することになる。

縦軸）は 15.9 kHz で −3 dB となっており，また，位相（点線，右の縦
軸）は 15.9 kHz で −45° となっており，理論通りのシミュレーション
結果が得られていることがわかる。

10−3 電子回路のシミュレーション

本節では，前章までで扱ってきた各種電子回路のうち，代表的な回路に対して，実際に回路シミュレーションを行うことで回路解析を行う。

10−3−1 ダイオード回路

ダイオードを用いた回路の例として，半波整流回路の過渡解析を行う。図 10−10 に，半波整流回路の過渡解析用の回路を示す[9]。

振幅 12 V および周波数 50 Hz の正弦波をダイオードと抵抗の直列回路に入力している。過渡解析のシミュレーション波形から，入力電圧 V (IN) に対して半波整流された出力電圧 V (OUT) が得られていることがわかる。

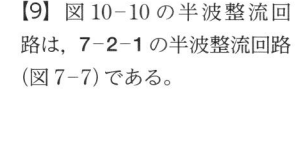

【9】図 10−10 の半波整流回路は，7−2−1 の半波整流回路（図 7−7）である。

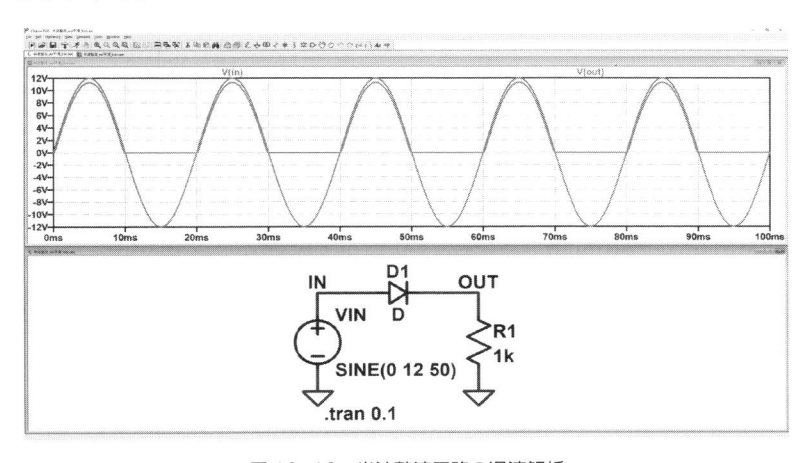

図 10−10　半波整流回路の過渡解析

また，図 10−10 の半波整流回路に平滑コンデンサを付加した半波整流回路を図 10−11 に示す[10]。ここでは，入力からダイオード D1 を経由して流れる電流もプロットしており，7−2−1 で説明した通りの動作をしていることがわかる。最初の電流パルスが他と比較して大きくなっているが，シミュレーションの初期状態においてコンデンサ C1 に蓄えられている電荷が 0 であるためであり，2 周期目以降は毎回同一の動作をすることがわかる。

【10】図 10−11 は，7−2−1 の平滑コンデンサ付き半波整流回路（図 7−8）である。

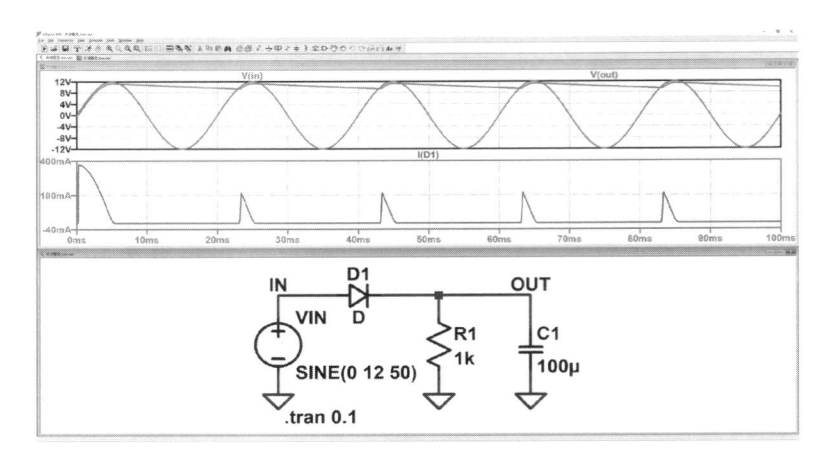

図 10-11　平滑コンデンサ付き半波整流回路の過渡解析

10-3-2 バイポーラトランジスタ回路

ここでは，バイポーラトランジスタ増幅回路について，回路シミュレーションを用いて解析を行う。

> **例題　10-1　バイポーラトランジスタの過渡解析に関する問題**
>
> 3章の図3-32のエミッタ接地増幅回路の過渡解析を行いなさい。ただし，各素子の値は，$R_A = 15\,\text{k}\Omega$，$R_B = 82\,\text{k}\Omega$，$R_C = 6.2\,\text{k}\Omega$，$R_E = 1.0\,\text{k}\Omega$，$C_1 = C_2 = 10\,\mu\text{F}$，$C_E = 470\,\mu\text{F}$とし，電源電圧を $V_{CC} = 12\,\text{V}$，入力信号を振幅 $10\,\text{mV}$ および周波数 $1\,\text{kHz}$ の正弦波とする。
>
> ●略解────解答例
>
> 図10-12にエミッタ接地増幅回路の過渡解析を示す[11]。この例では，入力信号を振幅 $10\,\text{mV}$ および周波数 $1\,\text{kHz}$ の正弦波としている。出力波形より，多少のひずみは見られるものの，反転増幅回路としてエミッタ接地増幅回路が動作していることがわかる。
>
>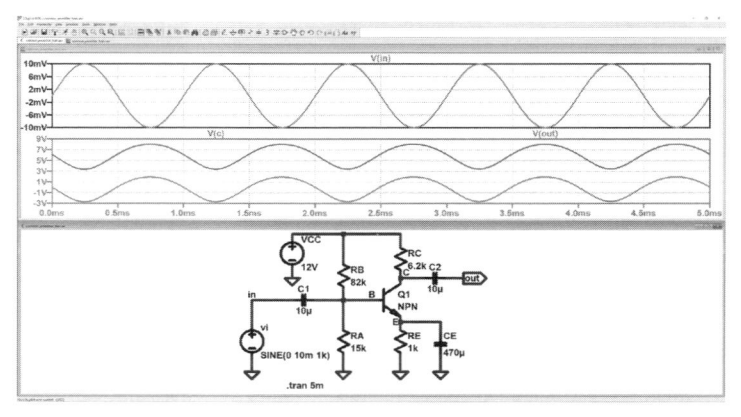
>
> 図 10-12　エミッタ接地増幅回路の過渡解析

【11】図10-12は，3-4-1のnpn型バイポーラトランジスタによるエミッタ接地増幅回路（図3-32）である。

例題 **10-2** バイポーラトランジスタの交流解析に関する問題

例題 10-1 のエミッタ接地増幅回路の交流解析を行いなさい。

●**略解**————解答例

図 10-13 にエミッタ接地増幅回路の交流解析を示す。低周波で利得が低下しているが、これは結合コンデンサ C_1 が原因である。また、高い周波数では利得が 47.2 dB、位相が $-180°$ となり、電圧増幅度が 229 倍の反転増幅回路であることがわかる。

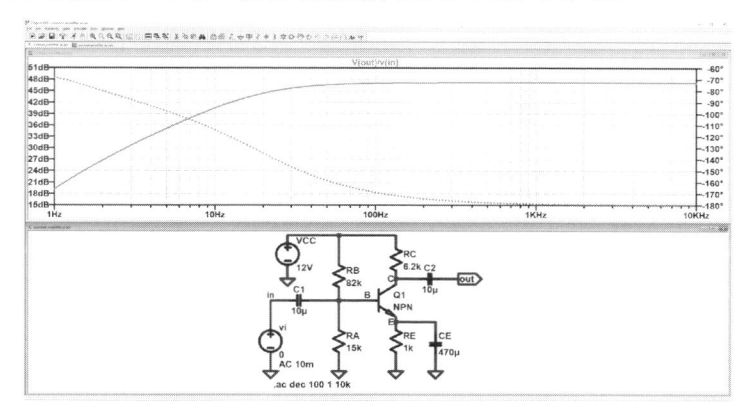

図 10-13　エミッタ接地増幅回路の交流解析

例題 **10-3** バイポーラトランジスタの直流解析に関する問題

例題 10-1 のエミッタ接地増幅回路の直流解析を行いなさい。V_{CE}-I_C 特性、I_B-I_C 特性および V_{BE}-I_B 特性を表示しなさい。

●**略解**————解答例

エミッタ接地増幅回路で用いられているバイポーラトランジスタの直流解析を図 10-14 に示す。図 10-14 (a) は、2 つの電源（V_{CE} と I_B）を掃引することで、各々のベース電流における V_{CE}-I_C 特性をプロットしている。

図 10-14 (b) の I_B-I_C 特性より、エミッタ接地増幅回路に用いているバイポーラトランジスタの電流増幅度は、$h_{FE} \cong h_{fe} \cong 100$ であることがわかる。なお、解析対象のエミッタ接地増幅回路は、図 10-8 で動作点解析を行った増幅回路とまったく同じ直流バイアスであるため、$V_{BE} = V_B - V_E \approx 0.77$ V である。

図 10-14 (c) において、$V_{BE} = 0.77$ 近辺での特性の傾きを求めると 0.0374 (S) であるため、ベース端子の入力インピーダンスは、$h_{ie} = 0.0374^{-1} \approx 26.7$ kΩ であることがわかる。

エミッタ接地増幅回路の電圧増幅度は、

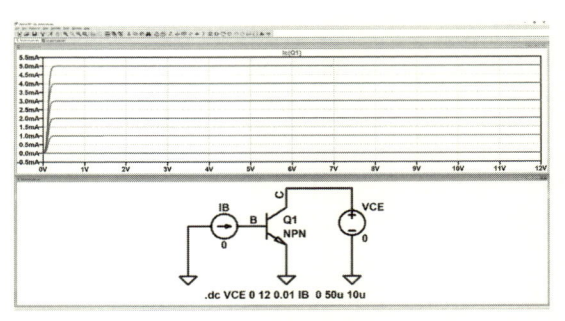

(a) $V_{CE} - I_C$ 特性

($I_B = 10, 20, 30, 40, 50\,\mu\text{A}$)

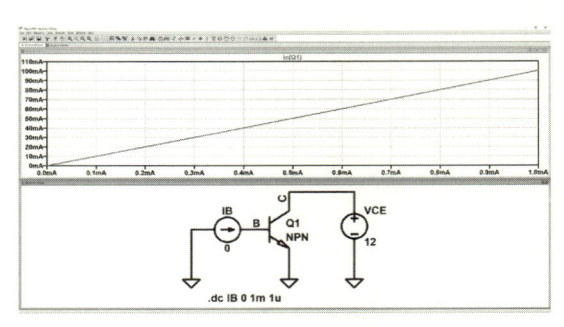

(b) $I_B - I_C$ 特性

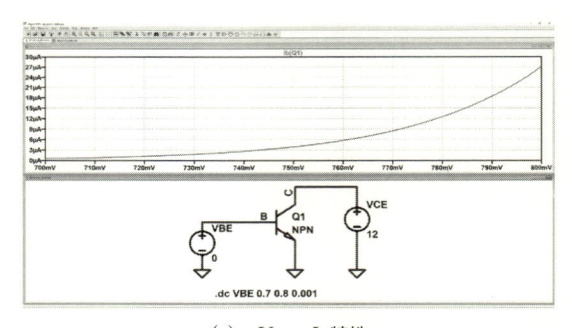

(c) $V_{BE} - I_B$ 特性

図 10-14 バイポーラトランジスタの直流解析

$$A_v = -\frac{h_{fe}}{h_{ie}}R_C = -\frac{100}{26.7 \times 10^3} \times 6.2 \times 10^3 \approx -232$$

のように求められる。

電圧増幅度の値は，回路シミュレーションによる交流解析で求めた電圧増幅度 (229) と近い値となっている。

　図 10-15 に JFET によるソース接地増幅回路とエミッタ接地増幅回路の過渡解析を示す[12]。エミッタ接地増幅回路のシミュレーションと同様に，入力信号を振幅 10 mV および周波数 1 kHz の正弦波としており，反転増幅回路として動作していることが確認できる。

　ここでは，JFET のモデルとして LTspice にあらかじめ用意されているモデル (NJF) をそのまま用いている。実際には，電子部品として入手可能なディスクリートの JFET のモデルを使用したり，集積回路設計においては半導体ベンダから提供される FET のモデルを使用したりすることが一般的である。

　実現しようとしている回路に使用するデバイスのモデルを使用することで，シミュレーション結果と実際に実現した回路の動作との差が小さくなり，電子機器の製品開発における設計期間を短縮することができる。

【12】この回路は図 3-20 の n チャネル JFET によるソース接地増幅回路である。

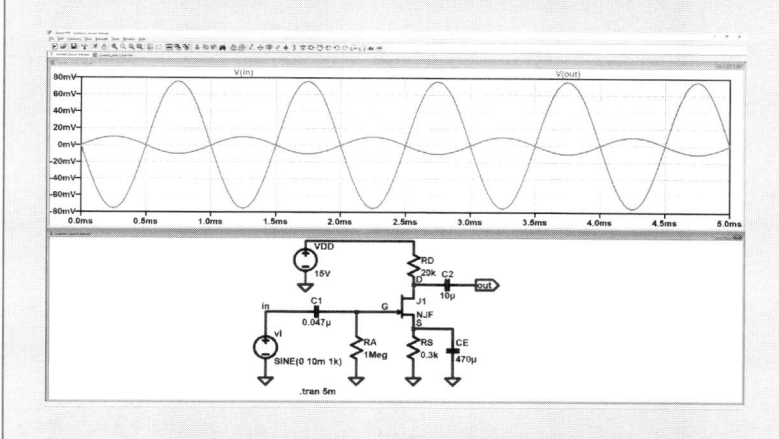

図 10-15　ソース接地増幅回路の過渡解析

10-3-3　オペアンプ回路

　LTspice には，オペアンプのモデルとして Analog Devices 社の実在するモデルと汎用的なオペアンプ (UniversalOpamp2) が用意されている。ここでは，汎用オペアンプを用いて増幅回路の周波数特性および加算回路の過渡解析を行うことにする。

　回路図エディタ上で Edit → Component とし，[Opamps] のサブグループ内にある UniversalOpamp2 を選択することで回路図に汎用オペアンプを配置することができる（図 10-16）。

　なお，LTspice では，オペアンプと同様に AD 変換器，コンパレータなどのように多機能な電子部品のモデルも用意されている。

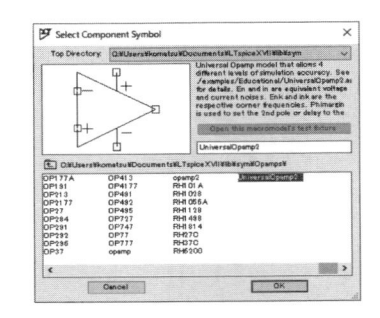

図 10-16　汎用オペアンプ（UniversalOpamp2）

【13】 図 10-17 (a) では，オペアンプに供給する電源 VEE および VCC を回路から独立した電圧源として配置している。

電圧源からの配線およびオペアンプの電源端子からの配線の各々に同一の名前のラベルをふれば，それらは回路内で接続されることになる。

多くの電子部品を用いた電子回路では，各々の電子部品に共通の電源を供給することが多く，そのような場合でも回路内の配線が複雑にならないように，図 10-17 (a) のように描くことが多い。

反転増幅回路の交流解析

図 10-17 (a) に汎用オペアンプを用いた反転増幅回路の交流解析用回路を示す[13]。この例では，入力信号を振幅 1 mV とし，100 Hz から 100 MHz の範囲で交流解析を行うこととしている。

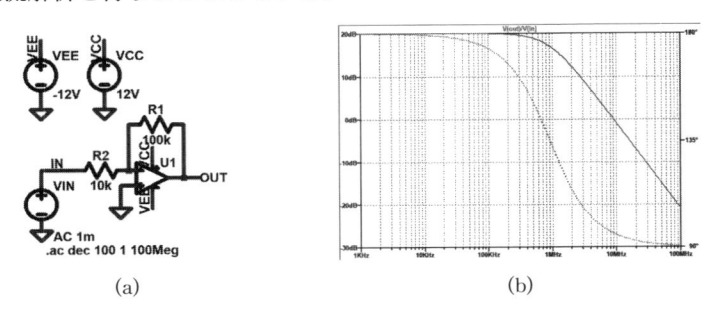

(a)　　　　　　　　　(b)

図 10-17　汎用オペアンプを用いた反転増幅回路の交流解析

この反転増幅回路の電圧増幅度は，$A_v = -R_1/R_2 = -10$ である。しかし，一般には，オペアンプは回路内の浮遊容量の影響により帯域が制限され，高い周波数領域においては利得が低下する。図 10-17 (b) の交流解析結果では，低い周波数領域では利得が 10 dB であり，周波数が 10 MHz 近辺で利得が 0 dB となっており，GB 積が 10 MHz 程度であることがわかる。

一方，周波数増加に伴う利得の低下が 20 dB/dec 程度であることと，位相線図の特性から UniversalOpamp2 は，内部に**ポール**を 1 つもつオペアンプであることがわかる[14]。

【14】 ポールとは，オペアンプのゲイン特性が -6 dB/oct で減衰し始める周波数のことで，2 つ目のポールより高い周波数では -12 dB/oct で減衰する。

UniversalOpamp2 は，初期設定では GB 積が 10 MHz，ポールが 1 つであるが，回路図中のオペアンプを右クリックして，各種パラメータを選択することができる。

GBW = 10 Meg と記載されている箇所を変更することで GB 積を変更できる。また，SpiceModel の項で level.1，level.2，level.3a および level.3b から選択可能だが，level.1 と level.2 は，内部にポールを 1 つもち，level.3a と level.3b では，内部にポールを 2 つもつ。

加算回路

図 10-18 に，汎用オペアンプを用いた加算回路の過渡解析の回路とシミュレーション結果を示す。

入力 VIN1 は，周波数 1 kHz および振幅 1 V の正弦波，入力 VIN2 は，周波数 10 kHz および振幅 0.5 V の正弦波である。シミュレーション波形は，上から順に，VIN1，VIN2 および VIN1 + VIN2 となっており，確かに加算回路として動作していることがわかる。

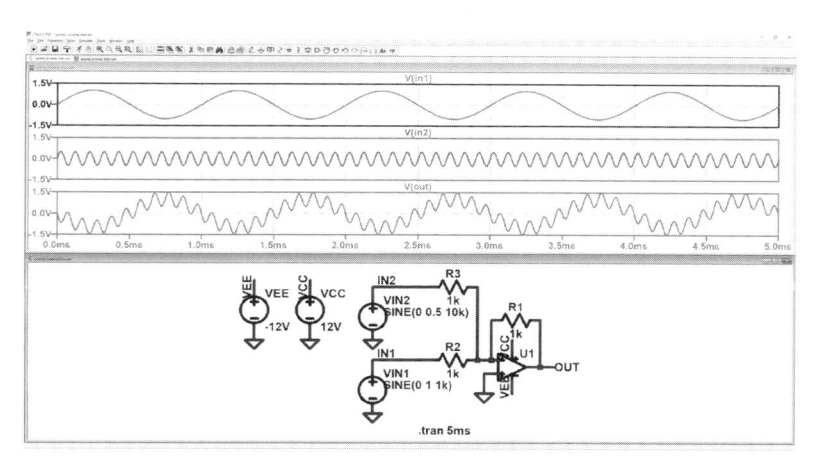

図 10-18 汎用オペアンプを用いた加算回路の過渡解析

10-3-4 CR 移相型発振回路

本項では，CR 移相型発振回路について回路シミュレーションによる解析を行う。図 10-19 に CR 移相型発振回路の過渡解析の回路とシミュレーション結果を示す[15] [16]。ここでは，$R_1 = R_2 = R_3 = 4.7$ kΩ および $C_1 = C_2 = C_3 = 0.1$ μF としているため，理論上，発振周期が $2\pi\sqrt{6}\ C_1 R_1 = 0.723$ ms，発振周波数が 1.38 kHz となると考えられる。

また，図 10-19 (a) では，$R_f = 136.3$ kΩ とすることで，発振条件のうち電力条件を満たすように，$A_v = -R_f/R_3 = -29$ としている。一方，図 10-19 (b) では，$R_f = 120$ kΩ なので，電力条件を満たさない。図 10-19 では，各々の回路について，増幅回路の出力信号 OUT と 3 段接続している移相回路のうち，1 段目の出力 N1 および 2 段目の出力 N2 の波形を表示している。

図 10-19 (a) の信号波形を確認すると，増幅回路の出力信号 OUT が発振信号となっており，その周波数は 1.38 kHz となっていることがわかる。また，ノード OUT，N1 および N2 の各々の波形を比較すると，振幅が小さくなりつつ，位相が進んでいくことがわかる。

図 10-19 (b) では発振条件を満たしていないため，回路中に信号が存在していても，時間を経過することで減衰していくことが確認できる。

【15】 図 10-19 は，6-1-3 の CR 移相型発振回路（図 6-9）である。

【16】 ここで，.tran 10ms という記述の下に，
　.ic v (out) = 1V
と記述している。これは，Edit → SPICE Directive として SPICE ネットリストに追加記述として加えている。「.ic」というのは，回路中のノードの初期状態を定義するコマンドで，ここではノード OUT の時刻 0 s での電位を 1 V に設定している。

この設定を行わない場合，ノード OUT，N1，N2 および N3 の初期状態がすべて 0 V となって安定化してしまい，過渡解析を行っても発振が起こらない。発振のきっかけを作るために，上記の初期状態を設定している。

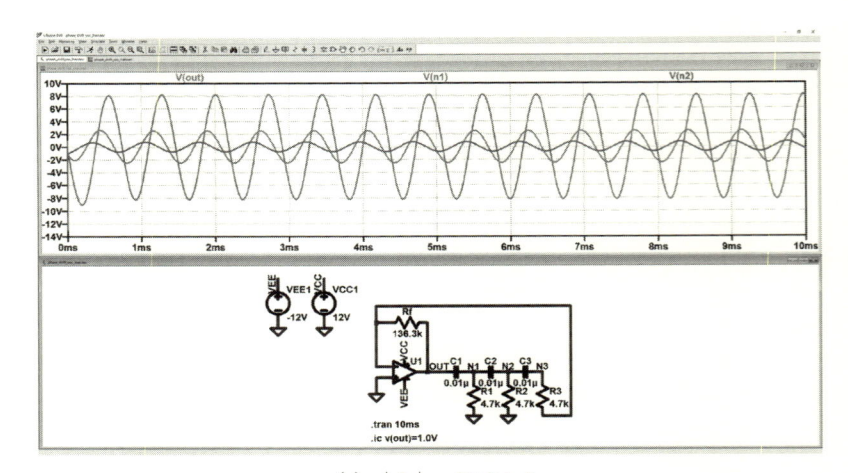

(a) $|A_v| = 29$ のとき
$R_f = 136.3$ kΩ, $R_3 = 4.7$ kΩ

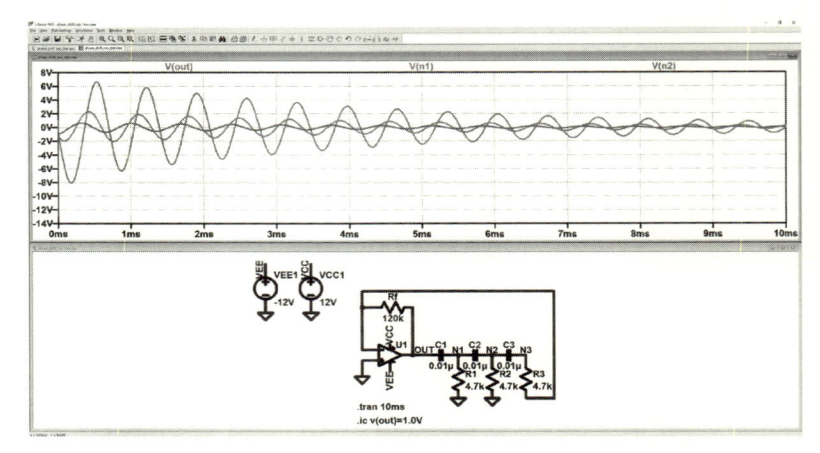

(b) $|A_v| < 29$ のとき
$R_f = 120$ kΩ, $R_3 = 4.7$ kΩ

図 10-19　**CR 移相型発振回路の過渡解析**

　図 10-20 に，CR 移相型発振回路のループを増幅回路の出力で切断した回路とその交流解析のシミュレーション結果を示す。

　3 段の移相回路の入力ノードを IN とし，増幅回路の出力ノードを OUT としている。また，このとき $R_f = 136.3$ kΩ とすることで，発振条件を満たす。

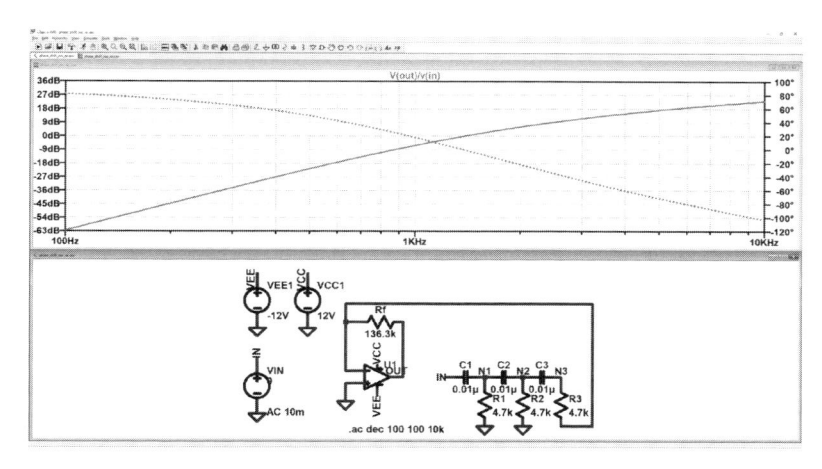

図 10-20　CR 移相型発振回路のループゲインの交流解析

10-3-5　安定化電源回路

本項では，電源回路の回路シミュレーションによる動作の確認を行う。**10-3-1** で用いた半波整流回路にレギュレータを付加した回路の過渡解析をシミュレーションによって行う。

> **シャントレギュレータ**

図 10-21 に，シャントレギュレータを用いた安定化電源回路とその過渡解析によるシミュレーション波形を示す。この回路は図 7-15 で示した電源回路のダイオードブリッジを半波整流回路で置き換えた回路である。図において，周波数が 50 Hz の商用電源を変圧器で振幅 12 V に変換したものを入力 (IN) とし，平滑コンデンサ付き半波整流回路の出力を N1，電源回路の出力を OUT としている。

ツェナーダイオード (ローム BZX84B7V5L，ツェナー電圧 7.5 V) と抵抗 Rs によってシャントレギュレータを構成している。また，電源供給先の回路のモデルとして，振幅が 10 mA で 0 mA から 20 mA の

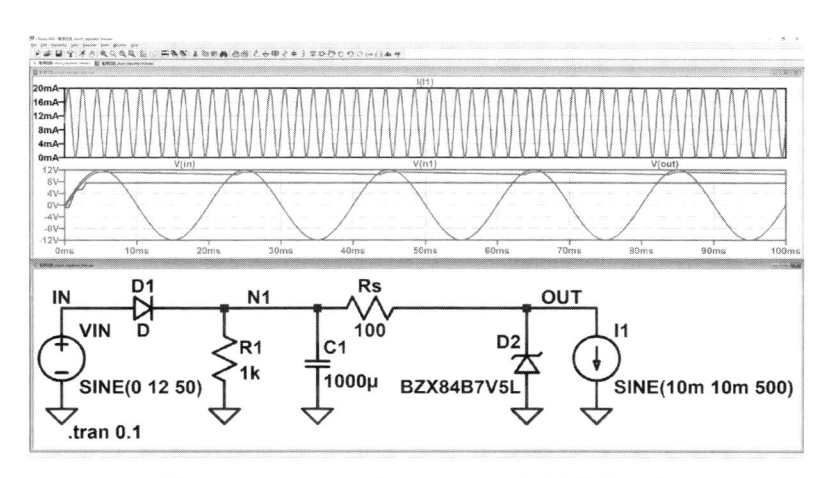

図 10-21　シャントレギュレータを用いた安定化電源回路

間を正弦波形で時間的(周波数 500 Hz)に電流が変化する電流源 I1 を
出力に付加することで実際の動作環境を模擬している。シミュレーショ
ン波形からもわかるように,出力の電流が変化した場合でも,出力電圧
はほぼ 7.5 V で安定して出力されていることがわかる。

シリーズレギュレータ　図 10-22 にシリーズレギュレータを用
いた安定化電源回路とその過渡解析による
シミュレーション波形を示す。この回路は図 7-17 で示した電源回路の
ダイオードブリッジを半波整流回路で置き換えた回路である。ツェナー
ダイオード(ローム BZX84B7V5L,ツェナー電圧 7.5 V),抵抗 Rs お
よびバイポーラトランジスタ(**10-3-2** で使用したのと同じもの)によ
ってシリーズレギュレータを構成している。シャントレギュレータと同
様に,シリーズレギュレータを用いた安定化電源回路でも出力電圧が安
定していることがわかる。

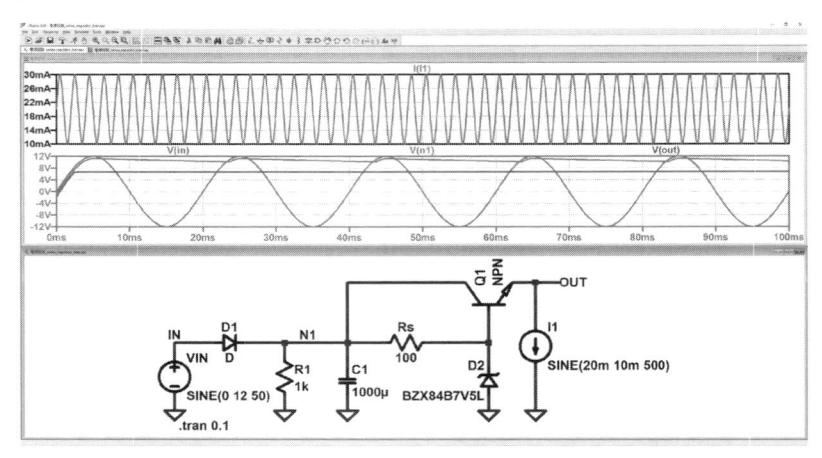

図 10-22　シリーズレギュレータを用いた安定化電源回路

　以上で説明してきたように,実際の動作時の振る舞いを直感的に思い
描くことが難しい回路でも,回路シミュレーションによって簡単に解析
を行うことができる。また,回路内の抵抗値,コンデンサの容量値,信
号や電源などの電圧源および電流源などのパラメータを容易に変更して
回路の振る舞いの変化を確認できるため,回路シミュレーションは,電
子回路設計の技術を高めるために非常に有用である。

※本書の問・演習問題の解答例は，下記 URL よりダウンロードすることができます。キーワード検索で「電子回路」を検索してください。

http://www.jikkyo.co.jp/download/

1章　問の略解

問1　省略

問2　省略

問3　$\dot{Z}_C = -4j\,\text{k}\Omega$, $\dot{Z}_L = 0.5j\,\Omega$

問4　$R = R_1 R_2 R_3 / (R_1 R_2 + R_2 R_3 + R_3 R_1)\,[\Omega]$, $G = G_1 + G_2 + G_3\,[\text{S}]$

問5　$i = v/(R + R_L)\,[\text{A}]$

問6　$v = R R_L i / (R + R_L)\,[\text{V}]$

問7　省略

問8　$I_x = 2.6\,\text{mA}$

問9　省略

問10　省略

問11　省略

2章　問の略解

問1　$V_{GS} = -0.5\,\text{V}$

問2　$V_{GS} = -2.0\,\text{V}$

問3　$I_E = 2.01\,\text{mA} \approx I_C$

1章　演習問題

1. 省略

2. $I_x = 1.9\,\text{mA}$

3. 省略

4. 省略

5. 省略

2章　演習問題

1. (1)　$I_{D1} \approx 0.0\,\text{mA}$, $I_{D2} \approx 0.5\,\text{mA}$, $I_{D3} \approx 1.4\,\text{mA}$, $I_{D4} \approx 2.6\,\text{mA}$

(2)　$\Delta I_{D1-2} \approx 0.5\,\text{mA}$, $\Delta I_{D2-3} \approx 0.9\,\text{mA}$ および $\Delta I_{D3-4} \approx 1.2\,\text{mA}$

(3)　$g_{1-2} \approx 1.0\,\text{mS}$, $g_{2-3} \approx 1.8\,\text{mS}$ および $g_{3-4} \approx 2.4\,\text{mS}$

2. (1)　$V_{DS} = 1.0\,\text{V}$ のとき $I_D \approx 3.0\,\text{mA}$, $V_{DS} = 2.0\,\text{V}$ および $3.0\,\text{V}$ のとき $I_D \approx 3.4\,\text{mA}$

(2)　$V_{GS} = -1.2\,\text{V}$ のとき $I_D \approx 1.0\,\text{mA}$, $V_{GS} = -0.8\,\text{V}$ のとき $I_D \approx 2.0\,\text{mA}$, $V_{GS} = -0.4\,\text{V}$ のとき $I_D \approx 3.4\,\text{mA}$

(3)　$V_{GS} = -0.8\,\text{V}$

(4)　省略

3. (1)　$I_C \approx 140\,\text{mA}$

(2)　$h_{FE} = 70$

(3)　$I_B = 0.2\,\text{mA}$ のとき $I_C \approx 28\,\text{mA}$, $h_{FE} \approx 140$,
$I_B = 0.5\,\text{mA}$ のとき $I_C \approx 67\,\text{mA}$, $h_{FE} \approx 134$, $I_B = 1.0\,\text{mA}$ のとき $I_C \approx 116\,\text{mA}$, $h_{FE} \approx 116$,
$I_B = 2.0\,\text{mA}$ のとき $I_C \approx 160\,\text{mA}$, $h_{FE} \approx 80$　（図省略）

4. (1)　$T_a = 25℃$ および $100℃$ での $I_B \approx 4\,\mu\text{A}$ および $220\,\mu\text{A}$
平均温度係数は，$-1.8\,\text{mV/℃}$（T_a が $-25℃$ から $25℃$ の間）および $-1.5\,\text{mV/℃}$（$T_a = 25℃ \sim 100℃$）

(2)　$V_{GS} \approx -2\,\text{V}$

(3)　$T_a = -25℃$ のとき $I_D \approx 0.11\,\text{mA}$, $T_a = 25℃$ のとき $I_D \approx 0.40\,\text{mA}$, $T_a = 100℃$ のとき $I_D \approx 1.5\,\text{mA}$,
平均温度係数は，$5.8\,\mu\text{A/℃}$（$T_a = -25℃ \sim 25℃$）および $15\,\mu\text{A/℃}$（$T_a = 25℃ \sim 100℃$）

3章　演習問題

1. ア：増幅，イ：信号増幅器，ウ：電力増幅器，エ：バイアス，オ：交流，カ：ひずみ，キ：熱暴走，ク：電圧－電流変換（V－I 変換），ケ：電流－電圧変換（I－V 変換），コ：増幅度，サシス（順不同）：最大，平均，実効，セ：利得，ソ：dB

2. ア：ソース接地回路，イ：エミッタ接地回路，ウ：開放，エ：短絡，オ：短絡，カ：動作点，キ：負荷線，ク：直流負荷線，ケ：交流負荷線，コ：一致，サ：小信号，シ：小信号等価回路

3. ア：h パラメータ，イウエオ（順不問）：h_{fe}，h_{ie}，h_{oe}，h_{re}，カ：コレクタ，キ：電圧，ク：電流，ケ：ベース，コ：電流，サ：電圧

4. (1)　$I_{BIAS} = 25.1\,\mu\mathrm{A}$

(2)　省略

(3)　$I_{CP} = 3.5\,\mathrm{mA}$

(4)　$h_{fe} = 100$

(5)　省略

(6)　$A_v = -25$ 倍

(7)　$G_v \approx 28.0\,\mathrm{dB}$

(8)　$Z_i = 3.96\,\mathrm{k\Omega}$，$Z_o = 1.43\,\mathrm{k\Omega}$

4章　演習問題

1. (1)　$A_v = -\dfrac{R_f}{R_1}$

(2)　$A_v = -16$　（図省略）

2. (1)　$A_v = 1 + \dfrac{R_f}{R_1}$

(2)　$A_v = 6$　（図省略）

3. (1)　$V_o = -2V_1 - 5V_2$

(2)　$V_o = -4.5\,\mathrm{V}$

(3)　$R_1 = 4\,\mathrm{k\Omega}$，$R_2 = 6\,\mathrm{k\Omega}$，$R_3 = 12\,\mathrm{k\Omega}$

4. $\dot{A}_v(j\omega) = -\dfrac{10}{1 + j7.92\omega}$　　（図省略）

5. 省略

5章　演習問題

1. (1)　①離散化　②標本化　③量子化

(2)　$0.02\,\mathrm{V}$

(3)　$25\,\mu\mathrm{s}$，アンダサンプリング，エイリアシング

2. (1)　$10010110_{(2)}$

(2)　量子化誤差 $0.02\,\mathrm{V}$，フルスケール $5.12\,\mathrm{V}$

(3)　$4.20\,\mathrm{V} < V_i < 4.22\,\mathrm{V}$

3. (1)　$V_a = 0\,\mathrm{V}$，$V_b = 0\,\mathrm{V}$

(2)　10 進数 36，$i_r = -3.6\,\mathrm{mA}$，$V_o = 3.6\,\mathrm{V}$

(3)　$V_o = 4.4\,\mathrm{V}$

4. 255 個

6章　演習問題

1. $f_0 = 1.6\,\mathrm{MHz}$

2. $f_0 = 546\,\mathrm{MHz}$

3. $f_0 = 11.3\,\mathrm{MHz}$

4. (1)　省略

(2)　$A_v \geqq 6$

(3)　$f_0 = 1.6\,\mathrm{kHz}$

5. $P_{total} = 132\,\mathrm{W}$

6. $m_f = 5$，占有帯域は $96\,\mathrm{kHz}$

7章　演習問題

1. ア：低，イ：高，ウ：pnp，エ：npn，オ：プッシュプル・エミッタフォロア，カ：プッシュプル，キ：1，ク：バイアス，ケ：アイドル（またはアイドリング），コ：B 級，サ：C 級，シ：A 級，ス：ダーリントン接続，セ：インバーテッドダーリントン接続

2. ア：整流回路，イ：半波整流回路，ウ：全波整流回路，エ：脈動，オ：平滑，カ：リプル率，キ：振幅，
ク：出力電圧(または負荷電圧)，ケ：レギュレータ，コ：シリーズレギュレータ，サ：シャントレギュレータ，
シ：スイッチングレギュレータ，ス：通流率(またはデューティ比)，セ：スイッチング周波数

3. (1)　省略

　　(2)　$V_{RB} = 0.2$ V

　　(3)　$R_B = 21.7\ \Omega$

　　(4)　$R_f = 316\ \mathrm{k\Omega}$

8章　演習問題

1. 省略

2.

	(a)	(b)	(c)
Q_x	$C_x V_{ref}$	$C_x V_{ref}$	0
Q_f	0	0	$C_x V_{ref}$
v_o	0	0	$-\dfrac{C_x}{C_f} V_{ref}$

3. (1)　$A = 1.0$

　　(2)　電圧増幅度：抵抗 R_G

　　　　$1.0 : \infty$（開放）

　　　　$2.0 : 40\ \mathrm{k\Omega}$

　　　　$5.0 : 10\ \mathrm{k\Omega}$

　　　　$10.0 : 4.4\ \mathrm{k\Omega}$

9章　演習問題

1. (1)　$V_{GS1} = 2.4$ V

　　(2)　$\dfrac{W_4}{L_4} = 20$

　　(3)　$\dfrac{v_o}{v_i} = -50$

2. (1)　$A_d = 50$

　　(2)　図1のカレントミラーによる電流源負荷では，M_3 のドレイン端子とゲート端子が短絡されているため，M_3
と M_4 の負荷インピーダンスが異なってしまうため。

●本書の関連データが web サイトからダウンロードできます。

http://www.jikkyo.co.jp/download/ で

「電子回路」を検索してください。

提供データ：問，演習問題の解答

■執筆

和田成夫　東京電機大学教授

小松　聡　東京電機大学教授

京相雅樹　東京都市大学准教授

吉田俊哉　東京電機大学教授

植野彰規　東京電機大学教授

田中康寛　東京都市大学教授

安藤　毅　東京電機大学助教

■編修協力

篠田宏之　東京電機大学教授

藤川紗千恵　埼玉大学大学院助教

吉田圭祐　東京電機大学技術職員

岩井一剛

鈴木　純

上村直義

瀬端康平

●表紙デザイン —— ㈱エッジ・デザインオフィス
●本文基本デザイン —— 難波邦夫
●DTP 制作 —— ニシ工芸株式会社

専門基礎ライブラリー　　　　　　　　　　　2019 年 12 月 20 日　初版第 1 刷発行

電子回路

●執筆者　和田成夫　ほか 5 名（別記）
　　　　　小松　聡
●発行者　小田良次
●印刷所　中央印刷株式会社

無断複写・転載を禁ず

●発行所　実教出版株式会社
〒102-8377
東京都千代田区五番町 5 番地
電話 ［営　　業］（03）3238-7765
　　 ［企画開発］（03）3238-7751
　　 ［総　　務］（03）3238-7700
http://www.jikkyo.co.jp/

ISBN 978-4-407-34779-1　C3054　　　　　　　　　　　　　　　Printed in Japan